和田玉

Nephrite

何明跃　王春利　著

中国科学技术出版社
·北京·

图书在版编目（CIP）数据

和田玉 / 何明跃, 王春利著 . —北京：中国科学技术出版社，2024.10
ISBN 978-7-5236-0464-9

Ⅰ.①和⋯　Ⅱ.①何⋯　②王⋯　Ⅲ.①玉石—介绍　Ⅳ.①TS933.21

中国国家版本馆 CIP 数据核字（2024）第 039818 号

策划编辑	赵　晖　张　楠　赵　佳
责任编辑	赵　佳
封面设计	中文天地
正文设计	中文天地
责任校对	焦　宁
责任印制	徐　飞

出　　版	中国科学技术出版社
发　　行	中国科学技术出版社有限公司
地　　址	北京市海淀区中关村南大街 16 号
邮　　编	100081
发行电话	010-62173865
传　　真	010-62173081
网　　址	http://www.cspbooks.com.cn

开　　本	889mm×1194mm　1/16
字　　数	390 千字
印　　张	20
版　　次	2024 年 10 月第 1 版
印　　次	2024 年 10 月第 1 次印刷
印　　刷	北京瑞禾彩色印刷有限公司
书　　号	ISBN 978-7-5236-0464-9 / TS・112
定　　价	258.00 元

（凡购买本社图书，如有缺页、倒页、脱页者，本社销售中心负责调换）

内容提要
Synopsis

　　本书对最具中华玉文化特色的名贵玉石——和田玉进行了全方位系统的叙述，重点论述了和田玉的历史与文化、主要产地及其特征、组成矿物和结构构造、分类及其特征、质量评价、优化处理及仿子料的鉴别、鉴定特征及相似品鉴别、加工工艺与流派、成品类型及其文化寓意以及收藏投资与市场等方面的专业知识和技能。

　　本书内容丰富、概念精准，层次分明、行文流畅，深入浅出、通俗易懂，配以产地矿区、玉石原石、玉雕成品、镶嵌首饰等精美图片，图文并茂，实用性强。读者通过阅读本专业权威书籍，辅以实物观察与市场考察，可以在赏心悦目中系统掌握专业知识及实用技能。

　　本书既可为从事和田玉鉴定、销售、评估、收藏、拍卖等人员提供权威指导，也可作为高等院校宝石学专业、首饰设计、和田玉专业培训以及和田玉文化推广的经典教材。

序言
Foreword

  在人类文明发展的悠久历史上，珠宝玉石的发现和使用无疑是璀璨耀眼的那一抹彩光。随着人类前进的脚步，一些珍贵的品种不断涌现，这些美好的珠宝玉石首饰，很多作为个性十足的载体，独特、深刻地记录了人类物质文明和精神文明的进程。特别是那些精美的珠宝玉石艺术品，不但释放了自然之美、魅力天成，而且凝聚着人类的智慧之光，是人与自然、智慧与美的结晶。在这些作品面前，岁月失语，唯石、唯金、唯工能言。

  如今，我们在习近平新时代中国特色社会主义思想指引下，人民对美好生活的追求就是我们的奋斗目标。作为拥有强烈的社会责任感和文化使命感的北京菜市口百货股份有限公司（以下简称"菜百股份"），积极与国际国内众多珠宝首饰权威机构和名优企业合作，致力于自主创新，创立了自主珠宝品牌，设计并推出丰富的产品种类，这些产品因其深厚的文化内涵和历史底蕴而引领大众追逐时尚的脚步。菜百股份积极和中国地质大学等高校及科研机构在技术研究和产品创新方面开展合作，实现产学研相结合，不断为品牌注入新的生机与活力，从而将优秀的人类文明传承，将专业的珠宝知识传播，将独特的品牌文化传递。新时代、新机遇、开新局，菜百股份因珠宝广交四海，以服务走遍五湖。面向世界我们信心满怀，面向未来我们充满期待。

  通过本丛书的丰富内容和诸多作品的释义，旨在记录我们这个时代独特的艺术文化和社会进程，为中国珠宝玉石文化的传承有序作出应有的贡献。感谢本丛书所有参编人员的倾情付出，因为有你们，这套丛书得以如期出版。

  中国是一个古老而伟大的国度，几千年来的历史文化是厚重的，当代的我们将勇于担当，肩负起中华优秀珠宝文化传承和创新的重任。

北京菜市口百货股份有限公司董事长

作者简介
Author profile

何明跃，理学博士，中国地质大学（北京）珠宝学院二级教授，博士生导师。曾任珠宝学院院长、党委书记，现任国家科技资源共享服务平台"国家岩矿化石标本资源库"主任，国家珠宝玉石质量检验师，教育部万名全国优秀创新创业导师。主要从事宝石学和地质学教学和科研工作，已培养研究生130余名。荣获北京市高等学校优秀青年骨干教师、北京市优秀教师、北京市德育教育先进工作者、北京市建功立业标兵、北京市高等教育教学成果奖一等奖（排名第一）、教育部科技进步奖二等奖等。现兼任全国珠宝玉石标准化技术委员会副主任委员、全国科技平台标准化技术委员会委员、中国资产评估协会珠宝首饰艺术品评估专业委员会委员等职务，在我国珠宝首饰行业中很有影响力。

主持数十项国家级科研项目，发表近百篇论文，其中国际SCI二十余篇，出版专著十余部，《翡翠》获自然资源部自然资源优秀科普图书奖，《翡翠鉴赏与评价》《钻石》《红宝石 蓝宝石》《祖母绿 海蓝宝石 绿柱石族其他宝石》《翡翠》《珍珠 琥珀 珊瑚》《宝玉石特色品种（宝石卷）》《宝玉石特色品种（玉石卷）》等在收藏界和珠宝界具有很大指导作用，为我国宝石学领域科学研究、人才培养、公众科学普及提供重要支撑。

作者简介
Author profile

王春利，北京菜市口百货股份有限公司党委副书记、董事、总经理，中共党员，高级黄金投资分析师、HRD国际注册高级钻石分析师，曾获JNA终身成就奖。现任北京市商业经济学会第七届理事会副会长、全国首饰标准化技术委员会委员、全国珠宝玉石标准化技术委员会委员、中国珠宝玉石首饰行业协会第六届理事会副会长、中国珠宝玉石首饰行业协会第二届首饰设计委员会主任委员、中国珠宝玉石首饰行业协会彩色宝石分会第二届理事会名誉会长、中国银行间市场交易商协会第五届金币市场专业委员会委员。

"我对黄金珠宝永远充满了情感，也一直怀着一颗感恩的心为企业、为行业做事情。"凭借这份情感，王春利带领菜百股份守正创新，公司走过了北京商业乃至中国零售行业没有人走过的路，成为专业经营黄金珠宝零售的沪市主板上市公司，而她也成了黄金珠宝行业蓬勃发展的亲历者、见证者。

主要参编人员

谢华萍	 邓怡	 宁才刚	 张恩婕	 董振邦	 李晓瑶
 李沄沚	 杨子玉	 汪江华	 徐宜富	 何子豪	 阎双
 聂欣	 王佳莹	 贾冉	 马云璐	 张红卫	 彭晖
 宁振华	 吴禹彤	 张宇	 施爽	 毕思远	 张震
 曹冉	 邵梦媛				

前言
Preface

　　中国开采利用玉石已有8000多年的历史，玉石在久远的历史文化长河中已形成一道独特的风景。中国人赏玉、爱玉、佩玉，对玉的偏爱有着深厚的文化根源，古代的"儒、道、佛"三教对玉石的见解各有千秋：儒教崇尚"玉德"，道教尊崇"玉灵"，佛教推崇"玉瑞"。儒家先哲"比德于玉"，认为玉具有仁、知、义、礼、乐、忠、信、天、地、德、道君子之德，将玉的特点与为人处世的标准相联系，赋予玉以更高层次的品质和人文精神，对众多仁人志士的思想产生了深远影响，也在潜移默化中成为中华民族的精神标杆和人格向导。"君子无故玉不去身"，中国人对玉怀有一种特殊而神秘的情感，既有原始的图腾崇拜、神灵祈福，又有神圣的祭天思想，他们借助玉石来寄托一系列美好愿望，如避邪、祭礼、护宅、护身、保平安、招财进宝、兴旺发达等。

　　在自然界各类玉石中，和田玉是最具中华玉文化内涵的名贵玉石品种，蕴含着深刻的中国传统哲学思想和人生理想。和田玉具有典型的毛毡状纤维交织结构，是韧性最大的玉石。其独特的油脂光泽，深受人们喜爱，成为把玩、收藏、佩戴的珍品。和田玉所特有的温润细腻、均匀致密等性质与中华民族外柔内刚、坚韧不拔精神达到高度契合。和田玉作为不可再生资源，储量逐年减少，优质的玉料更是一块难求，受供求关系的影响，保值增值成为必然趋势。至今，很多博物馆将和田玉作为馆藏珍品，社会家庭将其作为传家宝，起着传递财富和传承文化的作用。中国玉器经历了先有玉神器，再有玉礼器、玉明器，之后出现实用器的发展历程，已形成了历史之长、器形之众、做工之精、使用之广、产量之多、影响之深的独特时代特征。

　　玉器出现在新石器时代早期，到新石器时代中晚期，玉器遍布大江南北，最具特色为兴隆洼玉文化、红山玉文化、良渚玉文化、龙山玉文化和齐家玉文化。新石器时代之后，中国进入了夏、商、西周时期，玉器仍维系着玉神器的功能，同时进入玉礼器时代。春秋战国时期，玉器从表达对神的敬畏尊崇，走上了自觉表现人格、人性的道路。

秦代以玉制玺象征君权，这一用玉制度一直沿袭到了清代。汉代玉器充满灵气，极具个性化和艺术美，是中国玉器史上的高潮，同时，汉代葬玉风俗达到鼎盛，极具鲜明的时代特色。魏晋南北朝时期的玉器风格简单、用途简化、装饰简约，是由丧葬玉向装饰玉、实用玉过渡的时期。隋唐宋时期完成了从礼器向实用器的过渡。经过数千年的跌宕起伏，中国古代玉器的制作到明清时期达到了巅峰，在艺术风格上转向了拟古主义，在遵循对传统文化的精神追求的基础上，重装饰、讲工艺、供玩赏、成商品。

现代社会的安定与经济繁荣激发了全社会对玉石的需求，从而促进了玉器市场的快速发展，政府有关部门加大了对民间艺术的重视和传承，玉石行业进入工匠众多、大师林立的时代，一批技艺高超、风采各异的中国玉雕大师彰显文化和技艺个性，使现代中国玉器的品种、题材和制作发展到了一个崭新的高度。2003年，和田玉被中国宝玉石协会评选为"中国国石"；2008年，第29届北京奥运会发布的两方奥运徽宝采用和田玉制成，其金牌、银牌、铜牌分别用白玉、青白玉、青玉镶嵌而成；2022年，冬奥会发行北京冬奥徽宝和田玉玉雕系列……这无不彰显着和田玉在中华文化中独特别致而又无比珍贵的地位，向世人展现了中国玉文化的博大精深。新时代的我们需要继续探索和挖掘和田玉的历史文化价值，推动中华文化的传承和创新发展。

为适应我国珠宝市场的快速发展，撰写本书以满足广大宝玉石从业人员以及爱好者学习和掌握实用专业知识的需要。在撰写过程中，写作团队多次考察和田玉产地（如新疆和田、青海格尔木、辽宁岫岩、贵州罗甸、台湾花莲等）和加工交易市场（如新疆和田与乌鲁木齐、江苏苏州与扬州、河南南阳、广东揭阳与广州等），并对国内外的各大珠宝展进行实地调研，掌握了和田玉从开采、设计、加工到销售的系统过程和一手资料。在调研的基础上，与众多同行专家、研究机构、商家进行了深入交流和探讨，系统查阅了发表和出版的有关论文及专著等研究成果。同时，还全面收集整理了北京菜市口百货股份有限公司（以下简称"菜百股份"）珍藏品的实物、图片和资料，归纳总结了业务与营销人员的实际鉴定、质量分级、挑选和销售的知识与经验。菜百股份董事长赵志良勇于开拓、锐意进取的精神，长期积极倡导与高校及科研机构在技术研究和产品开发方面的合作。菜百股份总经理王春利亲自带领员工到国内外宝玉石产地、加工镶嵌制作和批发销售的国家和地区进行调研，使菜百股份在技术开发和人才培养方面取得了很大进展。

本书对最具中华玉文化内涵的名贵玉石和田玉进行了全方位系统的叙述，重点论述了和田玉的历史与文化、主要产地及其特征、组成矿物和结构构造、分类及其特征、质量评价、优化处理及仿子料的鉴别、鉴定特征及相似品鉴别、加工工艺与流派、成品类型及其文化寓意以及收藏投资与市场等方面的专业知识和技能，体现了校企在宝玉石研究领域的合作研究取得的丰硕成果，读者通过阅读本专业权威书籍，辅以实物观察与市场考察，可以在赏心悦目中系统掌握专业知识及实用技能。

本书由何明跃、王春利著，其他参与人员有谢华萍、邓怡、宁才刚、张恩婕、董振邦、李晓瑶、李沄沚、杨子玉、汪江华、徐宜富、何子豪、阎双、聂欣、王佳莹、贾冉、马云璐、张红卫、彭晖、宁振华、吴禹彤、张宇、施爽、毕思远、张震、曹冉、邵梦媛等，他们主要来自中国地质大学（北京）珠宝学院和菜百股份等单位和机构。本书为科技部、财政部批准的国家科技资源共享服务平台（简称"国家平台"）"国家岩矿化石标本资源库"和"自然资源部战略性金属矿产找矿理论与技术重点实验室"的系列成果。

在本书的前期研究以及撰写过程中，我们得到了国内外学者、机构、学校和企业的鼎力支持，"国家岩矿化石标本资源共享平台"（http://www.nimrf.net.cn）提供了丰富的照片和资料，王金高和徐宜富提供了精美作品的照片，李小波提出了很好的撰写建议；此外，还有众多国内外网站、机构和个人为本书提供了和田玉的产地矿区、原石、雕件及镶嵌首饰的图片，在此深表衷心的感谢。

目 录 Contents

第一章 和田玉的历史与文化 ······················· 1
  第一节 和田玉与软玉的名称由来 ·················· 2
  第二节 中国和田玉玉器的历史时代特征 ··············· 4
  第三节 中国史前玉文化特征 ····················· 29
  第四节 中国玉文化的渊源 ······················ 35
  第五节 玉石之路 ···························· 44

第二章 软玉的主要产地及其特征 ····················· 45
  第一节 软玉矿床类型及特征 ····················· 46
  第二节 新疆软玉的主要产地及特征 ················· 50
  第三节 青海软玉的主要产地及特征 ················· 62
  第四节 辽宁岫岩软玉的主要产地及特征 ·············· 67
  第五节 国内其他软玉产地及特征 ·················· 69
  第六节 国外软玉的主要产地及特征 ················· 78

第三章 软玉的组成矿物和结构构造 ··················· 95
  第一节 软玉的组成矿物及其特征 ·················· 96
  第二节 软玉的结构和构造 ····················· 107

第四章　和田玉的分类及其特征　114
第一节　和田玉的地质产状分类及其特征　115
第二节　和田玉皮壳的分类及其特征　123
第三节　和田玉的颜色分类及其特征　127
第四节　和田玉的其他品种及其特征　142

第五章　和田玉的质量评价　146
第一节　和田玉的颜色评价　147
第二节　和田玉的质地评价　151
第三节　和田玉的净度评价　153
第四节　和田玉的重量大小评价　155
第五节　和田玉的工艺评价　156

第六章　和田玉的优化处理及仿子料的鉴别　167
第一节　和田玉的浸蜡优化　168
第二节　和田玉的漂白充填处理　170
第三节　和田玉仿子料及其鉴别特征　174
第四节　人工沁色仿古玉　182

第七章　和田玉的鉴定特征及相似品鉴别　187
第一节　和田玉的主要鉴定特征　188
第二节　和田玉相似品及其鉴别特征　192

第八章　和田玉的加工工艺与流派　203
第一节　和田玉的加工工序与设备　204
第二节　和田玉的加工技法　220
第三节　和田玉的工艺流派　229

第九章 和田玉的成品类型及其文化寓意 234

- 第一节 和田玉首饰 235
- 第二节 和田玉摆件 249
- 第三节 和田玉文玩用具 260
- 第四节 和田玉纪念题材作品 266

第十章 和田玉的收藏投资与市场 269

- 第一节 和田玉的物质性与文化性优势 270
- 第二节 和田玉的收藏与投资 273
- 第三节 国内外和田玉市场 279
- 第四节 和田玉的拍卖及其他市场 289

参考文献 293

第一章
Chapter 1
和田玉的历史与文化

中华文明源远流长，开采利用玉石的历史悠久。和田玉所具有的温润、坚韧、致密等性质与中国文化精神高度契合，成为众多玉石种类中最突出的代表品种。和田玉在历朝历代都有使用，经历了漫长的发展过程，各个历史时期的玉器具有其独特的时代特征及深厚的玉文化内涵。现今中华文化的传承和创新，吸引人们去探索和挖掘新时期和田玉的创新文化内容。

第一节
和田玉与软玉的名称由来

从古至今，和田玉曾有过许多名称，这些名称不但展示了和田玉的特性，也表达了人们对和田玉的推崇和珍视。

一、玉字的含义

"玉，乃石之美者。其字象三玉连贯之形。"这是许慎在《说文解字》中对玉的诠释。"玉象三玉之连，其贯也"，即玉字最初是指用一根绳子将三块美玉贯穿起来（图1-1），

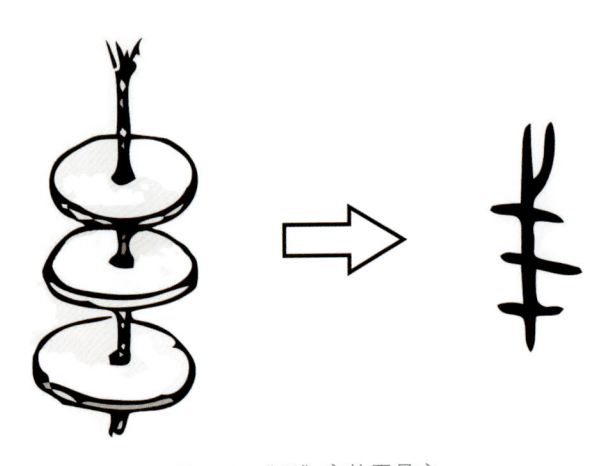

图1-1 "玉"字的甲骨文

用玉来象征天、地、人于一体，是中国传统世界观的具体体现。后来，也有人将玉字解释为王字加了一点，是王者怀中的一块石头。

汉语文字中，玉字常被用来描述美好的人或事物，如亭亭玉立、玉树临风、金口玉言、金玉满堂等。还有很多以玉字作偏旁[①]的汉字，都与玉相关，以《说文解字》为例，作为中国第一部按照偏旁部首编撰的字典，玉部字就收录有 126 个之多。

二、和田玉的名称由来

中国古代常以产地名称为玉石命名，如"于阗玉"和"昆仑玉"。"昆仑玉"即古代文献中常提及的"昆仑之玉"，《千字文》[②]中就有"金生丽水，玉石昆冈"之说，"昆冈"即昆仑山。"于阗玉"以玉产自古于阗国[③]而得名，古于阗国的中心就是现在的新疆和田地区。清光绪时期设立和田直隶州，改"于阗"为"和阗"。1959 年，由于行政区划变更，"和阗"改为"和田"，始称"于阗玉"为"和田玉"，这一名称至今广为沿用。在中国古代，开采和使用的玉石品种十分丰富，但古人认为真正能满足"玉德"品质的只有和田玉，因此称和田玉为"真玉"，意为真正的玉，以区别于其他玉石品种。

三、软玉的名称由来

法国矿物学家奥古斯丁·亚历克西斯·达穆尔（Augustin Alexis Damour）对中国清代的玉器进行研究后，首次揭示了中国玉石的矿物学特征，并将其进行了分类。他将玉石分为透闪石质玉和辉石质玉两大类，将透闪石质玉命名为 nephrite，将辉石质玉命名为 jadeite。那么，nephrite 一词又源自何处呢？nephrite 由 nephr 加后缀 -ite 组成。nephr 源于希腊语 nephros，意为"肾"或"与肾脏有关的"。古代欧洲人认为，将这种玉石佩挂在腰部可以治愈肾病，因此，nephrite 又有"肾石"之称。

1868 年明治维新后，日本出版了一本《矿物字汇》(《鉱物字彙》)，以德语、英语和日语将矿物互译。该书作者小藤文次郎（Bunjirō Kotō）结合达穆尔的研究成果，并根

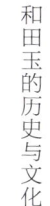

[①] 古汉语中只有玉字旁而没有王字旁。玉字旁是指变形的玉字用作左偏旁，玉字去掉一点，最下面的一横改写成一提。或是作下部首，如"璧""玺"。带有玉字旁的字都与玉有关。而在现代汉语中，王字旁和玉字旁都是存在的。
[②] 作者为南朝梁代周兴嗣，生年不详，卒于 521 年。梁武帝（在位时间 502—549 年）命其从王羲之书法作品中选取 1000 个不重复汉字，编纂成文，即《千字文》。
[③] 于阗国（公元前 232—公元 1006 年）是古代西域王国。

据硬度测试结果，将 nephrite 译为"软玉"，jadeite 译为"硬玉"。1921 年，中国著名地质学家章鸿钊（1877—1951 年）沿用日本学者的翻译方法，在《石雅》中这样写道："一即通称为玉，东方谓之软玉，泰西谓之纳夫拉德（nephrite 的译音）；二即翡翠，东方谓之硬玉，泰西谓之桀特以德（jadeite 的译音）。"

事实上，"软玉"和"硬玉"的译法容易使人误解。首先，"软"和"硬"的含义是相对的，透闪石质玉的摩氏硬度为 6.0 ~ 6.5，辉石质玉的摩氏硬度为 6.5 ~ 7.0，二者的实际硬度差异并不大。其次，nephrite 和 jadeite 本身并未含有软硬之意，软玉和硬玉是日本学者在不经意间造成的误译，"软玉"与"硬玉"这种译法虽有欠稳妥之处，但目前已成为一种普遍使用的说法。

四、国家标准中和田玉名称的定义

值得一提的是，国家标准《珠宝玉石名称》（GB/T 16552—2017）规定天然玉石名称中具有地名的，已不具产地意义。国家标准《和田玉鉴定与分类》（GB/T 38821—2020）将和田玉定义为：由自然界产出，具有美观、耐久、稀少性和工艺价值，可加工成饰品的透闪石矿物集合体，次要矿物可为阳起石，可含少量方解石、透辉石、石墨、黄铁矿、铬铁矿、磁铁矿、石英、蛇纹石、绿泥石、绿帘石、硅灰石、磷灰石和石榴石等矿物。根据以上标准规定，软玉及和田玉均为同一个玉石品种，即由透闪石（有时为阳起石）为主要组成矿物的玉石。

第二节
中国和田玉玉器的历史时代特征

素有"东方艺术"美称的中国玉器，是中国玉文化的物质载体，其中最具有代表性的是和田玉玉器，是中华民族的艺术瑰宝。在中国玉器历史上，玉器经历了先有玉神器，再有玉礼器、玉明器，之后出现实用器的发展历程。历代玉饰的种类、形制、纹饰纷繁有别，是按实际需要因时而化的结果。随时代发展繁盛，中国玉器形成了历史之长、器形之众、做工之精、使用之广、产量之多、影响之深的特色。

一、史前时期

从考古资料来看，中国玉器的起源可追溯到原始社会的旧石器时代晚期。石器时代①是人类经历的以石器为生产工具的历史发展阶段。目前，国内发现最早的玉石工具是出土于辽宁鞍山海城市孤山镇小孤山村仙人洞遗址的绿色玉质砍砸器，距今约有1.2万年的历史，属于旧石器时代晚期。而最早的和田玉玉器，则是兴隆洼文化遗址中出土的白玉玦，距今约有8000年的历史，属于新石器时代早期（图1-2）。

图1-2 玉玦（兴隆洼文化）
（图片来源：国家文物局网站）

玉和石的分化经历了一个漫长的过程：起初，玉和石都是制作生产工具的原材料，在进入新石器时代后，原始人类积累了丰富的石器制作工艺经验，在实践中发现玉质地坚硬、色彩丰富等特点，形成了朴素的美学意识，将玉制成工具、武器、祭祀器和简易的装饰品（图1-3～图1-6），玉与石也由

图1-3 玉玦（新石器时代）
（图片来源：摄于中国国家博物馆）

图1-4 三牙璧（新石器时代 大汶口文化）
（图片来源：摄于中国国家博物馆）

---

① 按照使用生产工具的不同可划分为旧石器时代和新石器时代。旧石器时代使用打制石器，新石器时代使用磨制石器。

图 1-5 虎头（新石器时代 石家河文化）
（图片来源：摄于中国国家博物馆）

图 1-6 弦纹璜（新石器时代）
（图片来源：摄于中国国家博物馆）

此初步被区分开来。之后，玉从生产工具的范畴中脱离出来，既具实用功能又表现出社会功能，并被赋予了独特的精神内涵。

由于对自然界的认知有限，我们的祖先相信超越现实的精神力量。他们认为"唯玉通神"，即玉是能与神灵沟通的灵物。因此将玉制成朴素抽象的器物，用以祭祀天地神灵，即被称为"玉神器"（图 1-7、图 1-8）。玉神器是早期人类玉制器物的代表，也是人类最早的具有独特精神追求和审美特征的玉器。《说文解字》中的"巫以玉事神"，说的就是在祭祀时，巫觋使用玉神器与神灵和先祖进行沟通，以祈祷神祖的庇佑。

图 1-7 兽面纹琮（新石器时代 龙山文化）
（图片来源：摄于中国国家博物馆）

图 1-8 三牙璧（新石器时代 龙山文化）
（图片来源：摄于中国国家博物馆）

新石器时代玉器以异地或原地产彩石作为原料，主要玉料有硅质岩、透闪石岩、蛇纹石岩等。经考古研究证明中国玉器及玉文化在新石器时代早期已初步形成，其中东北辽河地区的兴隆洼文化、红山文化，江淮地区的凌家滩文化，西北黄河上游的齐家文化，长江下游的石家河文化、良渚文化，以及遍布全国的龙山文化等是这一时期玉文化的杰出代表。

二、夏商西周时期

新石器时代之后，中国发展为奴隶社会，进入了夏、商、西周三代。此间，玉器仍维系着"玉神器"的功能，同时进入社会生活，成为皇亲国戚、王公贵族的专用品。中国玉器进入王玉时代，玉器主要转变为统治者的礼仪用具，我们称为"玉礼器"。夏商西周三代属于青铜时代，继承了史前社会的玉器制作，总体上形成了青铜礼制与玉器礼制并存，且各成体系、又互相影响的格局。

（一）夏代

夏（约公元前 2070—前 1600 年）是我国第一个中央王朝，王室掌握有大量的玉器和青铜器，此时的玉器是王权的象征，还具有祭祀天地神灵的功用，被称为"王玉"（图 1-9）。

（二）商代

商（公元前 1600—前 1046 年）作为中国奴隶社会的大发展时期，其礼法制度和祭祀活动十分庄重肃穆。为了祭祀活动的需要，商代逐渐形成了完备的礼玉制度。这时出现的玉璧为大宗礼仪器之首，与祭祀活动紧密相连，被赋予了"沟通天地，礼拜四方"的使命。

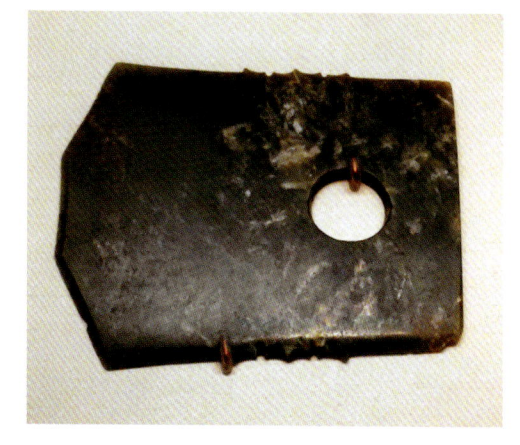

图 1-9　玉钺（夏中晚期）
（图片来源：摄于中国国家博物馆）

商早期出土的玉器十分少见，现在所能见到的基本上是商晚期（殷商时期）的制品。殷商王室贵族使用玉器的现象十分普遍，河南安阳殷墟妇好墓出土的玉器多达 755 件（图 1-10～图 1-13）。据安阳殷墟妇好墓、江西新干商代大墓等处出土玉器的鉴定得知，大部分的玉器原料为新疆和田玉，仅少部分为岫玉和独山玉。可以证实，从殷商开始，中国就开辟了以和田玉为主体的玉器工艺美术时代，和田玉是中国古代文明的标志，是中华民族文化中的重要组成部分。

图 1-10　兽面纹斧（商　殷墟妇好墓出土）
（图片来源：摄于中国国家博物馆）

图 1-11　弦纹琮（商　殷墟妇好墓出土）
（图片来源：摄于中国国家博物馆）

图 1-12　高冠凤鸟佩（商　殷墟妇好墓出土）
（图片来源：摄于中国国家博物馆）

图 1-13　兽面纹刀（商　殷墟妇好墓出土）
（图片来源：摄于中国国家博物馆）

（三）西周

西周（公元前1046—前771年）是中国古代礼制最为兴盛的时代，人们的衣食住行乃至婚嫁丧葬都有严格的礼制约束，用玉制度也非常严格。在朝会、交聘、祭祀等重要礼仪场合使用的玉器统称为"玉礼器"，根据礼玉形制的不同，其用途各异，可分为"六器"和"六瑞"两大类："六器"是天子礼告天地四方时使用的礼器，"六瑞"是官员朝见天子时使用的礼器。《周礼·春官·大宗伯》记载，"以玉作六器，以礼天地四方。以苍璧礼天，以黄琮礼地，以青圭礼东方，以赤璋礼南方，以白琥礼西方，以玄璜礼北方"（图1-14～图1-16），"以玉作六瑞，以等邦国。王执镇圭，公执桓圭，侯执信圭，伯执躬圭，子执谷璧，男执蒲璧"，这一方面说明西周礼玉已发展到为祭祀自然神服务，另一方面直接反映了当时的身份等级已有明确的形制规定，玉器已经成为表达礼仪关系的最佳工具。西周时期对玉石品质及色泽的使用也有严格的等级规定，如《周礼·考工记》中记载："天子用全，上公用龍，侯用瓚，伯用埒。"此外，西周装饰类玉器也较丰富，有玦、环、发箍、柄形饰、玉人和兽、鸟、鱼、禽、虫等动物形饰品（图1-17）以及项链、串珠等，并且还流行成组佩玉，玉组佩以玉璜为主体，并配以其他各种精美的小件玉饰品（图1-18）。

图1-14 琮（西周）
（图片来源：摄于中国国家博物馆）

图1-15 人龙纹璧（西周）
（图片来源：摄于中国国家博物馆）

图1-16 人龙纹璜（西周）
（图片来源：摄于中国国家博物馆）

图1-17 动物形佩（西周）
（图片来源：摄于中国国家博物馆）

图1-18 玉组佩（西周）
（图片来源：陕西历史博物馆提供）

第一章 和田玉的历史与文化

玉组佩的出现是适应当时礼制化社会需要而产生的特殊器物，且根据权贵身份不同其形制复杂程度不同。西周崇尚白色玉石，尤其珍褒和田玉，统治者使用的贵重玉器，一般多采用和田白玉制成，而天子以下的官员则用质量稍差的和田玉或其他玉石。

周人以德配天，玉器被抽象为道德观念的载体，起着确立、巩固建立在宗法等级制度上的人伦关系的作用。具有鲜明等级意味的"六器""六瑞"，就是这一制度的物证。西周玉文化的发展，为玉器纳入道德范畴作了充分的思想准备，为春秋战国时期玉器的理念化、人格化奠定了基础。

三、春秋战国时期

春秋战国时期（公元前770—前221年）是中国由奴隶社会转向封建社会的变革时代。随着奴隶制的瓦解和封建制的建立，人们的思想观念空前解放，玉文化也蓬勃发展。人们对于玉料有了进一步的认识，玉料品种更加丰富多彩，以和田玉为原料制作的玉器比前代更多。得益于铁制工具的使用，琢玉技术和装饰水平有了长足的进步，此时的玉器大多装饰有精美的纹饰，甚至还出现了较多的通体饰纹。为了适应贵族阶层的装饰需要，玉璜（图1-19）、玉组佩、螭纹佩（图1-20）、龙凤佩（图1-21、图1-22）、舞人佩等佩饰大量生产，玉剑饰（图1-23）、玉带钩（图1-24）等生活用玉也广泛流行，成为贵族腰带上的部件及佩剑上的饰物。昔日"珠玉锦绣不鬻[①]于市"的戒律被废除，玉器从表达对神的敬畏尊崇，走上了自觉表现人格、人性的道路。

图1-19　云兽纹青玉璜（战国）
（图片来源：摄于中国国家博物馆）

图1-20　双螭璧形佩（战国）
（图片来源：摄于中国国家博物馆）

---

① 本义是粥，引申为"卖"。

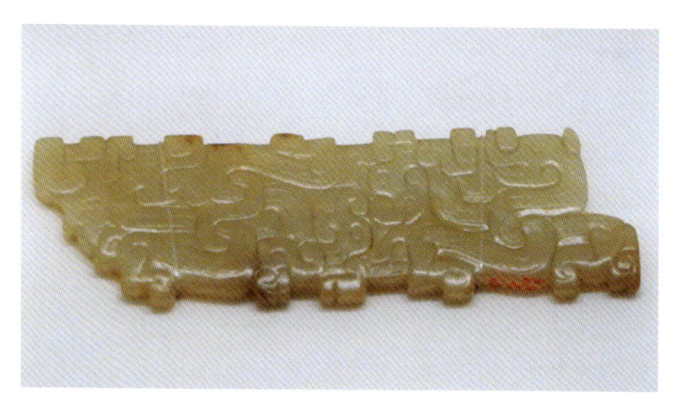

图 1-21 齿边形龙纹饰（春秋）
（图片来源：摄于中国国家博物馆）

图 1-22 夔龙形佩（战国）
（图片来源：摄于中国国家博物馆）

图 1-23 玉剑饰（战国）
（图片来源：摄于中国国家博物馆）

图 1-24 鎏金嵌玉镶琉璃银带钩
（战国 魏）
（图片来源：摄于中国国家博物馆）

春秋战国时期，儒家以"玉"作为政治思想和道德观念的载体，将仁、智、义、礼、乐、忠、信、天、地、德、道等传统观念融入和田玉，大大加强了玉的文化内涵及社会意义，成为君子为人处世、洁身自爱的标准，成为士大夫的道德规范，标志着玉器人格化的确立。该阶段玉器所蕴含的深刻伦理道德价值远高于其审美价值和艺术价值，寄托于玉中的精神内涵对后世的影响极为深远，是后世玉器发展不衰的理论依据和精神支柱。

四、秦代

自秦始皇统一六国，中国步入了封建社会。秦代（公元前 221—前 206 年）是中国历史上第一个中央集权的封建王朝，流传或出土的玉器甚少。秦代玉器的种类依形制、用途主要可分为祭祀用玉、装饰及生活用玉等。目前发现的丧葬用玉数量非常稀少，仅在秦京畿之地零星发现玉口琀及疑似玉握等玉器。从考古资料和文献记载来看，秦代玉器发展较为缓慢，但秦始皇还是采取了一些促进玉器发展的措施，如秦始皇每到一地巡游都会祭祀天地四方及列祖列宗。此外，秦代规定皇帝之印独称"玺"，其他人的印称作"印"或"章"。以玉制玺象征君权，这一用玉制度一直沿袭到了清代。

五、汉代

汉代（公元前 206—公元 220 年）大力推崇儒家思想，儒家"以玉比德"的思想在社会上得到广泛的认可，备受皇室宗亲欢迎，皇宫上下无人不佩玉、无人不崇玉，成了专制统治阶级不可或缺的器物。汉代玉器充满灵气，极具个性化和艺术美，是中国玉器史上的高潮。汉代玉器可分为礼玉、葬玉、装饰玉、陈设玉四大类。礼玉主要有玉璧、玉圭、玉璜，其中以玉璧最为常见（图 1-25、图 1-26）。汉代装饰玉可分为佩挂装饰玉和器物装饰玉两大类，并且出现了一批新式玉器，有玉舞人（图 1-27）、心形玉佩、镂雕玉环、玉贝币、玉卮、玉盒、玉印章、玉盏、玉樽等，此外，汉代中期玉剑饰也十分流行（图 1-28）。汉代以写实主义风格雕琢的玉奔马、玉熊、玉鹰、玉辟邪（图 1-29）等，凝聚着汉代浑厚豪放的时代精神。受孔子"贵玉而贱珉"的思想影响，汉代玉器用料主要采用新疆和田白玉，不仅数量空前，而且品质上乘。如现藏于陕西历史博物馆的"皇后之玺"就是采用新疆和田的羊脂玉制成，上雕一只螭虎形象作钮，四面刻有云纹，温润洁白，极具观赏性（图 1-30）。西汉中期，张骞出使西域，汉帝国打开了西域玉路的通道，中原王朝和西域的交通畅通无阻，采运玉料更为便利。《史记·大宛列传》中记载了和田玉的产出情况："汉使穷河源，河源出于寘，其山多玉石，采来，天子案古图书，名河所出山曰昆仑云。"明确指出玉石来自新疆于寘（古同"阗"，即现代新疆和田）。汉代诸侯王墓中，如河北满城刘胜墓、安徽淮南王墓等出土的许多玉器，经鉴定也多为和田玉。古人崇尚使用和田玉，生前佩戴，死后同葬，汉代玉石随葬的风俗达到鼎盛，是汉代极为鲜明的时代特色。常见的丧葬玉器主要有玉琀（图 1-31）、玉握（图 1-32）、玉九窍塞、玉覆面、玉衣、镶玉漆棺等。

图 1-25 玉璧（西汉）
（图片来源：Hiart，Wikimedia Commons，CC0 许可协议）

图 1-26 青玉璧（西汉）
（图片来源：摄于首都博物馆）

图 1-27 舞人佩（西汉）
（图片来源：摄于中国国家博物馆）

图 1-28 玉剑格（西汉）
（图片来源：摄于中国国家博物馆）

图 1-29 玉辟邪（汉）
（图片来源：陕西历史博物馆提供）

图 1-30 皇后之玺（汉）
（图片来源：陕西历史博物馆提供）

图 1-31 玉蝉（汉）
（图片来源：Didier Descouens, Wikimedia Commons, CC BY-SA 4.0 许可协议）

图 1-32 玉猪握（汉）
（图片来源：Hiart, Wikimedia Commons, CC0 许可协议）

六、魏晋南北朝时期

魏晋南北朝时期（220—589年），社会动荡，战乱不止，经济萧条，玉器制作受到很大影响，传世或出土玉器很少。魏晋南北朝时期是中国玉器发展的一个低谷期，其玉器的风格特点简单，用途简化，装饰简约（图1-33、图1-34），处于礼仪玉、丧葬玉向装饰玉、实用玉过渡的时期，在中国玉器史上起着分水岭的作用。

图 1-33 玉组佩（三国 魏）
（图片来源：摄于中国国家博物馆）

图 1-34 玉辟邪（南朝）
（图片来源：摄于中国国家博物馆）

七、隋唐宋时期

(一) 隋代

隋代（581—618年）的统一结束了中国长达300多年的分裂局面，古代玉器得以浴火重生。但因隋代存在短暂，流传下来的玉器比较少见，均用和田美玉制成。据考古资料，在这少数的几件玉器中，可以看出此时中国的玉器生产已逐步完成了从礼器向实用器的过渡（图1-35、图1-36）。

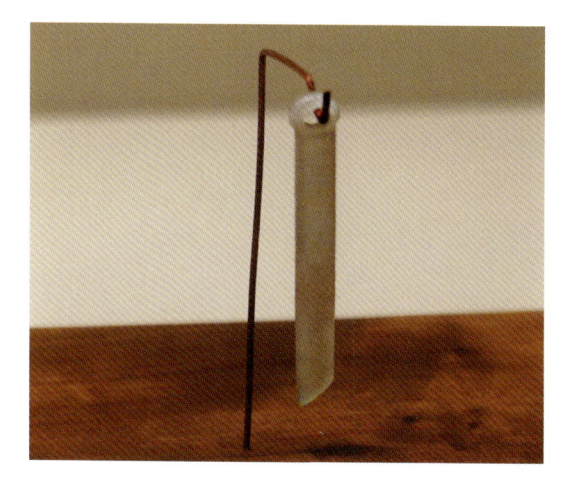

图1-35　玉刻刀（隋）
（图片来源：摄于中国国家博物馆）

图1-36　镶金边白玉杯（隋）
（图片来源：摄于中国国家博物馆）

(二) 唐代

唐代（618—907年）社会稳定、国力强盛，经济空前繁荣，对外交流频繁。自隋炀帝开通大运河后，扬州成为促进国内国际经济与文化交流的重要商埠。当时的扬州繁华富庶，手工业制作涉及金属冶铸、建筑、造船、金银器、漆器、木器、铜镜等，玉器制作也日渐兴旺。扬州制玉中心的地位在唐代已初步确立，唐代玉器的辉煌成就离不开扬州制玉中心的贡献，这也为明清两代的制玉事业打下了坚实的基础。

唐代玉器摆脱了上古玉器以礼玉为中心和汉代以葬玉为主的传统，开创了以装饰玉器、实用玉器和佛教玉器为主流的新时代，是中国玉器发展史上的一个重要转折期。其风格在继承秦、汉现实主义的基础上，吸收异域文化，出现了极具西域文化特色的狮子、胡人、胡器等艺术形象。受金银器的影响，唐代玉器形成雍容华贵的艺术风格（图1-37）。与早期抽象化、图案化的玉器不同，唐代玉器贴近自然、面对现实，飞禽走兽（图1-38、图1-39）、花草鱼虫（图1-40）等形象在实用玉器中大量出现。此外，在唐代首次出现了与佛教题材相关的玉器（图1-41），如玉佛和玉飞天等。

图1-37　镶嵌玉饰（唐）
（图片来源：Metropolitan Museum of Art, Wikimedia Commons, CC0许可协议）

图1-38　玉羊（隋唐）
（图片来源：摄于中国国家博物馆）

图1-39　龙首（唐）
（图片来源：摄于中国国家博物馆）

图1-40　花卉纹梳背（唐）
（图片来源：摄于中国国家博物馆）

图1-41　坐姿天王（唐）
（图片来源：摄于中国国家博物馆）

（三）宋代

宋代（960—1279年）的工商业极度繁荣，较唐代而言，宋代玉器具有浓厚的生活气息，玉器制作进一步向世俗化方向发展，常见日常生活题材的创作，多为实用器，且富于装饰美（图1-42、图1-43）。宋代使用和田玉的规模较唐代更大，据《游宦纪闻》中记载："国朝礼器及乘舆服饰多是于阗玉。"宋徽宗大力支持玉的发展，宫廷设玉院，促使琢玉技艺全面发展。由于宋代实行"重文轻武"的政策，弃武从文成为社会风尚，因此宋代的艺术成就非凡。从唐代开始出现的花卉纹玉器在宋代蓬勃发展，宋人常以大自然为对象来抒发人生理想和民族观念，宋代玉器中常采用自然题材（图1-44、图1-45），如梅花题材象征傲岸、莲花题材象征脱俗等。另外，由于宋代盛行考古风，玉器制作还出现了仿古潮流，主要是仿制商周青铜器以及前朝玉器特别是汉代玉器。著名的艺术奇才宋徽宗，是个金石学[①]痴迷者，他的喜好也促进了仿古玉器的发展。

图1-42　莲瓣云纹盒（北宋）
（图片来源：摄于中国国家博物馆）

图1-43　双螭耳杯（宋元）
（图片来源：摄于中国国家博物馆）

图1-44　白玉卧鹿（宋）
（图片来源：摄于颐和园博物馆）

图1-45　左：鱼莲巾环（宋）
　　　　右：鸟衔花巾环（宋）
（图片来源：摄于中国国家博物馆）

---

① 金石学是考古学的前身，是以古代青铜器和石刻碑碣为主要研究对象的一门学科，偏重于著录和考证文字资料，以达到证经补史的目的。

八、辽金元时期

辽、金、元（907—1368年）都是北方游牧民族建立的王朝，其玉器独具民族特色，风格粗犷奔放。

（一）辽代

辽代（907—1125年）玉器种类不多，主要有玉带、玉佩、玉器皿及一些佛教玉器（图1-46、图1-47），常将玉石与金银宝石兼互使用，造型以日常生活题材为主，风格淡雅写实。辽代崇尚和田玉，选材极为严格，出土玉器玉料大多为和田羊脂白玉。

图1-46　熊（辽）
（图片来源：摄于中国国家博物馆）

图1-47　人物山子（辽金）
（图片来源：摄于中国国家博物馆）

（二）金代

金代（1115—1234年）玉器内容丰富，除宋代最常见的花鸟形象外（图1-48、图1-49），又增添了极具民族传统特色的鹰鹘雁鹅、虎鹿山林等。其中最具特色的是"春水玉"和"秋山玉"。"春水玉"以游牧民族的春季围猎为主题，主要表现海东青[1]捕猎天鹅的场景（图1-50）。因为狩猎一般是在春天的水边展开，表现这种场景的玉被称为"春水玉"。"秋山玉"则是以秋季山中行猎为主题，主要表现射虎哨鹿[2]的场景。因

---

[1] 海东青，又称鹘鹰，是一种体型较小的猎鹰（现普遍认为是矛隼），这种猛禽善于以小博大，深受女真族崇拜。关于海东青一名的由来，宋《契丹国志》记载："女真东北与五国为邻，五国之东临大海，出名鹰，自东海来者，谓之'海东青'。"且其本色为青灰色，因而被称作"海东青"。

[2] 哨鹿是一种诱鹿射猎的方式。先吹起模仿雄鹿求偶声音的长哨，引来雌鹿和前来夺偶的雄鹿，再进行射猎。

其主要纹饰为山林和虎鹿，被称为"秋山玉"（图1-51）。"春水玉"和"秋山玉"是辽金元时期的代表作，记录了北方游牧民族春秋时节代表性的狩猎场景，题材不同于史上其他传统玉器，构图和制作具有鲜明独特的地域、民族和时代印记，充满了山林野趣和北国情怀。

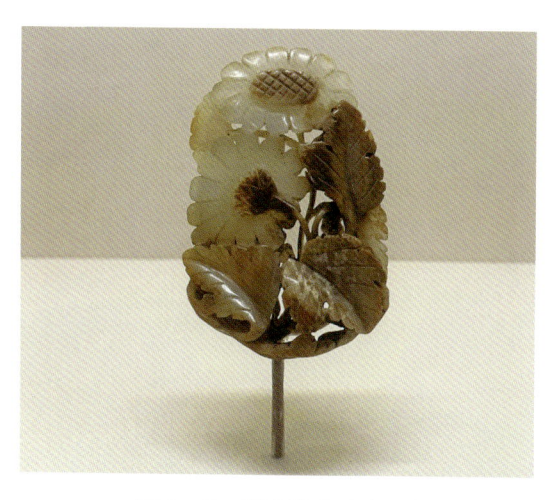

图1-48 菊花饰件（金元）
（图片来源：摄于中国国家博物馆）

图1-49 萱草花卉（金）
（图片来源：摄于中国国家博物馆）

图1-50 鹘啄天鹅纹刺鹅锥柄（辽金）
（图片来源：摄于中国国家博物馆）

图1-51 卧虎纹饰件（金元）
（图片来源：摄于中国国家博物馆）

(三) 元代

元代（1206—1368年）在元大都和杭州都设立了专门的玉器作坊，专向皇室提供宫廷玉器，民营玉器作坊也快速发展。玉器在继承宋、金玉器的基础上，审美逐渐向粗犷发展，在玉器上可见其"不拘小节"的特色——玉器表面的琢磨一丝不苟，但其侧面、内部及底部不予琢磨，略显粗糙（图1-52、图1-53）。元代玉器以装饰玉为主（图1-54、图1-55），观赏陈设器、礼仪器、动物器、文房器、实用器为辅，玉冒顶是元代最具特色的陈设玉器（图1-56、图1-57），以镂雕作品居多，常采用春水、秋山题材，体现了强烈的民族特色。

图1-52 鱼形佩（元）
（图片来源：摄于中国国家博物馆）

图1-53 双狮（元）
（图片来源：摄于中国国家博物馆）

图1-54 鹘啄鹅绦环（元）
（图片来源：摄于中国国家博物馆）

图1-55 双鹿纹饰件（金元）
（图片来源：摄于中国国家博物馆）

图1-56 孔雀花卉冒顶（元）
（图片来源：摄于中国国家博物馆）

图1-57 鹭鸶荷莲冒顶（元）
（图片来源：摄于中国国家博物馆）

九、明清时期

经过数千年的跌宕起伏，中国古代玉器的制作到明清时期达到了巅峰。从秦至元，我国古代玉器主要是以现实主义为艺术风格，所制玉器重在形神兼备。从明至清，中国玉器在艺术风格上转向了拟古主义，在遵循对传统文化的精神追求的基础上，重装饰、讲工艺、供玩赏、成商品。

（一）明代

明代（1368—1644年）经济文化发达，社会对玉器的需求日益增大，从而带动玉雕业的蓬勃发展。皇家玉器由御用监监制，在南京和北京的官府玉肆完成；大城市中也开有民间玉肆，其中最著名的碾玉中心是苏州，形成"良玉虽集京师，工巧则推苏郡"的格局。明代玉器玉料多选用品质优良的和田玉，工艺精雕细琢，造型纹饰多姿多彩，造就了大量精品玉器。同时，该时期玉石与金银珠宝的镶嵌盛极一时，其中具代表性的如明定陵出土的金托玉爵杯、金镶玉簪等。明代民间盛行赏玉之风，玉礼器明显减少，生活用玉增多，如玉文具（图1-58～图1-60）、香炉、茶具等实用器（图1-61～图1-63），生活气息十分浓郁。此外还出现了大量寓意吉祥的玉器图案，如"番人进宝""群仙祝寿""长命富贵"等。

图1-58 云螭纹笔（明）
（图片来源：摄于中国国家博物馆）

图1-59 鹿鹤同春笔架（明）
（图片来源：摄于中国国家博物馆）

图1-60 云凤纹印泥盒（明）
（图片来源：摄于中国国家博物馆）

图1-61 青玉勺（明）
（图片来源：摄于中国国家博物馆）

图 1-62　双螭耳酒台盏（明初）
（图片来源：摄于中国国家博物馆）

图 1-63　花卉鹭鸶纹杯（明）
（图片来源：摄于中国国家博物馆）

明早期玉器依然造型粗犷浑厚，风格趋于简练、豪放、粗犷，有"粗大明"之称。中期以后逐渐形成了南、北两种风格。北方以北京制作的玉器为代表，器型浑厚、线条古朴、刀功有力，有"北大明"之称；南方则以苏州制作的玉器为代表，选用良材、器型规整、工艺精巧，有"南细工"之称。

明代中期，随着文士文化的兴盛，陈设玉器成为文人的风雅趣好。能工巧匠吸收文士才情，将诗书画印艺术集结于陈设玉器的制作中，出现了大量具有文人色彩的玉器。明代玉器纹饰，与中国传统绘画结合，不但使明代玉器具有"文人画"特色，同时也开拓了古代玉器美学新境界。古代绘画中的常见题材，如山水、人物、花卉、禽兽等成为玉器纹饰主流。玉匠要兼具绘画与雕刻的综合技艺，才能把平面的绘画转变为立体的玉雕，这使得中国玉器的艺术表现力得到了升华。明代中晚期玩赏古玩风气兴起，出现了不少精美的仿古玉器。部分的明代仿古玉器是以商周青铜礼器为本，形式仿古，但琢玉工艺已具鲜明特点。

（二）清代

清代（1616—1911年）是集历代玉器之大成的鼎盛时期，其玉器艺术仍沿袭明代中晚期的拟古主义，做工上力求工整精致，艺术上、产量上均达到了新的高峰，在中国古代玉器史上占有举足轻重的地位。为了满足皇家贵族的需求，清廷内务府设立了造办处，造办处下设了玉作机构来生产宫廷玉器。除实力雄厚的皇家玉器作坊，清代的民间玉器作坊星罗棋布，如苏州织造、江宁织造等，形成了庞大的制玉体系。

清代玉器既吸收了前代玉器的优秀传统，也借鉴了同时代的绘画、雕塑、金银加工等表现手法，将阴刻、阳线刻、圆雕、浮雕、镂空等工艺融会贯通，达到了炉火纯青、出神入化的艺术境界。此时，清玉仿古之风也达到了登峰造极的地步。质朴浑厚的清代仿古玉器和玲珑剔透的时作玉器交相辉映，共同组成了辉煌的清代玉器文化，特别是康熙、乾隆时期最为辉煌。清代玉器品种数量繁多，以陈设品和玉佩饰最为发达。陈设品有各种仁兽（图1-64、图1-65）、瑞禽、山水花鸟玉山、玉屏风（图1-66）等。玉佩的品种更为丰富，成为各阶层民俗事项和服饰广泛佩戴使用的装饰品和吉祥物（图1-67）。此外兼有实用功能的各种玉器皿（图1-68、图1-69）、文房用品（图1-70）、生活用具（图1-71）的数量和品种也较历代有所增加。

图1-64 青玉牛（清）
（图片来源：摄于故宫博物院）

图1-65 青玉狗（清）
（图片来源：摄于故宫博物院）

图1-66 白玉镂雕龙凤对屏（清乾隆）
（图片来源：摄于颐和园博物馆）

图1-67 牧牛图牌饰（清）
（图片来源：摄于中国国家博物馆）

图1-68 碧玉蟠螭纹觥（清乾隆）
（图片来源：摄于颐和园博物馆）

图1-69 碧玉菊瓣盖碗（清乾隆）
（图片来源：摄于故宫博物院）

图 1-70　青白玉竹桃纹笔筒（清乾隆）
（图片来源：摄于颐和园博物馆）

图 1-71　青玉九鹌如意（清乾隆）
（图片来源：摄于故宫博物院）

乾隆皇帝对玉的迷恋超越了历代帝王，被称为是"玉痴"皇帝。目前故宫中收藏的上万件古代玉器，多数是在乾隆时期收集的。乾隆帝在位60年，其衣着、陈设、用具、供器无不用玉（图1-68~图1-72），他写下关于玉的诗作达800多首。乾隆一生共刻制1800余方宝玺，比整个清代其他所有皇帝的玺印总和还多，其中玉制的宝玺达600余方（图1-73）。乾隆元年（1736年）修建如意馆①，在乾隆的亲自监制下，制作了很多工艺高超的玉山子、薄胎玉器皿和仿古玉器等。外来的痕都斯坦玉器因其采用玉料优质，成器胎薄体轻、装饰纹样繁密、色彩艳丽、对比鲜明，备受乾隆皇帝推崇，成为一种新的玉器艺术风格（图1-74、图1-75）。

图 1-72　白玉双凤纹六环尊（清乾隆）
（图片来源：摄于颐和园博物馆）

图 1-73　玉玺（清乾隆）
（图片来源：Gary Lee Todd，Wikimedia Commons，Public Domain）

---
① 如意馆是以制作玉器为主的宫廷手工作坊。

图 1-74　痕都斯坦风玉碗（清）
（图片来源：Khalili Collection, Wikimedia Commons,
CC BY-SA 3.0 许可协议）

图 1-75　痕都斯坦风鸟形盖罐（清）
（图片来源：Khalili Collection, Wikimedia Commons,
CC BY-SA 3.0 许可协议）

　　在安定新疆（1755年）后，和田玉作为贡品被源源不断地运往内地，皇室所用的精美和田玉多来自玉龙喀什河（白玉河）和叶尔羌，和田玉的开采达到封建时期顶峰。乾隆皇帝对此十分得意，在养心殿寝宫专门挂了一个题有诗词的碧玉大盘以作纪念。乾隆帝最喜爱的小玉雕，都被收藏在一个叫"百什件"的盒子中，盒子共分为九层，每件玉器都有专用的小格子。宫廷画师丁观鹏的《弘历鉴古图》，真实记录了乾隆皇帝赏玉时的情景。乾隆后期，国力迅速衰落，因此对玉器的需求大大减少，玉器的制造开始走入低谷。嘉庆四年（1799年），皇上甚至下旨和田、叶尔羌停止进贡和田玉料（图1-76）。直到清覆亡，新疆和田玉料进贡也没有恢复。

　　光绪年间，慈禧太后爱玉如痴，穷奢极欲的她收藏了很多的玉石精品（图1-77）。慈禧六十寿辰时，光绪帝与列位大臣赠送的和田玉制品达数千件。慈禧七十大寿时，为筹划制作其百年之时在寝宫停放棺椁的大王座，慈禧亲选和田青玉，长3米、宽2米、高1米，重达20吨。这块巨大的青玉在运往北京途中，慈禧驾崩，玉料随即被玉工砸坏，其中两件大块青玉料现分别存放于中国地质博物馆（图1-78）和新疆维吾尔自治区地质矿产勘查开发局。

图 1-76　蝴蝶玉牌匾（清嘉庆）
（图片来源：Hiart, Wikimedia Commons, CC0 许可协议）

图 1-77　刘海戏金蟾雕件（清光绪）
（图片来源：Hiart, Wikimedia Commons, CC0 许可协议）

图 1-78　和田青玉原石
（图片来源：摄于中国地质博物馆）

十、近现代时期

近现代时期（1911年至今），在清王朝终结至中华人民共和国成立这段时期，由于国势衰落,战乱不断,和田玉的采挖及和田玉文化的传承与创作几乎中断。直到中华人民共和国成立后,玉器制作被逐渐恢复,制作水平也远超古代。首先,由于电动琢玉工具的发明和普及,使琢玉技艺发展到前所未有的高度。其次,玉器审美和艺术欣赏的多样与全面,推动了对玉器造型美和工艺美的不断追求。再次,长期的社会安定与经济繁荣激发了全社会对玉石的需求,从而促进了玉器市场趋于完善的快速发展。该阶段还是工匠众多、大师林立的时代。清代名匠及其作品开始流传有序,民国工匠作品扎实了传承基因。1979年,出于弘扬中华传统文化等方面的需要,政府加大了对民间艺术的重视和传承,传统工艺美术得到了大力弘扬,国务院设置了中国工艺美术大师的评选,一批技艺高超、风采各异的中国玉雕大师由此站稳了脚跟,在文化、技艺、市场中发掘和彰显个性,使中国玉器的品种、题材和制作,实实在在地发展到了一个崭新的高度(图1-79、图1-80)。

图1-79 毛主席像(杨树森作品)
(图片来源:摄于北京工艺美术博物馆)

图1-80 白玉凤嘴壶(潘秉衡作品)
(图片来源:摄于北京工艺美术博物馆)

2008年8月,第29届奥林匹克运动会在北京召开,作为北京奥运文化的重要载体,和田玉再一次向世人展现了中国玉文化的风采。两方奥运徽宝"中国印·舞动的北京",就是采用新疆和田玉制作的,一方赠予瑞士洛桑国际奥委会博物馆永久收藏,另一方则藏于国家档案馆。后经第29届奥运会组委会批准授权,以同样出自中国新疆的和田青白玉为材料，由北京工美集团按照"2008北京奥运徽宝"的二分之一比例精心复制，再现中国印之神韵风采，经北京市公证处公证，全球限量发行2008方（图1-81）。奥运徽宝的文化含义是多方面的：取玉之仁，润泽而温，代表奥运精神的博大包容；取玉之义，平和友善，代表奥运精神的团结友爱；取玉之智，锐意进取，代表奥运精神的创新进步；取玉之勇，不屈不挠，代表奥运精神的"更快，更高，更强"；取玉之洁，纤尘弗污，代表奥运精神的高尚纯洁。同时，奥运会的金、银、铜奖牌，分别镶嵌白玉、青白玉和青玉（图1-82），独特别致而又无比珍贵。中国玉文化的融入，使本次奥运会带有浓郁的中国特色和东方风情，充分体现了中国作为礼仪之邦的真诚好客，不仅代表中国人民对五洲宾朋的热烈欢迎，也蕴含着中华儿女对世界人民的衷心祝福。继2008年夏奥会之后，2022年冬奥会花落北京，北京成为世界上首座"双奥之城"。在这又一个荣耀历史时刻，经北京冬奥组委授权，发行北京冬奥徽宝玉雕系列（羊脂白玉版、和田青玉版、青玉版、碧玉版），以此迎接盛大北京冬奥会庆典。

图1-81 第29届夏季奥运会玉徽宝
（图片来源：摄于北京工艺美术博物馆）

图1-82 第29届夏季奥运会奖牌
（图片来源：摄于北京工艺美术博物馆）

第三节

中国史前玉文化特征

和田玉在中国传统四大古玉（和田玉、岫玉、独山玉、蓝田玉）之中居于首位，是中国玉文化最具特征的物质载体。和田玉文化中蕴含着深刻的中国传统哲学思想和人生理想。中国玉文化是中国文化的有机组成部分，在不同的历史阶段，上至庙堂，下到民间，中国玉器始终是中国文化的标识物、传承物，是中华文明无声的记录者、见证者，是中华文明精神的凝聚体、象征物，是东西方沟通和社会沟通的物质媒介，是中国社会持续高度文明的象征。

新石器时代晚期是中华文明形成的重要阶段，原始农业、畜牧、建筑以及石器、骨器、陶器、玉器等手工制作，均发展到了一定水平。石器是石器时代主要的生产工具，能够提高或改善人们的物质生活水平。玉器则着重提高或改善人们的精神生活水平，尤其是玉礼器，不但象征着权利与身份，还承载着时人笃诚的精神信仰。

全国经过发掘的新石器时代古文化遗址已达万余个，越来越多的实物史料证明，这些史前文化同中有异，显示了中华文明起源的多元性。玉器出现在新石器时代早期，到新石器时代中晚期，玉器已经普遍出现在各大史前文化中。史前玉器遍布大江南北，是全国范围的、大规模的崇玉之风的历史见证。代表性玉器遗存包括：兴隆洼文化、查海文化、新乐文化、小珠山文化、仰韶文化、红山文化、大汶口文化、龙山文化、大溪文化、石家河文化、河姆渡文化、马家浜文化、崧泽文化、良渚文化、齐家文化、石峡文化和卑南文化等。其中最具特色的要数兴隆洼玉文化、红山玉文化、良渚玉文化、龙山玉文化和齐家玉文化。

一、兴隆洼玉文化

兴隆洼文化（公元前6200—前5400年）主要分布于内蒙古东部、辽宁西部的西辽河和大凌河流域，因首次发现于内蒙古自治区敖汉旗宝国吐乡（今兴隆洼镇）兴隆洼村而得名。兴隆洼文化玉器是迄今中国所知年代最早的玉器，被认为是中国玉文化的起源。该地区玉材资源丰富，玉器多采用当地透闪石—阳起石质玉，人们能够分辨玉材和石材，并形成了较规范的用玉制度。此时的人们拥有较发达的石器加工技术，并将其运用于玉器加工。兴隆洼文化出土玉器品种较少，器型较小，主要品种为玉玦。兴隆洼文化玉器开创了中国玉器的华美篇章，并为此后以红山文化玉器为代表的史前北方玉器中心的形成奠定了坚实的基础。

二、红山玉文化

红山文化（约公元前 3500 年）遗址最早发现于 1921 年，1935 年开始进行大规模发掘。主要分布于今内蒙古东南部、辽宁省西部及河北省北部，其中以老哈河中上游到大凌河中上游之间最为集中。红山文化玉器的玉材主要是辽宁岫岩县所产蛇纹石质玉以及透闪石质玉。原始社会的生产力有限，不具备远距离运输玉材的能力，因而绝大多数玉材取自聚居地附近，即就地取材。绝大部分红山玉器出现于红山文化晚期，是红山文化晚期出现等级制度和特权阶层地位的象征。红山文化遗址中，除了巴林右旗的那斯台遗址，其余墓葬遗址均只见陪葬玉器，体现了红山文化"唯玉为葬"的习俗。玉器作为几乎唯一的随葬品而不葬或基本不葬陶器、石器等，显然是一种很特殊的社会文化现象，是红山文化玉器表达思维观念和精神因素方面的集中体现。

新石器时代很多遗址中都发现有类似龙形的遗存，或为蚌塑，或为彩绘，或为雕塑。商代甲骨文中的"龙"字和妇好墓出土的玉龙都显示，龙是一种巨头、有角、大口、曲身的神兽。新石器时代最符合这些特征的文物应属红山文化中的蜷体玉龙（图 1-83、图 1-84），安徽含山凌家滩、湖北天门肖家屋脊也都有类似的玉龙形象，它们有可能是龙的原始形态。如藏于中国国家博物馆的玉龙，由墨绿色的岫岩玉雕琢而成，周身光洁，头部长吻修目，鬣鬃飞扬，躯体卷曲若钩，造型生动，雕琢精美，有"中华第一龙"的美誉（图 1-83）。玉龙造型出奇的一致，大多卷曲呈 C 字形，猪首蛇身，龙背上有一穿孔，只是缺口大小不一。显然，玉龙的制作已趋于规范化，说明玉龙绝不是一般的创制品，而是红山先民崇拜、祭祀的对象，也是红山文化中特有的一种情感和理想。

由于治玉工具较为简陋，红山文化玉器种类较为单一，通常以佩饰为主（图 1-85），纹饰比较简单，在勾云形器、动物形器等玉器上一般有雕刻的花纹，纹道稀疏粗放，以表现物象的大体轮廓为标准。动物造型是红山文化玉器的一大特色，有玉鳖、玉鸟、玉鸭、玉蝉（图 1-86）、玉鱼等，形态神似、拙朴、生动，少见钺、斧等兵器仪仗类玉器。

红山文化玉器的另一特色是普遍钻孔，是可以佩戴的玉器。

图1-83 玉龙（红山文化 内蒙古翁牛特旗赛沁塔拉出土）
（图片来源：摄于中国国家博物馆）

图1-84 卷龙（红山文化 内蒙古翁牛特旗赛沁塔拉出土）
（图片来源：摄于中国国家博物馆）

图1-85 神面形佩（红山文化）
（图片来源：摄于中国国家博物馆）

图1-86 玉蝉（红山文化）
（图片来源：摄于中国国家博物馆）

三、良渚玉文化

良渚文化（公元前3300—前2200年）发现于1936年，主要分布于长江下游太湖地区，往南大致以钱塘江为界，西北可达江苏宁镇以东的常州一带，此外在长江以北的苏北地区也有发现，而以太湖周围最为集中，其中杭州以西良渚遗址所在的安溪、瓶窑一带为核心地区，是长江中下游流域史前玉文化的典型。良渚玉器纹饰丰富，琢玉工艺水平高超，不仅出土数量大、种类多，且大多讲对称、重造型，风格大气严谨，是中国史前文化玉器制作的巅峰。玉器玉材为就地取材，多采自太湖附近所产的透闪石质玉。良渚玉器均出自大中型墓葬，与同时、同等规模的红山文化、仰韶文化墓葬随葬玉器相比数量是最多的，一般几十件多达上百件，且墓葬规模越大，随葬的玉器越多。早期良渚文化玉器主要是以玉佩饰为主（图1-87、图1-88），中期及后期出现了大量以玉璧（图1-89）和玉琮（图1-90、图1-91）为代表的玉神器。

图1-87 梳背（良渚文化）
（图片来源：摄于中国国家博物馆）

图1-88 镯（良渚文化）
（图片来源：摄于中国国家博物馆）

图1-89 玉璧（良渚文化）
（图片来源：摄于中国国家博物馆）

良渚文化中最典型的玉器当属玉琮，玉琮的形制为外方内圆的柱形。据考古分析，琮是天地贯通的象征，也是贯通天地的一项手段或法器。此外，良渚文化玉琮上几乎都刻有"神人兽面"纹或"兽面"纹，也有人称为"神徽"（图1-90）。"神人兽面"纹是良渚文化最富特征的常见纹饰，在琮、冠状器、璜形器、三叉形器、圆牌饰、锥形器

图 1-90　神面纹琮（良渚文化）
（图片来源：摄于中国国家博物馆）

图 1-91　玉琮（良渚文化）
（图片来源：Metropolitan Museum of Art, Wikimedia Commons CC0 许可协议）

等器上几乎都雕有细密的"神人兽面"纹，甚至在一些玉璧、玉钺上也能见到这样的纹饰。"神人"是指祖先神，体现了祖先崇拜。"兽面"是对鸟和虎的抽象，体现了自然崇拜。"神人兽面"纹将人与兽相结合，是自然崇拜向祖先崇拜过渡的产物。这种人兽结合的形象，被认为是无敌万能的神，让人勇敢而有力量。据考古学家推断，良渚文化是神权型酋邦，首领不仅是酋邦的统治者，还是神的化身，是人们尊崇、膜拜的对象。

四、龙山玉文化

龙山文化（公元前 2800—前 2300 年）于 1928 发现于山东历城县龙山镇，泛指黄河中、下游地区，距今约 4000 年前的新石器时代晚期的文化遗存。经多年大量发掘与研究表明，龙山文化的系统与来源并不单一，可区分为山东龙山文化、河南龙山文化、陕西龙山文化、河北龙山文化。其中以山东龙山文化发现的玉器较多，河南龙山文化和河北龙山文化玉器发现较少。玉器所选用的玉材大多数为就地取材，主要有透闪石玉、玉髓、绿松石等。龙山文化玉器主要以几何形状和象生动物型为主，常见琮、璧（图 1-92）、圭、刀（图 1-93）、钺（图 1-94）、环（图 1-95）、璇玑以及人、鸟、蝉等象生动物（图 1-96）。

图 1-92 青玉断牙璧
（龙山文化　山东临朐西朱封）

图 1-93 青玉玉刀
（龙山文化　山东临朐西朱封）

a 碧玉 　　　　b 黄玉 　　　　c 青玉

图 1-94 玉钺（龙山文化　山东临朐西朱封）

图 1-95 青白玉玉环
（龙山文化　山东临朐西朱封）

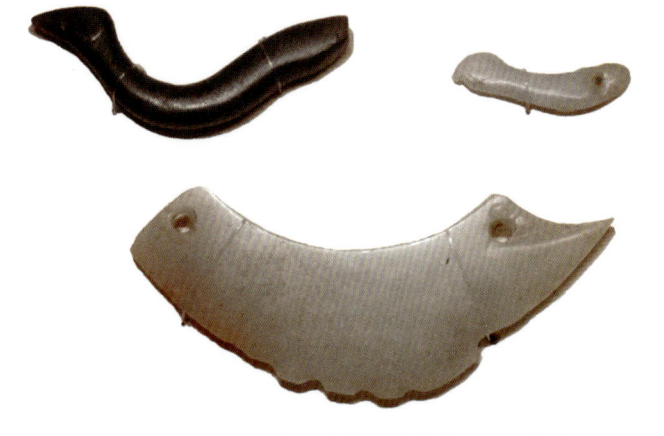

图 1-96 玉鸟（龙山文化　山东胶州三里河）
（图片来源：摄于中国国家博物馆）

五、齐家玉文化

齐家文化（约公元前 2000 年）于 1924 年在甘肃广河齐家坪发现。分布在甘肃、青

海省境内的黄河及其支流沿岸阶地上，共有遗址350多处，是黄河上游流域史前玉文化的典型。齐家文化玉器所使用的玉材主要以甘肃、青海本地玉石为主，但也有少量来自新疆的和田玉。因玉材来源丰富，不同类型的齐家文化玉器在玉材选择上出现了分化现象。玉工具类多使用普通玉料及石性较强的材料制作。而玉礼器则多使用玉质温润、色泽纯正的本地玉石或和田玉制作。

齐家文化玉器具有凝重大气、厚重饱满的特点，以素面为主，多数无纹饰雕刻，古朴淡雅。玉器造型以璧、环、琮、刀、铲形器、管、珠为主，此外一些遗址中还发现有大量玉料和未加工完成的玉器。玉器类型可分为玉礼器、玉装饰品、玉工具和玉兵器（图1-97）。玉礼器中以玉璧的数量和样式居多，此外还有琮、璜、璋等品种，而玉琮的数量相对较少且比较简略，是齐家文化"重璧轻琮"的体现。齐家文化玉器有着令人叹为观止的加工技术，其薄片切割厚度不足3毫米，片形十分平整，开料规整精确。以当时的治玉能力推断，成品如此，实属不易。

图1-97　三孔玉刀（齐家文化）
（图片来源：Cleveland Museum, Wikimedia Commons, Public Domain）

第四节
中国玉文化的渊源

儒释道是中华传统文化的重要组成部分，儒教崇尚"玉德"，道教尊崇"玉灵"，佛教推崇"玉瑞"。儒教、道教和佛教在自身发展的过程中，赋予了"玉"精神内涵和思想价值，为玉文化注入了源源不断的生机与活力。

一、玉德

中国玉文化之所以独具经久不衰的魅力，是因为玉被人格化、道德化了。通观中国文化史，将物质拟人化，且以君子为品质的，唯玉而已。

（一）玉德学说

历史上，诸子大家对玉德或有系统论述。最早的有"管仲九德"，之后是"孔子十一德"，其次是"荀况七德"，然后是西汉刘向的"六美"[①]和东汉"许慎五德"。其中以"孔子十一德"广为流传，儒家"抽绎玉之属性，赋以哲学思想而道德化；排列玉之形制，赋以阴阳思想而宗教化；比较玉之尺度，赋以爵位等级而政治化"（郭宝钧《古玉新诠》）。儒家先哲"比德于玉"，抽绎玉的物理特征，细述儒家道德，将玉的特点与为人处世的标准相联系，君子如美玉，美玉似君子，玉德与君子之德相同。孔子论述的玉为"真玉"，也就是我们今天所说的和田玉，其他所有似玉的美石均被称为"珉"。

玉德学说以和田玉为载体，先贤学说为支撑，在"天人合一"的观念下，通过人们对玉的认识与爱好，将儒家的社会理想进行了以人为核心的形象阐释，使玉与人有联系、可沟通，相互之间互有归属感，让爱玉者有了更高的精神追求，实现了中国玉文化物质与精神的高度契合。

管仲九德

夫玉之所贵者，九德出焉。夫玉温润以泽，仁也；邻以理者，知也；坚而不蹙，义也；廉而不刿，行也；鲜而不垢，洁也；折而不挠，勇也；瑕适皆见，精也；茂华光泽，并通而不相陵，容也；叩之，其音清搏彻远，纯而不杀，辞也。是以人主贵之，藏以为宝，剖以为符瑞，九德出焉。

译文：

玉因为有9种优质品德而贵重。玉石光泽温和、舒润，是宽厚仁爱的品质；清澈而有纹理，是知识博学的品质；坚强不屈，是正义的品质；有棱角而不伤人，是严于律己、宽以待人的品质；颜色鲜明而无污垢，是纯洁的品质；可以弯曲而不变形，可折而不可屈，是勇者的品质；瑕不掩瑜，瑜不掩瑕，是诚实忠厚、光明磊落的品质；华美的光泽相互渗透而不相互影响，是宽容大度的品质；敲击起来，声音

[①] 刘向论玉有《说苑·杂言》中的"六美"说，以及《五经通义》中的"五德"说。

清扬远闻，纯而不刺耳，是语言辞藻优美的品质。因此，君主认为玉很贵重，把玉当作宝贝收藏起来，将玉制成符瑞，以充分体现这9种美德。

孔子论玉十一德

子贡问于孔子曰："敢问君子，贵玉而贱珉者何也？为玉之寡而珉之多与？"孔子曰："非为珉之多故贱之也，玉之寡故贵之也。夫昔者，君子比德于玉焉。温润而泽，仁也；缜密以栗，知也；廉而不刿，义也；垂之如坠，礼也；叩之，其声清越以长，其终诎然，乐也；瑕不掩瑜，瑜不掩瑕，忠也；孚尹旁达，信也；气如白虹，天也；精神见于山川，地也；圭璋特达，德也；天下莫不贵者，道也。《诗》云：言念君子，温其如玉。故君子贵之也。"

译文：

子贡问孔子："请问君子，为什么都看重玉而轻视美石呢？是因为玉数量少而美石多吗？"孔子回答说："并不是因为美石数量多而看轻它，玉少而看重它。从前，就有人拿玉与人的美德进行对比。玉石光泽温和、舒润，是宽厚仁爱的品质；质地缜密坚硬，就是智慧的品质；有棱角而不伤人，是正义的品质；沉重下坠，是谦恭待人的品质；敲击玉器，其声音清越悠长，曲终时戛然而止，是使人愉悦的品质；瑕不掩瑜，瑜不掩瑕，是忠诚的品质；色彩晶莹发亮，表里如一，是言而有信的品质；玉石所在，气如白虹，与天息息相通；产玉之所，山川草木津润丰美，与地息息相通。古时行聘礼时，只拿圭璋①不加束帛，便能独行通达，德才卓绝，与众不同；普天之下都将玉视为瑰宝，是事物的发展规律。《诗经》中说：'多么想念那位君子呀，他像玉那般温文尔雅，'所以君子以玉为贵。"

许慎五德

玉，石之美者。有五德：润泽以温，仁之方也；䚡理自外，可以知中，义之方也；其声舒扬，专以远闻，智之方也；不挠而折，勇之方也；锐廉而不忮，洁之方也。

译文：

玉，是美丽的石头。玉有五德：颜色、质地、光泽温润柔和，是仁德的品质；从玉石外部特征就可以了解它的内部情况，表里如一，是内外一致、忠义的品质；敲击声舒展清扬，散播四方，是智慧和远谋的品质；可折而不可屈，是坚贞不屈、勇敢的品质；断口虽然锐利，但不伤人，是自身廉洁、自我约束却不伤害他人的品质。

---

① 圭璋：玉中之贵。

相比管子的玉德说，孔子的玉德说有了进一步的发展，使得儒家学说的精神得以全面反映，可以说孔子将玉的文化含义扩展到了最大。而许慎五德说融汇多家之长，将玉德精炼为5个方面。"君子比德于玉"，各朝代的玉德说以和田玉的典型物理特征生动形象比拟了君子仁、义、德、智、礼、信等美德，倡导了社会的仁爱善良和公平诚信、促进了社会的安定有序和民主法治，"玉"是中国传统美德的代名词。

（二）礼玉制度

在中国玉文化中，礼玉文化占据了重要地位。自孔子起，儒家把"礼"的根源与天地人三者关联起来，建立了一套著名的学说，也是古代的礼乐制度，即"三礼"[①]，"三礼"中有关玉的部分抽取出来即组成"三礼玉论"，其中仅《周礼》中有关玉的规定就多达上百条。在严格的用玉制度中，君臣次序、贵贱等级、长幼辈分、地位高低等都可以通过玉来表现。"三礼"创立了一套系统而又完整的玉石理论，是儒学中关于玉石的最重要、最系统的理论成果，也是我国时间最早、内容最全的古代玉论，后世有关玉的种种说法和依据，大多都源于"三礼"或与之相关。

（三）君子与玉

每个民族都有自己的人格理想，占据中华民族主流地位的人格理想就是"君子"。《诗经·秦风·小戎》中"言念君子，温其如玉"，表达了中国人对君子的要求就是要像玉一样温润。《礼记·玉藻》中记载，"古之君子必佩玉""君子无故、玉不去身"。佩玉成为德行，且是君子的"标配"，是主流文化盛行的社会象征。玉德学说的盛行带动了中国古代佩玉之风，使玉成为君子外在的物化象征。玉德是君子修身养性的准则，也是完善个人道德修养的标准。佩玉、赏玉，常思古人德行，常念中华文化，延续中华道德，是玉的天道，是爱玉者的人道。

二、玉灵

道教视玉为长生和重生的象征，认为玉是天地山川的精华，有灵性可与天地沟通。道教的兴盛使得人们减少了对鬼神的敬仰崇拜，对自身的关注更为强烈，对鬼神的敬仰转变为对个人长生不老的追求。道教是关于"生"的宗教，用玉方式也是为了"生"，生前食玉是为了"生"，死后葬玉是为了"回生"，道教的发展助长了极具特色的"食玉文化"和"葬玉文化"的盛行。道教的用玉思想虽然是迷信的、盲目的，但它不信天

---

① "三礼"是指现存最古的三部礼书，即《仪礼》《礼记》和《周礼》。

命、力抗自然的积极斗争精神值得肯定。

（一）食玉文化

食玉文化发端于汉末，流行于魏晋，至隋唐而衰落。古人认为，玉是天地山川的精华，食玉就是希望能吸收玉之精华，将玉含有的力量附身，这就产生了食玉的思想。总体上讲，中国古代"食玉"之风延续了相当长的时间，从《诗经》《史记》乃至《本草纲目》，都有关于"食玉"的记载。

《山海经·西山经》中记载，"又西北四百二十里，曰峚山。……丹水出焉，西流注于稷泽，其中多白玉。是有玉膏，其原沸沸汤汤，黄帝是食是飨。是生玄玉。玉膏所出，以灌丹木。丹木五岁，五色乃清，五味乃馨。黄帝乃取峚山之玉荣，而投之钟山之阳。瑾瑜之玉为良，坚粟精密，浊泽有而色。五色发作，以和柔刚。天地鬼神，是食是飨，君子服之，以御不祥"。这是最早见诸文字的有关食玉避邪、保平安的传说。黄帝为后世子孙树立了食玉健康长寿、百病不侵的典范，于是食玉之风大兴，成为远古先民们求健康、求平安的必然选择。

道教食玉成仙思想的广泛传播对食玉之风的流行起了催化剂的作用。道家在大力推进神仙思想传播的同时，推出了一条以服食仙药为主，并行其他道术修炼的成仙之路。道教将玉归入仙药一类，认为通过食用仙药，人都可能成为神仙，使得"道成仙"之说变得更为切实可行。《玉经》中记载"服金者寿如金，服玉者寿如玉"，即食用玉石能达到延年益寿的作用。这种说法推动着食玉思想的流行，不仅吸引了帝王贵族，也吸引着士大夫们加入追求长寿成仙的行列，如屈原《涉江》中"登昆仑兮食玉瑛，与天地兮比寿，与日月兮齐光"的相关论述。

另外，古人的食玉思想还可能与玉石是一种天然药物有关。当他们在服用某些玉石治病并取得一定疗效时，会情不自禁地对其作用加以联想夸大。中国上古神话中有不少关于不死之药的传说，实际上就是药物被神话的结果。由此可见，玉石作为天然矿物性药物，其所具有的药理作用与食玉思想的产生，也存在着一定的关系。

古人具体的食玉方式，有多种不同的方法，归纳起来大致有玉屑法、玉浆法、玉丸法等。就色泽上看，古人主要食用白玉、青白玉。不管使用哪种食玉方式，都需要经历一个漫长的过程。现今出土或传世的魏晋时期玉器很少，与当时流行的食玉文化也有一定关系。食玉文化跳出了儒家思想的包围，是中国玉文化发展史中的一次改道，是道教进行生命探索活动中的一次尝试。食玉对人体所带来的损害，迫使人们最终放弃了对食玉成仙希望的追求。在中国玉器的发展进程中，食玉文化的产生和消亡，既是玉文化发展的进步，也是古代科学走上正轨的标志。

（二）葬玉文化

专为保存尸体而制造的随葬玉器为丧葬玉器，简称"葬玉"。丧葬玉器主要有玉琀（图1-98a）、玉握（图1-98b）、玉九窍器、玉枕、玉覆面（图1-99）、金缕玉衣等。葬玉习俗由来已久，早在新石器时代就出现了随葬玉器的现象，商周时期以玉殓葬的风气更为盛行，初步形成了玉殓葬的制度，直到汉代，葬玉文化发展到巅峰，其后的历朝历代也难以比肩，这离不开道教的影响。《抱朴子·世俗篇》中记载道"金玉在九窍，则死者为之不朽"，道家认为玉为山川精英之灵秀，集日月之精华，生人佩玉可以辟邪，死者用玉可以护尸，防止精气外逸。九窍是精气外逸的通道，用玉作塞或用玉衣罩住，可将精气留在体内，使尸体不朽，灵魂不散，有利于起死回生，也就是"转世"。

a 蝉形琀（汉）

b 猪形握（东汉）

图1-98 丧葬玉器
（图片来源：摄于中国国家博物馆）

图1-99 缀玉覆面（战国早期）
（图片来源：摄于中国国家博物馆）

（三）道教中玉的象征意义

道教中的玉文化十分多元，道教诸神名号、起居等均与玉紧密相连。"玉清元始天尊"，居所名为"清微天玉清境"。玉清境之上有大罗天，大罗天中央有元始天尊仙府，名为"玄都玉京"，或称"玉京山"。玉京山中有宫殿，以金玉装饰。大家熟知的道教神话传说中的天地主宰——"玉皇大帝",居住在玉清圣境的太微玉清宫。玉是纯洁清净的象征,道教中但凡神仙,其侍女称玉女,其仙官称玉郎,其法域称玉京、玉清,其居所称玉阙、玉楼,其书籍称玉简、玉册,更有动植物封以"玉兔玉蟾""玉树玉花"等。道教文化的神物美称有相当一部分与玉文化息息相关,有着不可分割的内在联系。

道教认为玉是自然界的精华,对玉情有独钟,非常重视。由于认为玉能养生、玉能护身的观念盛行,道教中的人物、传说和典故成了玉器题材的重要来源。道教人物如八仙、玉帝、寿星、太上老君、金童玉女、仙人等(图1-100),神话传说如"群仙祝寿"(图1-101)、"三星高照"(图1-102)、"八仙过海"(图1-103)、"八仙祝寿"等,典故如"老子出关"(图1-104)、"庄周梦蝶"等都是常见的玉雕题材。

图1-100　仙人(宋)
(图片来源:摄于中国国家博物馆)

图1-101　仙人贺寿山子(辽金)
(图片来源:摄于中国国家博物馆)

图1-102　白玉雕件"福禄寿三星"

图1-103　白玉雕件"八仙过海"

a 正面　　b 背面　　c 老子像　　d 老子出关

图1-104　青玉玉雕"大道之行"
(图片来源:摄于北京工艺美术博物馆)

第一章　和田玉的历史与文化

41

三、玉瑞

（一）玉瑞说

玉瑞说是指中国玉文化在佛教中的体现，玉因佛而祥瑞。佛教虽然源于印度，但自汉至唐普遍进入中国，经过数百年的发展，与中国文化相结合，成为具有广泛社会基础的中国宗教文化。和田玉中的无瑕白玉，是"洁"的物化象征，玉洁隐喻佛心洁净不染。玉还具有神性，是人与神佛沟通的媒介。玉是美好事物的代表，用人间最美好的事物去表达对神佛的崇敬便顺理成章。佛教追求真善美的境界，佛与玉的碰撞，可谓是美好的思想与美好物质相互契合，符合中国人追求尽善尽美的美好期盼。

（二）佛教中的玉文化现象

玉石象征着圣洁、美好、善良、吉祥等，与佛教慈悲宽容、容忍乐观的主要思想相契合，用玉作载体赋予佛鲜明的文化形象。佛教对玉文化最显著的影响是玉器中的各种关于佛的题材（图1-105），如童子（图1-106）、飞天（图1-107）、观音、弥勒佛、释迦牟尼、罗汉（图1-108）等人物造型，以及法铃、金刚杵等佛教法器（图1-109）。

图1-105 迦楼罗饰件（辽）
（图片来源：摄于中国国家博物馆）

图1-106 架鹘童子（辽）
（图片来源：摄于中国国家博物馆）

这些佛教题材表达着各式不同的寓意：观音寓意有求必应、救苦救难，弥勒佛寓意乐观宽容，释迦牟尼寓意吉祥平安，童子寓意招财，莲象征着高洁等。佛教题材的和田玉玉器还有一个共同的寓意是辟邪挡煞、招财纳吉。这种认为玉能通神、保平安的观念，成为人们的共识，传承至今未有改变。

玉对佛教文化的传播起到了一定的作用，对宗教意识的形成和宣传场所、用品等起到了规范作用。佛教文化也助力了玉文化的发展，为玉雕提供了丰富的素材。

a 宋代 　　　　　　　　　　　　b 辽代

图 1-107　飞天

（图片来源：摄于中国国家博物馆）

图 1-108　玉罗汉山子（清）

（图片来源：Metropolitan Museum of Art, Wikimedia Commons, Public Domain）

图 1-109　和田玉法器（马进贵作品）

第一章　和田玉的历史与文化

第五节

玉石之路

闻名遐迩的"丝绸之路"是中西文明物质交流、文化交流的纽带。有证可查，其前身是一条以运送和田玉为主的"玉石之路"，从新疆喀什、和田等地区开始，途经敦煌、兰州、西安、洛阳等地，东至现今安阳地区。"丝绸之路"的形成和发展只有1600多年的历史，而"玉石之路"却有着6000多年的历史。据安阳殷墟妇好墓、江西新干商代大墓等处出土玉器的鉴定得知，已有相当一部分玉料来自新疆和田，这时距汉武帝派张骞出使西域还有千年之久，早在6000年前，和田玉已沿着"玉石之路"不断被运往中原和欧亚各国，玉石成为东西方沟通的物质媒介。据《汉书·地理志》记载，汉武帝后元元年（公元前88年），在甘肃敦煌故城外设立玉门关。玉门关，顾名思义是为玉石商队设立的关卡，玉门关便是以运输和田玉而闻名中外的。在甘肃、陕西、河南等地都发现有新石器时代至商代的和田玉玉器，证明了和田玉的东运；据中亚地区历史记载，早在公元前两千多年那里就出现了和田玉，证明了和田玉的西运。可以说和田玉是东西方经济文化交流的开路先锋。

第二章
Chapter 2
软玉的主要产地及其特征

依据现行国家标准《珠宝玉石名称》（GB/T 16552—2017），"和田玉"涵盖世界各地产出的软玉。为更好地体现矿床地质特征、玉石产状及其成因，本章使用"软玉"这一名称。

软玉矿床主要分布于20多个国家和地区，地理分布呈现东西走向的2个大带。北带在北纬30°~60°，矿床相对集中在3个地区：东亚、西欧以及北美；南带在南纬15°~45°，矿床相对集中在东南非、大洋洲、中南美洲，南带软玉矿床总体较北带少。中国的软玉主要产地有新疆、青海、辽宁岫岩、贵州罗甸、江苏梅岭、河南栾川、四川龙溪和台湾花莲等，国外软玉主要产地有俄罗斯、韩国、加拿大、新西兰和美国等。

世界各地产出的软玉，均以透闪石、阳起石为主要组成矿物，但由于各自的矿床类型及成因不同，其产出的软玉在次要矿物组成、结构、构造等方面存在一定的差异，从而导致软玉的颜色、光泽、透明度、硬度等物理性质上的表现既有相似性，也有差异性。中国产出的软玉品种最为丰富，其中，新疆和田产出的白玉居世界软玉之冠，尤其以"和田子料"闻名于世；青海软玉因作为2008年北京奥运会奖牌用玉受到大众的关注和喜爱，青海软玉中的"水线"发育，透明度高于其他产地产出的软玉。此外，世界其他国家的软玉也大量流入我国市场，并占据了一定的市场份额，如俄罗斯的碧玉品质好且产量大，更是占中国碧玉市场的90%以上。

第一节
软玉矿床类型及特征

根据产出环境，软玉主要可分为原生矿（山料）和次生矿（山流水料、子料和戈壁料等）两种类型（图2-1）。世界上大部分的软玉矿床为原生矿，次生矿较少，较著名的次生矿位于中国新疆的和田地区。

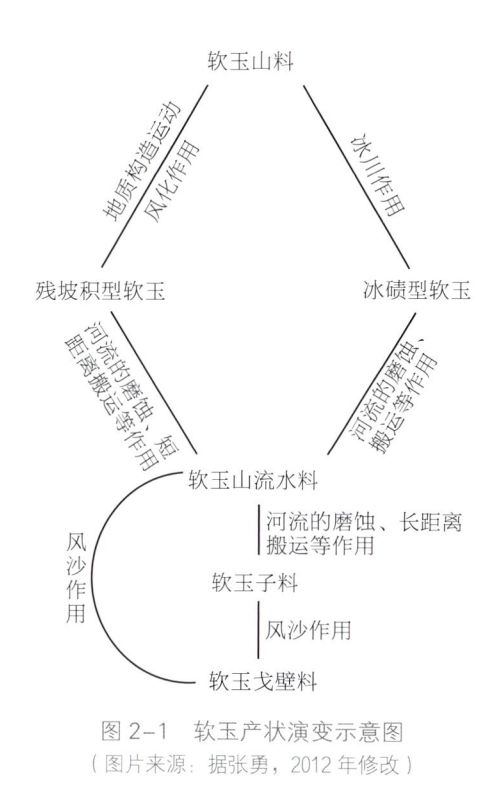

图 2-1 软玉产状演变示意图
（图片来源：据张勇，2012 年修改）

一、软玉原生矿床的成因及类型

原生矿是指直接从原生矿床开采出的玉料，在商业上称为"山料"。矿体一般呈层状、脉状、团块状、透镜状等，其围岩（原岩）为碳酸盐岩或超基性岩。

根据成因类型，软玉的原生矿床可分为碳酸盐岩型（大理岩型）和超基性岩型（蛇纹石型）。碳酸盐岩型软玉主要产自镁质大理岩和岩浆岩的接触带中，超基性岩型软玉主要产自蛇纹岩或橄榄岩与岩浆岩的接触带中。软玉的形成严格受到围岩、侵入岩和地质构造等成矿条件的控制。围岩提供钙、镁等元素，侵入岩提供硅元素、热液和温压等物理条件，构造运动使围岩产生断裂和裂隙，为岩浆的侵入创造条件，也为玉化提供了成矿条件。

（一）碳酸盐岩型

碳酸盐岩型软玉矿床是由富含钙、镁的碳酸盐岩经富含硅和水的岩浆热液或变质热液交代蚀变而成。如我国新疆和田、青海纳赤台、辽宁岫岩、贵州罗甸、江苏溧阳、四川石棉、河南栾川、广西大化以及韩国春川、俄罗斯西伯利亚、澳大利亚考厄尔等软玉矿床。该类矿床所产出的软玉以透闪石为主，也有极少量以阳起石为主。

1. 成岩阶段

中酸性岩浆（主要为花岗岩、花岗闪长岩、闪长岩、正长岩等）或少量基性岩浆（辉长岩、辉绿岩）侵入并与碳酸盐岩（大理岩、白云石大理岩、白云岩、白云质灰岩、灰岩等）发生接触交代作用，主要形成由透辉石、透闪石、绿帘石、镁橄榄石、方解石、斜黝帘石、尖晶石等矿物组成的矽卡岩，透闪石几乎都是较大的柱状和较长的纤维状，该阶段为成玉阶段提供了一定的成矿物质条件。

$$CaMg[CO_3]_2 + 2SiO_2 \longrightarrow CaMg[Si_2O_6] + 2CO_2\uparrow$$
　　白云石　　　　　　　透辉石

$$5CaMg[CO_3]_2 + 8SiO_2 + H_2O \longrightarrow Ca_2Mg_5[Si_4O_{11}]_2(OH)_2 + 3CaCO_3 + 7CO_2\uparrow$$
　　白云石　　　　　　　　　　　透闪石（粗粒）　　方解石

$$2CaMg[CO_3]_2 + SiO_2 \longrightarrow Mg_2SiO_4 + 2CaCO_3 + 2CO_2\uparrow$$
　　白云石　　　　　　镁橄榄石

2. 成玉阶段

在构造应力和热液的作用下，碳酸盐矿物、粗颗粒的透闪石、透辉石等被中酸性岩浆派生的大量热液交代形成显微隐晶质的透闪石，即形成透闪石质玉。

$$5CaMg[CO_3]_2 + 8SiO_2 + H_2O \longrightarrow Ca_2Mg_5[Si_4O_{11}]_2(OH)_2 + 3CaCO_3 + 7CO_2\uparrow$$
　　白云石　　　　　　　　　　　透闪石（细粒）　　方解石

$$2CaCO_3 + 5Mg^{2+} + 8SiO_2 + 6H_2O \longrightarrow Ca_2Mg_5[Si_4O_{11}]_2(OH)_2 + 10H^+ + 2CO_2\uparrow$$
　　方解石　　　　　　　　　　　　　　透闪石（细粒）

$$5CaMg[Si_2O_6] + H_2O + 3CO_2 \longrightarrow Ca_2Mg_5[Si_4O_{11}]_2(OH)_2 + 3CaCO_3 + 2SiO_2$$
　　透辉石　　　　　　　　　　透闪石（细粒）

3. 晚期蚀变阶段

软玉形成后，晚期热液活动，与围岩或与前两个阶段形成矽卡岩和玉石中的某些矿物发生蚀变交代，主要为蛇纹石化、滑石化、绿泥石化等，如果交代完全甚至可形成蛇纹石玉等。

$$6CaMg[CO_3]_2 + 4SiO_2 + 4H_2O \longrightarrow Mg_6[Si_4O_{10}](OH)_8 + 6CaCO_3 + 6CO_2\uparrow$$
　　白云石　　　　　　　　　　蛇纹石

$$3CaMg[CO_3]_2 + 4SiO_2 + H_2O \longrightarrow Mg_3[Si_4O_{10}](OH)_2 + 3CaCO_2 + 3CO_2\uparrow$$
　　白云石　　　　　　　　滑石

$$Mg_6[Si_4O_{10}](OH)_8 + 4SiO_2 \longrightarrow 2Mg_3[Si_4O_{10}](OH)_2 + 2H_2O$$
　　蛇纹石　　　　　　　　　滑石

$$Ca_2(Mg,Fe)_5[Si_4O_{11}]_2(OH)_2+H_2O+Al_2O_3 \longrightarrow$$
　　　透闪石

$$(Mg,Fe,Al)_6[(Si,Al)_4O_{10}](OH)_8+CaO+H^++SiO_2$$
　　　绿泥石

（二）超基性岩型

超基性岩型软玉矿床是超基性岩在强烈的自变质作用下形成蛇纹岩，再与岩浆岩或热液发生接触交代作用，经过透闪石化形成碧玉。如我国新疆玛纳斯、青海祁连山、四川石棉、台湾花莲，俄罗斯萨彦岭山脉，加拿大不列颠哥伦比亚省，新西兰南岛，美国华盛顿州、俄勒冈州、加利福尼亚州，澳大利亚新南威尔士州和巴基斯坦莫赫曼德。此类矿床所产出的软玉主要矿物为含铁量高的透闪石和阳起石，颜色以深绿色为主，透光观察黑点（铬铁矿）较多，市场上称为碧玉。

1. 成岩阶段

在水等挥发分的作用下超基性岩（橄榄岩、方辉橄榄岩、辉橄岩）发生自变质作用形成蛇纹岩，并伴随磁铁矿等矿物的形成。这一阶段为成玉阶段提供了必要的物质准备。

$$4(Mg,Fe)_2SiO_4+6H_2O \longrightarrow (Mg,Fe)_6[Si_4O_{10}](OH)_8+2(Mg,Fe)(OH)_2$$
　橄榄石　　　　　　　　　　　蛇纹石　　　　　　水镁石

$$(Mg,Fe)_2SiO_4+H_2O+CO_2 \longrightarrow (Mg,Fe)_6[Si_4O_{10}](OH)_8+(Mg,Fe)(OH)_2+Fe_3O_4+CH_4\uparrow$$
　橄榄石　　　　　　　　　　　蛇纹石　　　　　　水镁石　　磁铁矿

2. 成玉阶段

该阶段蛇纹岩与岩浆岩（辉长岩、花岗岩等）或富含钙、硅、水的热液经过接触交代发生变质作用，生成粗颗粒透闪石，主要为柱状或放射状。岩浆晚期派生的热液对粗颗粒透闪石进行多次交代、蚀变作用形成细晶—隐晶透闪石（或阳起石）即碧玉，为纤维变晶结构和隐晶质结构。

$$(Mg,Fe)_6[Si_4O_{10}](OH)_8+28SiO_2+12CaO \longrightarrow 6Ca_2(Mg,Fe)_5[Si_4O_{11}]_2(OH)_2+14H_2O$$
　蛇纹石　　　　　　　　　　　　　　　　　透闪石

3. 晚期蚀变阶段

玉石形成后，晚期热液流体与玉石、围岩或早期形成的矿物发生蚀变作用，生成绿泥石、葡萄石等矿物。

$$Ca_2(Mg, Fe)_5[Si_4O_{11}]_2(OH)_2 + H_2O + Al_2O_3 \longrightarrow$$

透闪石

$$(Mg, Fe, Al)_6[(Si, Al)_4O_{10}](OH)_8 + CaO + H^+ + SiO_2$$

绿泥石

上述两种不同成因的玉石在微量元素含量上有明显的差异，超基性岩型软玉透闪石的铬、镍、钴含量明显高于碳酸盐岩型软玉。因此，在外观上，超基性岩型矿床主要产出绿色—深绿色软玉，且常见有金属矿物浸染；而碳酸盐岩型矿床产出的软玉颜色变化范围更广。与全球软玉矿相比，中国软玉矿床中碳酸盐岩型较多，而其他国家总体上以超基性岩型为主。

二、软玉次生矿床的成因及类型

次生矿是指原生矿经过地质构造运动、风化、冰川或水流剥蚀、河流或风力搬运至合适环境沉积形成的特定形态的玉矿。

软玉次生矿按照产状分为残坡积型矿床、冰碛型矿床、洪积与冲积型矿床 3 种类型，这 3 种类型之间无严格的界限，只是因为所受外力的影响程度有所不同。洪积、冲积型矿床是与流动水有关的沉积矿床，主要分布在软玉矿带范围内的河流中下游的流域，具体包括：河床、河漫滩、阶地、古河道等。因接受了流水的磨蚀、搬运作用以及风沙作用，原生矿被剥离出来，逐渐与围岩分离，一般沿节理方向或沿裂纹裂开，并逐渐失去棱角直至磨圆，构成山流水料、子料和戈壁料 3 种产状。

第二节

新疆软玉的主要产地及特征

新疆是我国产出软玉矿最多的省区，也是世界上最著名的软玉产地。矿区主要集中在南疆西昆仑山—阿尔金山矿带和北疆天山玛纳斯矿带。

一、南疆西昆仑山—阿尔金山软玉矿带

（一）矿床地质特征

西昆仑山—阿尔金山软玉成矿带，软玉矿床以和田为中心，绵延1100多千米，大约每50～150千米有1个成矿地段，每个地段上有矿化带或软玉矿床3～4处，海拔可达3500～5000米。西昆仑山位于塔里木盆地南部，软玉原生矿床主要分布在莎车—叶城、皮山—和田、策勒—于田3个地区。阿尔金山位于塔里木盆地东南缘，地跨新疆、青海、甘肃等省（自治区），向东与祁连山相接，软玉原生矿床主要分布在且末县和若羌县，该矿带软玉矿床为典型的接触交代作用形成的镁质矽卡岩型成因。与其他产地相比，新疆产出的子料最为著名，子料主要产自玉龙喀什河与喀拉喀什河流域。此外，叶尔羌河、策勒河、克里雅河、瓦石峡河等流域也产出子料，只是量较少。南疆地区还产出特有的戈壁料，主要产区有若羌县、策勒县、叶城县、莎车县及喀什地区。

（二）玉石特征

传统观念中的"和田玉"仅指新疆昆仑山西部和阿尔金山地区的矿床所产出的软玉。新疆和田玉自古以来被认为是软玉中质量最优的产地，按颜色可分为白玉、青白玉、青玉、黄玉、糖玉、墨玉、碧玉等。白玉中质量最好的称为"羊脂白玉"，均在和田地区产出，其质地细腻、白如凝脂、光洁温润，产量很少，极为名贵。黄玉以"黄如蒸栗"者为优，可与羊脂白玉媲美，同样十分稀少。此外，新疆的和田玉子料堪称所有软玉中玉质最好、光泽最佳的品种，相比原生产状的玉石，其结构均匀，质地细腻缜密，经过不断的冲刷，使其皮色看起来油脂光泽强而温润，不仅在视觉上能感受其强油脂光泽，把玩起来触觉上也能感受其油润感。目前，和田玉子料存量非常稀少，市场价极其昂贵。

（三）主要矿区特征

1. 莎车—叶城玉矿

莎车—叶城区域所产的软玉俗称"叶城料"，大致位置在东经76°～78°，玉矿分布于前震旦纪隆起中次级断裂旁。原生矿床有大同玉矿、密尔岱玉矿和库浪那古玉矿等，所产软玉主要为青玉，次为青白玉，白玉较少见。除山料外，流经该地区的河流中也可见山流水料及子料，但是产量不大。

大同玉矿位于塔什库尔干县东部的大同村北,叶尔羌河以西,在元代曾大量开采,并设有碾玉作坊,20世纪末玉矿已基本采尽。

密尔岱玉矿位于叶城县西南,棋盘河上游,该矿段长20余千米。主要产出青玉、青白玉,白玉极少。密尔岱玉矿是古代开采时间最早、规模最大的玉矿山,据《叶城县志》记载:"清乾隆四十三年(1778年)五月,叶尔羌办事大臣高朴征发3200多名民工开赴密尔岱山,开采玉石。"密尔岱以产出巨型玉石闻名于世,世界最大的宫廷玉雕作品"大禹治水图"(图2-2)、"秋山行旅图""会昌九老图"和"云龙纹玉瓮"等稀世玉雕国宝,均由产自密尔岱山的巨型青玉雕琢而成。

图2-2 青玉玉雕
"大禹治水图"(清乾隆)
(图片来源:摄于故宫博物院)

库浪那古玉矿位于叶城县西南的叶尔羌河中游支流库浪那古河东岸,距叶城县城200余千米,夏季有洪水暴发,冬季冰冻雪封,自然条件很差,在古代曾开采过,但矿床规模不大。

2. 皮山—和田玉矿

皮山—和田地区是古代最著名的产玉地区(图2-3),也是现代和田玉的主要产区。该区所产玉种较全,最著名的为羊脂白玉和墨玉(图2-4、图2-5),此外还有青白玉、青玉、碧玉和黄玉等。原生矿床主要位于赛图拉、铁日克、阿格居改和奥米夏等地。

图2-3 和田玉子料开采现场
(图片来源:杨忠全提供)

赛图拉和铁日克地处皮山县喀拉喀什河上游区域,多产出青玉,矿点多且资源量大。赛图拉地段包括赛图拉玉矿和康西瓦玉矿。赛图拉玉矿近年有小规模的开采,但高档

图 2-4　产自和田的羊脂白玉原石
（图片来源：国家岩矿化石标本资源共享平台）

图 2-5　产自和田的墨玉原石
（图片来源：国家岩矿化石标本资源共享平台）

玉料不多，多为灰白色，有较多裂纹。康西瓦玉矿在古代曾被开采，主要出产青白玉，1949 年以前，和田地区开设了皮山康西瓦玉矿，但开采的时间不长，便停产。2015 年又设立了皮山县康西瓦和田玉矿业有限公司进行开采。铁日克地段位于桑株塔格南坡喀拉喀什河两岸，包括铁日克玉矿、卡拉大坂玉矿。矿区主要产出深青色青玉，青白玉较少。

阿格居改玉矿位于和田县喀什塔什乡喀让古塔格村南汗尼牙依拉克河上游雪线附近，处于阿格居改雪山断裂带上。这里的冰川常年侵蚀玉矿带，并将玉料挟带到汗尼牙依拉克河谷中。该河谷为白玉河一条支流的源头，为数千年开采优质软玉的主要地区之一，产出最为著名的羊脂白玉和墨玉。

奥米夏玉矿位于和田县喀什塔什乡奥米夏村内，海拔约 4200 米。软玉矿点所在地层为中元古界的蓟县系或长城系。该矿床断续开采约有百年左右，玉矿规模大，品种齐全，既有白玉，也有青白玉及青玉。多产出灰白色玉石（图 2-6），且裂纹较多，块度较小。因开采成本高使开采工作断断续续，但随着和田玉价格上涨且交通越来越方便，近年也有规模产出。

除原生矿床外，位于该区的玉龙喀什河和喀拉喀什河中下游流域及阶地上（图 2-7）有和田玉子料产出，玉龙喀什河被称为"白玉河"（图 2-8），以产出白玉为主，喀拉喀什河被称为"墨玉河"（图 2-9），以产出墨玉和青玉而著名，它们均以玉质优质子料而闻名（图 2-10）。

图 2-6　奥米夏软玉矿体
（图片来源：张勇提供）

图 2-7　和田喀拉喀什河Ⅲ阶地

图 2-8　玉龙喀什河的挖玉人
（图片来源：张勇提供）

图 2-9　喀拉喀什河子料开采现场
（图片来源：张勇提供）

图 2-10　和田玉子料

3. 策勒—于田玉矿

策勒—于田原生矿主要分布于阿拉玛斯、哈尼拉克、赛底库拉木、依格浪古和哈奴约提等地，以产出优质的原生软玉矿而著名。玉石颜色普遍很白，以白玉和青白玉为主，青玉比例极小。在白玉山料中，"于田料"是公认的最为正统也是最为顶级的山料（图 2-11、图 2-12），

图 2-11　产自于田的白玉原石
（图片来源：国家岩矿化石标本资源共享平台）

图 2-12　产自于田的青玉原石
（图片来源：国家岩矿化石标本资源共享平台）

虽发育有裂隙，但其他瑕疵很少，且其温润性堪比子料。

阿拉玛斯矿区是于田县最著名的矿区，自清代起开采，至民国时期最盛，有"戚家坑""杨家坑"之称，是近百年来出产白玉山料的主要矿山。该矿区海拔4500米，矿化带长达十余千米，主要产出微透明乳白色的白玉（图2-13）和淡青色的青白玉（图2-14），青玉的比例不超过5%（图2-15），是极其优质的玉材。阿拉玛斯矿区的白玉和青白玉的出产比例较高，与其侵入岩体高镁低铁、围岩为较纯净的白云石大理岩有关。青玉和青白玉靠近侵入岩体，而白玉相对远离侵入岩体，更靠近围岩一侧。

图 2-13　产自于田阿拉玛斯的白玉原石

图 2-14　产自于田阿拉玛斯的青白玉原石

图 2-15　产自于田阿拉玛斯的青玉原石

哈尼拉克玉矿位于于田县流水村南面约35千米，矿区长约3千米，宽约2千米，是于田目前最大的产玉料地段。1995—1996年，该矿产出的白玉结构细密、玉质温润，堪比上等子料，市场上称"95于田料"，被认为是山料中的极品。但因其产量非常少，现已基本开采殆尽,"95于田料"也就成为一个传说故事,相信在该矿区依然具有开采出高品质的玉料的潜力。

赛底库拉木玉矿位于赛底库拉木正南3.9千米处,矿点海拔近4800米,基本无植被覆盖,高寒缺氧,交通极为不便。主要产出青白玉(图2-16)、青玉(图2-17)及少量白玉和青花玉。

图2-16 产自于田赛底库拉木的青白玉原石
(图片来源:国家岩矿化石标本资源共享平台)

图2-17 产自于田赛底库拉木的青玉原石
(图片来源:国家岩矿化石标本资源共享平台)

图2-18 产自于田县依格浪古的青玉
(图片来源:国家岩矿化石标本资源共享平台)

依格浪古玉矿位于于田县皮希盖河中游,曾有小规模开采,矿化带长约5千米,宽数十米至百余米,所产软玉主要为青玉(图2-18),常带浅灰色调,多呈片理状及似片理状构造,因玉石质量较差而停止开采。

哈奴约提玉矿位于策勒县奴尔乡的哈奴约提河,古时曾被开采过,矿体长10余米,最厚处0.8米,矿区广泛发育金云母化、蛇纹石化等。主要软玉品种为青玉,但近年只出产蛇纹石玉。

4. 且末玉矿

且末矿区位于阿尔金山北麓,巴音郭楞蒙古自治州南部,是中国最大的软玉产地之一,年产软玉百吨以上。且末软玉在现今玉石市场上占有较大比例。矿区位于且末县东南部,构造线的走向为北东东—南西西,分布有著名玉矿塔特勒克苏、塔什赛因、哈达里克奇台、尤努斯萨依、布拉克萨依等。

塔特勒克苏玉矿（图2-19）位于且末县城东南125千米处，哈达里克河至塔特勒克苏之间。矿体赋存于片麻状花岗岩与白云石大理岩的接触带内，矿区东西长约1000米，南北宽约600米，属于目前软玉原生矿开采的主要矿山，矿化带规模大，有多条矿脉和矿体，玉料块度较大，主要出产青白玉和青玉，此外有少量粉青色青白玉、黄口料、白玉等。现收藏于中国工艺美术馆的白玉"五行塔"雕件就是由1983年在该矿采出的一块重约420千克的优质白玉雕刻而成（图2-20）。塔特勒克苏玉矿自建矿以来，已进行大规模开采，现在的塔特勒克苏玉矿共有20多个采矿点，在国内青白玉市场中占比较高，未来远景玉矿储量可观。

图2-19 塔特勒克苏开采矿坑
（图片来源：曹楚奇，2020）

图2-20 白玉"五行塔"玉雕
（图片来源：摄于中国工艺美术馆）

塔什赛因玉矿位于且末县东南尤勒河至江格萨依源头一带。矿化地段长10多千米，宽数百米，海拔4000米左右。塔什赛因玉矿以往曾开采，因自然条件差、交通困难，所以停采。于2003年重新开采，最初的玉矿称为金山玉矿，到2007年所产出玉料品质极好，特别是白玉料质地优良。与该玉矿相邻为天泰玉矿，2012年由且末县公开拍卖，2013年正式开放，至2016年已经成为昆仑山及阿尔金山最大的山料产地。矿区主产白玉，少量青白玉（图2-21）、青玉。玉石块度可达数百千克，但由于后期剪节理、劈理等地质构造作用破坏，总体上以小块玉石居多。

图2-21 产自塔什赛因矿的青白玉原石
（图片来源：国家岩矿化石标本资源共享平台）

哈达里克奇台玉石矿位于且末县哈达里克河上游，海拔多在 2500 米以上，矿区群峰林立，山势险峻。软玉矿化层厚 0.05～0.3 米，呈透镜状、条带状、似层状产出，断续延长约 300 米。主要软玉品种为青玉、粉青玉，块度较小。

尤努斯萨依玉矿位于江格萨依与塔什赛因玉矿之间，主要出产青玉，白玉量少，还产出糖包白玉、糖包青白玉及糖包青玉等品种。

且末软玉品种俱全，达 40 多种，主要包括白玉、青玉、青白玉、糖玉、黄玉和碧玉等，也有少量优质的戈壁料产出。其中白玉品质最佳，青白玉产量最大（图 2-22）。且末软玉呈现明显的油脂光泽，玉质细腻，但其内部肉质中常见有点状、松散状的絮状物，同时多数且末软玉中伴有黑点或白色礓点。且末地区软玉大多带有糖色，主要有糖白玉（图 2-23）和糖青白玉，其糖色多为深褐色，极少数为艳糖色。且末糖玉质地细腻、油脂光泽强，是且末软玉的一大特色。

图 2-22　且末青白玉原石　　　　　　　图 2-23　且末糖白玉原石
（图片来源：国家岩矿化石标本资源共享平台）

5. 若羌玉矿

若羌玉矿位于若羌县西南和南部，分布着多个玉矿体，玉石资源丰富，被誉为新疆的"聚宝盆"，也是新疆黄色软玉的主要产地。若羌玉矿现有 3 个较大的玉矿：英格里克玉矿、扶果岭玉矿和托克布拉克玉矿。

英格里克玉矿位于若羌县南库如克萨依与奇克山之间的山区（图2-24），海拔高度2860~3200米，矿体赋存于前寒武系白云质大理岩中，矿区内岩浆岩非常发育，在白云质大理岩中局部可见斜长角闪岩脉侵入。主要出产青白玉、白玉、糖白玉和黄玉，软玉多带黄色调，但黄色调不纯，常夹杂绿色调。

a 闪长岩和白云石大理岩接触带

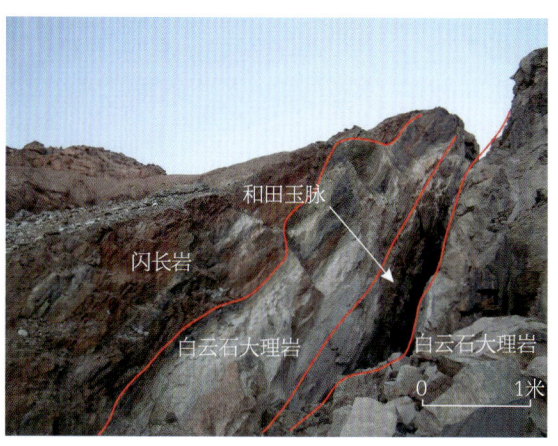

b 图a的局部放大图，显示软玉脉位于闪长岩与白云石大理岩的接触带

图2-24 英格里克软玉矿野外图
（图片来源：姜颖，2020）

扶果岭玉矿（图2-25）位于若羌县米兰桥南部11千米处，海拔高度2780~2926米，矿体赋存于前寒武系的角闪片麻岩和白云质大理岩互层中，花岗闪长岩呈岩脉的形式分布在白云质大理岩中，与成矿关系密切。主要产出青白玉、青玉（图2-26），少见白玉、黄玉。

图2-25 扶果岭矿区图
（图片来源：姜颖，2020）

图2-26 产自扶果岭的青玉原石
（图片来源：姜颖，2020）

托克布拉克玉矿位于巴音郭楞蒙古自治州若羌县南喀拉翁盖萨依北部5千米处，距若羌县城约90千米，矿区中心海拔约3200米。华力西期中酸性侵入岩和前寒武系白云

石大理岩与成矿关系密切。主要产出青白玉及少量青玉。

若羌软玉以青白玉、青玉为主，少量白玉、碧玉，玉石多带有糖色（图2-27），也有颜色较深的糖玉产出。除此之外，若羌地区还产出带黄色调的软玉品种——"黄口料"（图2-28）。若羌"黄口料"油性大都很好，色调暖黄，大部分为纯黄色，也有部分偏绿。其颜色以"黄如蒸栗"色者最佳，质地细腻致密、强油脂光泽的"黄口料"很受市场追捧且价值不菲。若羌"糖包白料"也十分有名，通常质地细腻、结构缜密均匀、糖色浓艳，且色料层较厚。目前，黄色软玉的主要产地有新疆若羌、且末，辽宁岫岩、青海格尔木以及俄罗斯，其中若羌"黄口料"油脂光泽较强。此外，若羌也是戈壁料的主要产地之一（图2-29），质量好的戈壁料在光泽、油润度和细腻度等方面都可以媲美子料。

图2-27 产自若羌的糖白玉原石
（图片来源：李霞提供）

图2-28 若羌"黄口料"原石
（图片来源：李军正提供）

图2-29 产自若羌的戈壁料原石
（图片来源：李霞提供）

二、新疆玛纳斯碧玉的矿床分布及其特征

新疆玛纳斯碧玉分布于天山北坡，以玛纳斯河一带产出的碧玉最为著名，故被称为

"玛纳斯碧玉"。据文献记载，玛纳斯碧玉曾在清代初期就被开采，并设有绿玉厂，后在乾隆年间被下令封闭。1973 年，该古玉矿被找到并设厂开采，1975 年在玛纳斯河红坑开采出一块约 1 吨的大碧玉，经扬州玉器厂雕琢成国宝级的玉雕"石刻聚珍图"，现藏于中国工艺美术馆。

（一）矿床地质特征

矿区主要分布于乌苏市的夏尔萨拉，沙湾县的拜辛德，玛纳斯县的小吉尔恰依、黄台子（萨热塔克萨依）、清水河子等，其中后两者被认为有较大价值。另外，在河流和冰川的冲积层中也常可见到碧玉子料。根据成矿地质条件，玛纳斯碧玉矿床属于超基性岩型，与蛇绿岩套中超基性岩密切相关。石炭纪蛇绿岩带底部为变质橄榄岩，中部为层状辉长岩，上部为玄武岩与硅质岩互层，呈东西向沿断裂带分布，断续有 27 个镁铁—超镁铁岩群。玛纳斯碧玉矿体呈透镜状或豆荚状产出于超基性岩与围岩的接触带中，矿体长度从几米到几百米，宽度从几十厘米至几米，边缘质量较差，矿体中间部位玉质较好。

（二）玉石特征

玛纳斯碧玉颜色呈暗绿、灰绿、墨绿和黑绿等（图 2-30），常夹杂着点状和条状的白斑和黑点。玛纳斯碧玉的含铁量较高，主要矿物为透闪石，次要矿物有阳起石、斜绿泥石、透辉石、蛇纹石、钙铬榴石、铬尖晶石、磁铁矿、铬铁矿以及一些金属硫化物等。在有些碧玉中还可见到由透闪石、蛇纹石、绿泥石组成的灰绿色薄层外壳。玛纳斯碧玉颜色鲜艳、玉质细腻、光泽良好，清代碧玉玉器珍品原料多产于此地，具有很高的历史文物价值，通过在该区找寻更多碧玉资源，将会发挥其历史文化潜力。

图 2-30 产自新疆玛纳斯的碧玉原石
（图片来源：国家岩矿化石标本资源共享平台）

第三节
青海软玉的主要产地及特征

青海软玉于 20 世纪 90 年代被发现并形成规模化开采，储量较大。2008 年，青海软玉被奥组委选为第 29 届奥林匹克运动会即北京奥运会金牌、银牌和铜牌的玉石用料，金牌用白玉、银牌用青白玉、铜牌用青玉，从此青海软玉名扬四海。

一、矿床地质特征

青海软玉矿床位于格尔木市南 120 千米处，海拔 4200 米以上，与新疆且末、和田等玉矿同属于昆仑造山带，均产自昆仑山中北部地带，所以青海软玉与新疆软玉在成因上有密切的关联性。矿区出露地层主要为上元古界万宝沟群，是一套浅变质碎屑岩、火山岩和碳酸盐岩组合，矿床成因与岩浆岩和碳酸盐岩的接触交代作用有关。青海软玉矿床主要有纳赤台（三岔口）玉矿、大（小）灶火玉矿、托拉海沟（野牛沟）玉矿和祁连山玉矿，此外，在九八沟、羊皮岭、白羊沟和茫崖等地也有产出，其中以纳赤台矿区和托拉海沟矿区最为出名。

二、玉石特征

青海软玉又称"昆仑玉""青海料"（图 2-31），主要以原生矿山料产出，少量山流水料，偶见子料。青海软玉颜色品种较多，可分为白玉、青白玉、青玉、糖玉和碧玉等品种，其中特有的品种有"翠青玉"和"烟青玉"。青海软玉最鲜明的特点就是"透"，大多为半透明，但透明度提高同时会减弱其油脂光泽。此外，青海软玉中常见作为其特征的"水线"，有时可见局部透明度不均匀，主要源于其内部具有结晶程度更高的由含矿流体沿软玉中微裂隙充填形成的定向平行排列的纤维状透闪石晶体，但是，并不能将"水线"作为青海软玉的产地鉴定依据。青海软玉的主要结构类型有毛毡状结构、显微纤维—隐晶质结构、显微纤维结构、显微叶片状—隐晶质结构、显微叶片状结构和放射状纤维结构等，主要构造为块状构造。总体上，青海软玉大部分呈灰白—蜡白色，光泽和油润度不及新疆软玉，但也有相当一部分优质的青海软玉光泽温润，可与新疆软玉相媲美。此外，青海翠青玉、青海烟青玉、青海黄口料等一些高品质的有色玉种在拍卖场上也展现了不俗的价值。由于青海软玉储量大，能为软玉产业发展提供资源保障，因此，优质的青海白玉、青白玉在收藏界也受到了越来越多的关注。

图 2-31　产自青海的软玉原石
（图片来源：国家岩矿化石标本资源共享平台）

三、主要矿区特征

（一）纳赤台（三岔口）软玉矿

纳赤台（三岔口）玉矿发现于 20 世纪 90 年代初期（图 2-32），位于青海省格尔木市西南，距格尔木市城区约 94 千米，因位于野牛沟、小南川与昆仑河三岔之处而得名。矿区位于柴达木盆地地台南缘褶皱带，主要出露灰白色碳酸盐岩和基性火成岩，矿体主要赋存于中、上元古界万宝沟群碳酸盐岩组与晚古生代的中酸性花岗闪长岩、二长花岗岩和基性辉长岩的接触变质带中，呈透镜状、囊状产出，为典型的接触交代矿床。

纳赤台地区的白玉、青白玉为 2008 年北京奥运会金、银牌用玉。该区主要软玉品种有白玉、青白玉（图 2-33）和青玉。此外，纳赤台地区所产的烟青玉（图 2-34）和翠青玉（图 2-35）是青海软玉中的特有品种。翠青玉一般与白玉或青白玉共生，未

图 2-32 纳赤台地区九八沟软玉矿露头

发现有单独的矿脉，呈偏黄色调的绿色，比碧玉的颜色更加青翠鲜活，与嫩绿色的翡翠相似。烟青玉呈浅—中等灰紫色—烟灰色，因其墨色部分酷似燃烧所产生的青烟，所以得名"烟青"，也被称为"紫罗兰""藕荷玉""乌青玉"等，产量十分稀少。纳赤

图 2-33 产自纳赤台的青白玉原石
（图片来源：国家岩矿化石标本资源共享平台）

图 2-34 产自纳赤台矿区的烟青玉原石
（图片来源：马青海提供）

图 2-35 产自纳赤台矿区的翠青玉原石
（图片来源：马青海提供）

台软玉主要由纤维状透闪石组成，具少量杂质矿物，如阳起石、透辉石、榍石、磁铁矿、白云石、石英等。纳赤台产出的软玉质地一般比较细腻，透明度好，呈油脂—弱油脂光泽。

（二）大灶火、小灶火软玉矿

大灶火、小灶火矿区发现于2001年，位于青海省格尔木市乌图美仁乡，距纳赤台地区西北约50千米。该区成矿地质背景与纳赤台玉矿具有一定的差异，大（小）灶火沟一带的玉石矿在格尔木地区属于北玉石成矿区带，矿区处于柴南缘断裂和昆北深大断裂之间，次一级构造活动较为活跃，因此玉矿多位于断裂带附近，且与区域地层走向基本一致。软玉矿赋存于元古界金水口群地层中，主要产自白云质大理岩、大理岩与斑状花岗岩接触带及附近，是典型的接触交代变质矿床。大（小）灶火矿区共发现8个玉石矿体，其中北接触带5个、南接触带3个。按照玉石的产量及代表性，大（小）灶火矿区主要分为东沟、西沟和干沟3个矿点。

大（小）灶火玉矿所产出的青玉（图2-36）即为北京奥运会的铜牌用玉。该矿区早期以开采山流水料为主，现主要开采山料，是青海"黄口料"的唯一产地（图2-37）。软玉以青玉为主，呈灰绿色或浅墨绿色，也产出白玉、青白玉和糖玉。东沟主要产"糖包青"，少量"糖包白"，糖皮较薄，内部的白玉、青白玉品质优良；西沟产的"黄口料"以栗黄色为主，玉质细腻干净，是青海软玉中的优质品种；干沟主要产

图2-36 产自小灶火地区的青玉原石
（图片来源：国家岩矿化石标本资源共享平台）

图2-37 产自小灶火地区的"黄口料"原石
（图片来源：马青海提供）

青玉，可分为粗、细种，其中细种青玉质地细腻，抛光后呈现良好的油脂光泽，被称为"碧青玉"。

（三）托拉海沟（野牛沟）软玉矿

托拉海沟（野牛沟）软玉矿发现于1994年，即人们口中常说的"野牛沟矿"，软玉产于托拉海沟南坡，位于东昆中断裂以南柴达木板块南缘，矿体主要赋存于二叠纪—三叠纪碳酸盐岩层与酸性侵入岩接触带中。托拉海沟（野牛沟）玉矿主要有7个矿体，矿体长10～15米，宽0.2～1.1米，矿体呈板状、脉状或似层状产出，少数呈团块状。到2000年基本无矿开采，后期虽有继续开采，但已极少有玉矿产出。

该矿区主要出产优质的白玉（图2-38）和青玉（图2-39），野牛沟所产的优质软玉常具有厚的皮壳，被人们称为"糖包白""糖包青"。上等的野牛沟白玉料不具有三岔口软玉水头足、半透明等特点，颜色不是纯白色，而呈奶白色，质地非常细腻，具强油脂光泽，凝如羊脂，在市场上十分受欢迎，被誉为青海软玉中的"羊脂玉"（图2-38）。

图 2-38　产自野牛沟矿区的白玉原石
（图片来源：马青海提供）

图 2-39　产自野牛沟矿区的青玉原石
（图片来源：马青海提供）

（四）祁连山软玉矿

祁连山软玉矿床位于海北藏族自治州门源县及祁连县，该产地主要出产碧玉。玉石成因与超基性岩的蚀变交代作用有关，主要产出于蚀变超基性岩体橄榄岩与辉长岩的接触部位。祁连山碧玉的主要组成矿物为透闪石（部分向阳起石过渡），次要矿物主要有透辉石、锆石、铬铁矿、绿泥石、黝帘石、金红石等。

第四节

辽宁岫岩软玉的主要产地及特征

一、矿床地质特征

辽宁岫岩满族自治县隶属于辽宁省鞍山市,该地区因产出的玉石品种丰富、产量高而被誉为"玉石之乡"。我国大部分的蛇纹石质玉产于岫岩地区,人们习惯将其称为"岫岩玉",同时该地也产出可观特色透闪石质玉石(岫岩软玉),俗称"老玉"(山料)(图2-40、图2-41)和"河磨玉"(子料)。软玉原生矿床位于细玉沟一带,玉矿体赋存于元古宙辽河群大石桥组的富镁碳酸盐岩地层中,围岩为白云石大理岩。区内有多条断裂,成矿前的断裂为侵入岩(印支期花岗岩)提供了通道,沿成矿断裂破碎带可见玉石矿脉。矿体周围发育有强烈的透闪石化、蛇纹石化、滑石化和绿泥石化等围岩蚀变。河磨玉产于细玉沟东侧偏岭乡的白沙河河漫滩及其两岸的Ⅰ级阶地泥沙砾石沉积层中。

图2-40 岫岩老玉原生矿体

图2-41 岫岩老玉中的糖色

二、玉石特征

岫岩软玉的颜色较多，基本色调有黄白色（图2-42）、绿色、青色（图2-43、图2-44）、黑色及其过渡色，颜色的深浅也富有变化。岫岩软玉中黄白色软玉质量最佳，价值最高。此外，在地表氧化条件下，铁质沿岫岩老玉微裂隙和颗粒间隙渗透扩散染色，形成褐黄色铁质浸染，其色似红糖，故称为糖色，糖色在老玉中比较发育（图2-41），当糖色分布范围较大时，可称为糖玉。岫岩软玉主要组成矿物为透闪石，次要矿物可含少量蛇纹石、碳酸盐、磷灰石、绿帘石等。优质的岫岩软玉以毛毡状结构为主，但大部分为显微叶片状、纤维状、放射状和帚状变晶结构等。多数岫岩软玉山料的质地较粗，呈微透明，少数呈半透明和不透明，可呈玻璃光泽—油脂光泽，与新疆软玉相比，大多数岫岩软玉的光泽和透明度较弱。

老玉以块状构造为主，块度大小不一，形状各异，多为棱角状。由于玉矿体接近地表且矿体内存在节理，经长期风化作用，沿节理面和裂隙面常发育有厚度不等的白色皮层，俗称"石包玉"（图2-45）。

图2-42 岫岩黄白色软玉原石
（图片来源：国家岩矿化石标本资源共享平台）

图2-43 岫岩黄绿色软玉原石
（图片来源：国家岩矿化石标本资源共享平台）

山上裸露的软玉矿石经风化、剥蚀、搬运至附近的山沟及山前盆地的河流流域，形成软玉的坡积砂矿和冲积砂矿，即所熟知的山流水料和子料，被当地人称为"河磨玉"（图2-46、图2-47）。河磨玉玉石总体细腻致密，杂质和裂隙较少。主要为随形磨圆状、次棱角状，经过流水冲刷，小棱角处被磨圆，多具有较厚的风化皮壳，厚度可达一厘米到几厘米（图2-46）。河磨玉主要有黄色和绿色，纯白色较少。其矿物颗粒十分细小，晶体颗粒之间排列紧密，质地细腻，是极优质的玉料（图2-47）。

图2-44　岫岩软玉原石（表面黄色为风化色）
（图片来源：国家岩矿化石标本资源共享平台）

图2-45　岫岩软玉石包玉原石

图2-46　岫岩河磨玉原石

图2-47　岫岩河磨玉笑佛雕件

第五节
国内其他软玉产地及特征

一、贵州罗甸软玉

（一）矿床地质特征

贵州罗甸软玉发现于2009年，矿床位于贵州省南部罗甸县西南与望谟县及广西壮族自治区乐业县交界一带，距罗甸县城约30千米。矿区位于右江盆地北缘，构造线以北西向和北东向为主。区内断裂与褶皱均较发育，褶皱叠加现象明显，岩浆活动单一，仅发育基性辉绿岩，辉绿岩侵入带来大量的富硅热液与二叠系四大寨组碳酸盐岩（主要为灰岩）发生接触交代变质形成透闪石质玉，玉矿呈条带状相间分布于变质带中（图2-48）。

图2-48　罗甸软玉矿区露头
（图片来源：杨林提供）

（二）玉石特征

罗甸软玉主要以山料产出，颜色主要为白色（图2-49）、灰白色、青白色等，偶见青玉（图2-50）和浅褐色糖玉，其中，白玉的白度比"鸡骨白"还要白。此外，罗甸还产出一种"花斑玉"（也称"草花玉"）（图2-51），以含呈树枝状、斑点状分布的黑褐色物质为特征，这是由铁锰氧化物浸染所致，浸染程度加深则使软玉底色呈现灰褐色，这一类软玉的次生裂隙一般较发育，"花斑"多深入软玉内部沿裂隙分布。

图 2-49　罗甸白色软玉原石
（图片来源：杨林提供）

图 2-50　罗甸绿色软玉原石
（图片来源：杨林提供）

图 2-51　罗甸花斑玉原石
（图片来源：国家岩矿化石标本资源共享平台）

罗甸软玉的主要组成矿物为透闪石，含量一般大于95%，多数在98%以上，结晶度较低，常呈纤维状产出。次要矿物含量较少，主要有透辉石、方解石、铁锰质氧化物、硅灰石、石英和斜长石等。常见纤维状束状、纤维状、鳞片状变晶结构，少见毛毡状交织变晶结构、似斑状结构等。罗甸软玉绝大部分为块状构造，可见片状构造、条带状构造、眼球状构造等。罗甸软玉原石一般呈瓷状、蜡状及弱油脂光泽，在自然断口或人工切割面则多为蜡状光泽—油脂光泽，外观具有明显的"瓷器质感"，油性与温润感较弱。

二、江苏溧阳软玉

（一）矿床地质特征

江苏溧阳软玉矿床发现于1989年，位于溧阳市平桥乡小梅岭村附近（图2-52），故被命名为"梅岭玉"。矿区内断裂构造发育，以北北东、北东、北西向断裂为主，由于断裂活动具有多期、多次性特征，所以在地层与花岗岩接触处常有蚀变的断裂破碎带和角砾岩带，伴随后期构造活动，玉石多具有张性裂隙。区内岩浆岩主要以燕山期的庙西花岗岩出露规模最大，呈岩株状产出，出露面积达几十平方千米，与梅岭玉的形成密切相关。矿体呈不规则脉状或团块状产于燕山晚期庙西花岗岩与二叠纪栖霞组镁质碳酸盐岩外接触带中，成因为大理岩型接触交代作用矽卡岩型。

图2-52　小梅岭东南部石炭系黄龙组地层剖面
（上部：灰—褐色灰岩；下部：接触变质蚀变带）

（二）玉石特征

梅岭玉属于原生软玉矿，主要产出青玉（图2-53）、青白玉及少量白玉，偶见其他产地少有的蓝绿色，其中白玉产出时常与透闪石矿体呈渐变过渡关系，而青玉及青白玉则常呈脉状、网脉状或不规则脉状产出，有时可见到青玉明显地穿切白玉，且青玉与白玉相接触的边界有流动构造。溧阳软玉主要矿物为透闪石，与新疆软玉相比，其结晶度好、颗粒粗短、大小不均匀、定向性不明显、边界较为平直、相互交织不够紧密，导致其光泽常为玻璃光泽—蜡状光泽，而不具典型的油脂光泽，韧性也相对较弱。杂质矿物含量较少，有辉石、磷灰石、褐铁矿和黏土矿物等。常见纤维状、放射状和纤维柱状变晶结构，能达到如新疆羊脂玉典型的毛毡状结构者少见；常呈块状构造。溧阳青玉的透明度普遍较好，而白玉多呈不透明至微透明。少数溧阳软玉具有类似青海软玉所具有的"水线"特征。

图 2-53　产自江苏溧阳的梅岭玉原石
（图片来源：国家岩矿化石标本资源共享平台）

三、河南栾川软玉

（一）矿床地质特征

河南栾川蛇纹石玉和软玉开发历史悠久，据考古资料记载，在新石器时代仰韶文化时期，即距今约5000年前，已经开始用于制玉。栾川软玉矿床位于河南省洛阳市栾川县陶湾镇三合村，海拔约1320米，距乡镇公路三合村约1千米。栾川玉矿出产蛇纹石玉和软玉两种玉石，软玉多为蛇纹石玉的伴生矿，仅小规模产出，产量少。软玉矿床位于北西南东向三合—石庙复向斜的北翼，区内以辉长岩最为发育，大部分受断裂控制，呈岩脉或岩墙状产出。软玉主要产于白云石大理岩或白云岩内，其次分布于蚀变辉长岩脉附近或小型挤压带中，白色软玉与暗绿色蛇纹石玉以层状或脉状相间分布。矿床类型为透闪石化镁质大理岩型，在蛇纹石化的同时，由岩浆热液交代富镁大理岩形成透闪石玉。

（二）玉石特征

河南栾川软玉为原生矿，未见砂矿"子料"，颜色有白色、灰白色、青白色、青色、黄色和糖色等，白色软玉常带灰色和青色色调，白度普遍不如新疆软玉。主要矿物透闪石颗粒粗大，粒径不均，常见放射状或纤维束状变晶结构，少见毛毡状纤维交织变晶结构，以块状构造为主，次要矿物种类和含量都很少，可见碳酸盐矿物、蛇纹石和磁铁矿等。栾川软玉中质地细腻者玉质温润，但大部分质地较粗，结构不够致密，韧性较弱，呈蜡状光泽—弱油脂光泽。

四、广西大化软玉

（一）矿床地质特征

广西大化软玉矿床发现于2010年，属于新兴矿床，目前还未形成规模性开采，市场占比较小。矿床位于广西壮族自治区河池市大化县岩滩镇境内，矿区主要分布在红水河两岸，目前已发现矿点8处，分别是岩滩镇水电站坝首东岸、坝首东垂直升降机、睡美女峰峰顶、睡美女峰半腰、义午屯、东扛村、那拉三屯和那发屯矿点。区域内出露地层为上泥盆统至中三叠统，与玉矿形成有关的地层为下二叠统碳酸盐岩（主要为白云质灰岩），侵入岩为基性辉绿岩、辉长岩，矿床属于岩浆热液交代型矿床。

（二）玉石特征

广西大化软玉主要呈灰绿色、暗绿色和青白色等，整体颜色均匀，部分具有暗色"水草纹"斑点。软玉主要矿物为透闪石，次要矿物主要有透辉石、磷灰石、方解石、石英、绿泥石、蛇纹石、滑石、石榴石和褐铁矿等。具显微纤维交织、束状、帚状变晶结构等。与传统软玉矿区相比，广西大化软玉颜色较为单一，质地不够细腻，油润度稍差，总体玉质一般。

此外，广西大化还产出一种特色品种——黑青色青玉，其颜色均匀，主要呈黑色、黑青色，黑度十足，光泽较强，市场上称为"大化墨玉""广西黑"。主要矿物为阳起石和铁阳起石，铁含量高是大化青玉的显著特征，可在一定程度上指示其产地。大化青玉结构非常细腻，为显微毛毡状结构，次要矿物有石墨和黄铁矿等。

五、四川龙溪软玉

（一）矿床地质特征

龙溪软玉俗称"龙溪玉"，矿床位于四川省汶川县龙溪乡直台村，为区域变质热液及少量基性岩浆热液共同交代志留纪茂县群碳酸盐岩而形成，软玉矿产于透闪片岩和白云质大理岩中或二者的接触带以及二者透镜体的尖灭处，通常呈不规则的透镜状、薄层状产出，常与透闪石石棉、方解石和伊利石脉密切共生。

（二）玉石特征

龙溪软玉的颜色主要有黄绿色和浅绿色，其次是深绿、绿、青灰、灰黑及灰白色等，基本色调为黄绿色，颜色较浅且不够鲜艳。主要矿物为透闪石，杂质较少，可见白云石、滑石、绿泥石等。多具显微变晶结构，还具有变形结构和交代蚀变结构。结构不够均匀，质地也略显粗糙。因其内部存在定向组构，部分软玉含有平行于延展方向嵌布的条柱状和针状透闪石晶体分布在透闪石基质中，呈现特征的星状或丝绢状反光，因此龙溪软玉又被称为"丝光软玉"。由于定向组构的存在，龙溪软玉在垂直纤维排列的切面上的硬度大于平行纤维排列的切面上的硬度，因而裂纹十分发育，容易破碎，不易于加工利用，加之其块度较小，所以市场上几乎没有龙溪软玉成品。

六、四川石棉软玉

（一）矿床地质特征

软玉猫眼是软玉中的一大珍品，十分罕见。四川软玉猫眼分布广、储量大、品种多，色彩艳丽、质地细腻温润、猫眼鲜活，有"中华猫眼石"之称。

四川软玉猫眼产于四川省石棉县废弃的蛇纹石石棉矿区的一些矿段中，矿体呈透镜状、团块状赋存于中元古代峨边群超基性岩体——蛇纹石化橄榄岩内，岩体呈北东向延伸，长约 7.5 千米，被南垭河断裂切割，因此形成相距 8 千米的南北两个矿区。由于压力、温度以及动力环境的变化，无法形成大型的软玉矿脉，因此多呈细脉状分布于蛇纹岩体的剪切裂隙中。

（二）玉石特征

四川软玉猫眼的颜色非常丰富，有绿色、蜜黄、灰色、黑色和褐色等，其中以蜜黄色和黑色闪银光的猫眼最为名贵，后者最为极品，台湾珠宝界将其称为"黑底银斑"。四川软玉猫眼主要矿物为透闪石，次要矿物有阳起石、磁铁矿、铬尖晶石等，最为典型、普遍的结构为显微纤维变晶结构。

七、四川雅安软玉

（一）矿床地质特征

雅安软玉矿位于四川龙门山断裂带西南段，区内断裂构造发育，岩浆活动频繁。该软玉矿体与超基性岩脉群相关，其原岩多为斜辉橄榄岩和辉石岩，经后期富钙碱热液蚀变或多期次流体交代作用而成，主要赋存于辉橄岩与大理岩的接触带附近，呈不规则似层状或透镜状产出。

（二）玉石特征

雅安软玉为不均匀浅绿—绿色，主要矿物为透闪石，次要矿物主要有钙铬榴石、铬铁矿及石英等。以纤维柱状变晶结构为主，结晶颗粒较为粗大，致密块状构造。

八、台湾花莲软玉

（一）矿床地质特征

台湾花莲软玉于 1961 年在花莲县丰田石棉矿区河床内被发现，1965 正式生产，在

20世纪六七十年代出口量位居世界第一，是著名的软玉猫眼产地，后因过度开采且世界经济不景气，当地软玉市场逐渐衰退、一蹶不振，自1986年起停止开采，直至今日仍然没有恢复开采。

台湾软玉俗称"台湾玉"，矿区位于台湾省东部花莲县的丰田和万荣地区，因此也有人称之为"丰田玉"。玉矿带南起赤坎溪，北至白鲍溪，长约10千米，宽约3千米，矿体赋存于中央山脉东翼区域（大南澳群）的玉里变质带中（图2-54），呈层状、似层状产出于蛇纹岩和石英片岩的接触带中（图2-55），部分呈透镜状赋存于蛇纹岩内，属于变质热液交代成因。

图 2-54　台湾软玉矿区

图 2-55　台湾软玉矿脉露头

（二）玉石特征

台湾花莲软玉主要呈浅绿色—深绿色（图2-56、图2-57），主要品种为碧玉，颜色饱和度高，但常含有黑色点状杂质（图2-56）。主要矿物为透闪石和阳起石，次要矿物有铬铁矿、钙铬榴石、绿泥石等。常见毛毡状纤维、束状或放射状、柱状和平行纤维状变晶结构等。质地细腻，但通常呈片状构造（图2-57）。当花莲碧玉中纤维状透闪石晶体沿某一方向平行定向排列时，正确的切割方法可使花莲碧玉产生稀有的猫眼效应，从而提高其经济价值。

图 2-56　产自台湾花莲的碧玉原石

图 2-57　花莲的片状构造碧玉原石

九、其他地区软玉

（一）吉林磐石软玉

吉林磐石软玉矿位于吉林省磐石市石嘴镇六间房村圈岭屯，距磐石市区北东20千米左右。矿床由富镁的白云质大理岩经华力西晚期—印支早期中酸性岩浆热液（花岗岩、闪长岩）作用多次交代蚀变形成，矿体多呈透镜状、细条状产出，规模较小。软玉颜色主要为浅绿黄色、浅绿色和浅灰白色。主要矿物为透闪石，次要矿物有方解石、白云石、绿泥石、磷灰石和滑石等。结构主要有毛毡状、显微纤维、显微束状、显微放射状变晶结构等。

（二）湖南临武软玉

湖南临武县香花岭地区以最早发现新矿物香花石而闻名于世，近年又在香花岭矿区的矿洞中发现有透闪石质玉，也是湖南省首次发现具有开采价值的透闪石质玉石。区内大面积出露花岗岩，玉脉呈层状产出于二长花岗岩和白云质大理岩接触带中，属于交代接触变质型软玉矿床。临武透闪石质玉的颜色变化不大，主要为灰绿色，均属于青玉。可见零星分布的暗色斑块及白色团块状矿物，微透明。主要矿物为透闪石，次要矿物有阳起石、透辉石、磁黄铁矿和方解石等。具毛毡状、显微纤维交织、显微放射状变晶结构等。

（三）河北唐河软玉

近几年，河北省观赏石协会在唐河流域发现了"唐河玉"，其外观特征酷似和田玉，目前已经有部分商家在市场上将其作为和田玉进行销售。经鉴定大部分的唐河玉为透闪石化大理岩，部分原石可达到透闪石玉的标准。唐河透闪石玉主色调以白色、黄色、红色、黑色为主，辅以灰色、青色、绿色、紫色等。透闪石结构相对较粗，主要为纤维交织结构，较少见典型毛毡状结构。按地质产状，唐河玉可分为山流水料和子料。唐河子料产于太行山北端唐河流域上游段的沟谷中，因其皮色颜色丰富，质地较为细腻，被称为"唐河彩玉"。市场上常用以透闪石为主要成分的唐河彩玉来冒充"沁料"，但唐河彩玉不具有软玉典型的油脂光泽。近几年市场上唐河彩玉较少，但依然存在，藏家在选购时需要特别注意。

第六节
国外软玉的主要产地及特征

一、俄罗斯软玉

俄罗斯产出软玉的地区较多，可达700处，正在开采的规模较大的玉矿有19处。布里亚特境内约有600处玉矿，其中规模较大的有16处，就储藏量而言，布里亚特的软玉储量占整个俄罗斯联邦的90%。绝大多数软玉矿床位于西伯利亚克拉通南缘的褶皱带中。俄罗斯软玉矿床成因可分为白云质大理岩与花岗岩接触带的透闪石化作用及超基性岩的蛇纹石化作用。产于大理岩和花岗岩接触带的多为浅色软玉；而超基性岩型软玉多为绿色碧玉，常含有少量磁铁矿、铬铁矿和硫化物等金属矿物。

（一）俄罗斯大理岩型软玉

1. 矿床地质特征

俄罗斯大理岩型软玉原生矿床位于昆仑山脉延伸至俄罗斯的余脉上，主要来自俄罗斯布里亚特首府乌兰乌德所属的达克西姆（图2-58）和巴格达林地区。此外，在外兴安岭西北的维季姆河右支流中也发现了浅色的软玉转石（图2-59）。软玉成因为接触交代矽卡岩型，主要赋存于前寒武纪白云石大理岩与古生代的辉长岩、正长岩、花岗岩接触带中，呈透镜状、不规则窝巢状、脉状及细脉状产出。软玉矿区在平面上呈现明显的分带性：黑云花岗岩→正长岩→由辉石－角闪石类－斜黝帘石等组成的矽卡岩（可含玉化带）→白云石大理岩。玉矿体从边缘到中心颜色呈褐色—棕黄色—黄色—青色—青白色—白色依次渐变，矿物粒度逐渐由粗变细，透镜体中央常有较高品质的白玉产出，不仅色白，质地也非常细腻。

图2-58 产自达克西姆的白玉原石

图2-59 产自维季姆河流域的子料原石

2. 玉石特征

俄罗斯大理岩型软玉颜色丰富，主要有白玉（图2-58）、青白玉、青玉、糖玉等品种，白玉的白度可以很高。同一块玉石上往往出现多种颜色。主要矿物为透闪石，根据其颗粒的形态可分为纤维—显微纤维透闪石和片晶透闪石；次要矿物主要有石英、白云石、方解石、磷灰石、帘石类矿物、磁铁矿和黏土矿物等。

与新疆软玉相比，俄罗斯软玉一般细腻度稍差，油脂光泽稍弱，略带瓷性，内部常见白色石花、裂纹、石纹和黑色杂质矿物等。顶级的俄料质量堪比和田子料，甚至有些好的俄料也能拍出天价。玉矿体由于受后期构造挤压而发育共轭 X 型剪节理，含三价铁的溶液沿节理缝或裂隙渗滤，使俄罗斯山料表面常具有糖皮（图 2-60）。糖皮的颜色常以白色—灰白色为基底色，呈现典型的深浅不同的褐色、黄色等，颜色浓郁亮丽，糖层较厚，但普遍玉质粗糙且裂隙发育。

图 2-60　糖皮较厚的俄罗斯软玉原石

此外，俄罗斯也有子料产出，市场上称为"俄子"（图 2-61）。一般来说，"俄子"皮层普遍较厚，主要有红色、黄色、黑色等，皮色较深且艳丽。"俄子"与新疆子料相比玉肉通常不够白（图 2-62），常带青色或黄色调，且形状不够圆润，多为次棱角状—次圆状结构（图 2-63）。

a 红皮　　　　　　　　b 黄皮　　　　　　　　c 黑皮

图 2-61　具有皮层的俄罗斯子料原石

a 次棱角状　　　　b 次圆状

图 2-62　产自俄罗斯的子料原石（内部为青白玉）　　　图 2-63　产自俄罗斯的子料原石

（二）俄罗斯超基性型软玉（碧玉）

1. 矿床地质特征

俄罗斯碧玉矿大多位于贝加尔湖东南的萨彦岭（Sayan）山脉，矿区内出露的地层主要有太古界、下元古界碳酸盐碎屑地层、古生代花岗岩。碧玉矿体产在超镁铁质的蛇绿岩推覆体内，与异剥钙榴岩脉接触，属于超基性岩型接触交代矿床。

据西伯利亚矿业有限公司（深圳）官方显示：1986年，在坎捷吉尔河流域发现了第一个碧玉矿床——坎捷吉尔碧玉带，命名为"碧玉1号矿"。而后在西萨彦岭绵延600千米的崇山峻岭中，先后发现了库尔图希宾斯基矿区（2号矿）、塔斯格力矿区（3号矿）、伯里克矿区（4号矿）、吉黑矿区（5号矿）和萨特批—阿木洛夫斯克矿区（6号矿）。

20世纪80年代末，在贝加尔湖西南，东萨彦岭与吉达河流域，靠近蒙古国边界处，发现了奥斯泊矿区，即碧玉7号矿，后又在该矿区附近发现了碧玉11号矿。其中，奥斯泊矿碧玉颜色分布均匀，黑色内含物较少，质地细腻，被认为是俄罗斯碧玉质量最优的矿点（图2-64）。此外，该区也有碧玉猫眼产出，主要以显微纤维变晶结构为

图 2-64　产自奥斯泊矿区的碧玉原石

主，纤维状透闪石变晶沿长轴方向近似平行地密集定向排列，结构细腻。但该原生矿床资源大多在 2010 年枯竭。

1987 年底，又在贝加尔湖东北，勒拿河流域上游，发现了帕拉马山丘矿（碧玉 8 号矿）和维季姆矿（碧玉 9 号矿）。同年在贝加尔湖东岸，吉达河流域上游，距离 7 号矿不远处，发现了哥力—哥尔矿（碧玉 10 号矿）。随后，在东萨彦岭地区又陆续发现哥努格赫矿和昆玛华达矿，主产淡翠绿色碧玉。此外，还发现了博多哥矿、祖诺斯平斯科矿、萨甘塞尔矿和昆迪哥尔矿等。

碧玉 1 号至 6 号矿区为主构成西萨彦岭矿带，碧玉 7 号矿区和 11 号矿区为主构成东萨彦岭矿带，8 号矿区、9 号矿区为主构成维基姆矿带，10 号矿区为主构成吉达矿带，以上被称为俄罗斯"四大玉矿带"。

2. 玉石特征

俄罗斯碧玉的颜色极为丰富，多呈翠绿色（图 2-65、图 2-66），大致可分为菠菜绿（图 2-67）、阳绿、浅绿、鸭蛋青、苹果绿（图 2-66）等。主要矿物为透闪石和阳起石，次要矿物有石墨、铬铁矿、绿泥石和磁铁矿等。质地细腻，油脂光泽较强，多为透明至半透明，绺裂和黑点较少。

图 2-65　产自俄罗斯的优质碧玉原石
（图片来源：crater rock museum, www.mindat.org）

图 2-66　产自俄罗斯的"苹果绿"碧玉原石
（图片来源：Mauro Rapazzini, www.mindat.org）

碧玉与翡翠相比，不仅外观相似，且更显沉稳内敛，在价格上也较为适宜，广受藏家喜爱。新疆玛拉斯碧玉产量较少，而俄罗斯碧玉产量大、颜色漂亮且玉质温润，这很好地弥补了国内碧玉市场的空缺，经过近十年的高速发展，"俄碧"很快占领了中国碧玉市场，目前市场上 90% 以上的碧玉都为"俄碧"（图 2-67 ~ 图 2-70）。

图 2-67 俄罗斯"菠菜绿"碧玉手镯

图 2-68 俄罗斯碧玉手串
（图片来源：李军正提供）

图 2-69 俄罗斯碧玉"花开见佛"吊坠
（图片来源：李军正提供）

图 2-70 俄罗斯粉青碧玉弥勒佛吊坠
（图片来源：李军正提供）

二、韩国春川软玉

韩国春川软玉矿于 1974 年开始开采，是韩国最有代表性的玉石。尤其是在 2008 年前后，韩国产出的春川软玉大量流入了中国玉石市场，在中国市场上受到关注。

（一）矿床地质特征

韩国春川软玉矿床位于江原道春川市东面的月谷里山沟，是世界上较大的透闪石质玉成矿带，矿体赋存于前寒武系白云质大理岩和角闪石片岩中，富镁的白云质大理岩经中酸性花岗岩岩浆热液作用多次交代蚀变形成软玉矿床。

（二）玉石特征

韩国春川软玉均以山料产出，其颜色为白色（图2-71）、黄色（图2-72）、绿色（图2-73）、蓝绿色（图2-74）及褐色等。白玉多带极浅的灰黄绿或灰黄白色调，白度不如俄料，呈弱玻璃至蜡状光泽，玉质略微发干，有"蜡质感"，透明度较低。主要矿物为透闪石，次要矿物含量很少，可见透辉石、蛇纹石、斜绿泥石、方解石、白云石、磷灰石等。常见毛毡状、纤维状和斑状变晶结构，块状构造。韩国软玉质地均匀，肉眼可见细小白点，颗粒一般较粗，质地较疏松，性脆、韧性稍差，切割时极易崩口，不利于加工，因此成品质量也欠佳。韩国软玉整体的油润性、光泽及白度都不如我国新疆、青海以及俄罗斯的软玉，市场价格也较低。

图2-71 产自韩国的白色软玉原石
（图片来源：裴祥喜，2012）

图2-72 产自韩国的黄色软玉原石
（图片来源：裴祥喜，2012）

图2-73 产自韩国的绿色软玉原石
（图片来源：裴祥喜，2012）

图2-74 产自韩国的蓝绿色软玉原石
（图片来源：裴祥喜，2012）

三、加拿大碧玉

加拿大是世界上最早开采和利用碧玉的国家之一，其碧玉资源十分丰富，储藏量居世界首位，市场前景十分广阔。

（一）矿床地质特征

加拿大碧玉矿床主要分布于北美科迪勒拉山脉，最著名的矿床位于不列颠哥伦比亚省境内，省内已知的碧玉矿床超过50个。在不列颠哥伦比亚省南部沿柯齐哈拉河、弗雷泽河（图2-75）以及布里奇河（图2-76）一带的区域内大小不等的碧玉矿至少有17个，中部的奥格登山地区（图2-77）至少有9个矿，而北部的克莱湖和迪斯湖区域内分布着22个矿，其中著名的有北极矿、卡西矿、酷畴矿、婆罗文格矿和南部省矿等。加拿大碧玉矿床属于气成热液矿床，与超基性岩的蚀变交代有关，是在岩浆期后气—液活动过程中，以交代作用为主而形成。由于矿床围岩中铁含量较高，因此加拿大只产出绿色系的碧玉而不产出白玉。

图2-75 产自加拿大弗雷泽河的软玉原石
（图片来源：Rob Lavinsky，www.mindat.org）

图2-76 产自加拿大布里奇河的软玉原石
（图片来源：Richard Gunter，www.mindat.org）

图2-77 产自加拿大奥格登山的软玉原石
（图片来源：Richard Gunter，www.mindat.org）

北极矿位于不列颠哥伦比亚省北部迪斯湖区域内，处于北极圈极寒地带，地势险要，气候恶劣，每年只有2个月的时间可开采，开采作业十分困难（图2-78）。北极矿碧玉产于基性、超基性（以蛇纹岩为主）与围岩接触带中或附近。该矿以产出质量极好的碧玉而闻名，呈苹果绿色，质地细腻，被称为"北极玉"（图2-79）。2005年，北极矿停止开采，目前碧玉资源已基本枯竭。

图2-78　北极矿开采现场（Fred Ward，2003）

卡西矿位于北部克莱湖和迪斯湖区域内的麦克达姆山，平均海拔1830米，碧玉矿与石棉矿伴生。该区产出的优质碧玉呈深绿色（图2-80），颜色均一，质地细腻。近年来，卡西碧玉矿的开采只是作为石棉矿伴生矿产出，由于开采成本高、难度大，2011年暂停开采。

图2-79　产自加拿大北极矿的碧玉原石
（图片来源：Adam Ognisty, Wikimedia Commons, CC BY-SA 4.0许可协议）

图2-80　产自加拿大卡西矿的碧玉原石
（绿点为钙铝-钙铬榴石）
（图片来源：Richard Gunte, www.mindat.org）

在北极矿和卡西矿资源枯竭后，加拿大碧玉的产出主要来自酷畴矿和婆罗文格矿。酷畴碧玉矿主要分布于科迪勒拉山脉的不列颠哥伦比亚省西部海岸奥登格山脉附近，该矿碧玉颜色浓郁，黑点较少，但可偶见青斑、变化丰富的水线纹理，储量大。婆罗文格矿区的碧玉块度较大，山料大约为10吨以上。

（二）玉石特征

加拿大碧玉可呈绿色、深绿色、灰绿色、墨绿色等，常见深绿色，颜色分布不均匀（图2-81），常含有黑色或白色的杂质或色带，呈油脂至蜡状光泽，半透明至微透明。加拿大碧玉的主要矿物成分为透闪石—阳起石，次要矿物主要有钙铝榴石、铬铁矿、辉石、绿泥石、碳酸盐、黄铁矿、绿帘石和褐铁矿等。常见毛毡状纤维交织变晶结构，此外还有束状变晶结构、帚状变晶结构等。加拿大碧玉中也常见"水线"、絮状物以及白色或褐色的团块等，部分还可见黑点及绿斑，黑点为铬铁矿，绿斑为铬钙铝榴石。加拿大碧玉虽然产量很大，但优质碧玉较少，由于含有不均匀的杂质矿物和较多绿棉点，颜色不够鲜艳且发暗，品质较差，整体品质不如俄罗斯碧玉。

图2-81　产自加拿大的碧玉原石（含铬铁矿）
（图片来源：Frédéric Messier Leroux，www.mindat.org）

四、新西兰碧玉

新西兰碧玉文化源于毛利文化。早在1000多年前，新西兰原住民——毛利人就发现了碧玉并称之为"pounamu"，也被称作"新西兰玉"（图2-82）。但新西兰碧玉真正的商业发展只有短短30年左右的时间。新西兰碧玉资源受到国家政策保护，矿区只允许小规模的个体开采，而且只有本国从业人员可以利用该资源，规定碧玉的原料不允许出口，只有被加工成成品后才能销售出口。

（一）矿床地质特征

新西兰碧玉矿位于新西兰南岛西海岸地区。原生矿床沿西海岸地区共有7个矿，分别位于纳尔逊、韦斯特兰、南韦斯特兰、瓦卡蒂普、马卡罗拉、利文斯顿山和米尔福德峡湾。

韦斯特兰矿区是新西兰碧玉的主要产地（图2-83），在韦斯特兰北部，碧玉卵石产于冰川侵蚀的砾石、冰碛物、河流沉积物（主要为阿拉胡拉、塔拉马考和霍基蒂卡）以及流经原生矿床的支流中。该区碧玉已大量开采，资源接近枯竭，故已被限制开采。阿拉胡拉矿区为早期毛利人和欧洲人提供了数百吨的高质量的软玉原料，目前仍是出产高质量软玉的主要矿区。该区软玉质量参差不齐，颜色多变，从深绿色到浅绿色，且大多原石具有厚的灰色或白色的氧化皮壳。塔拉马考地区的软玉与阿拉胡拉软玉相比，主要为深黑绿色品种，并带有灰白至棕色的外壳。

图2-82 产自新西兰的碧玉原石
（图片来源：Judy Rowe，www.mindat.org）

图2-83 产自新西兰韦斯特兰的碧玉原石
（图片来源：Jorge Moreira Alves，www.mindat.org）

南韦斯特兰地区是软玉的发源地之一，横跨雷德山山脉至杰克逊湾，是新西兰最偏僻、最崎岖、最难以到达的地区。南韦斯兰特地区的软玉产区包括卡萨德河口和巴恩湾之间的卵石滩及多条河流。该区产出的软玉颜色多呈绿色、浅绿色、橄榄色，通常经水流冲刷因而表面光滑。

瓦卡蒂普矿区的碧玉品质低于西部及西南部的矿区，大部分原料未达到玉石级碧玉标准，因此没有被大量开发。

（二）玉石特征

新西兰碧玉颜色为浅绿色—深绿色（图2-84、图2-85），主要组成矿物为透闪石，次要矿物有长石、辉石、绿泥石和砷镍矿等。颗粒细小，为纤维交织变晶结构，块状构造，含"水线"的原料具条带状构造。碧玉的特点是黑点少，但产量较低，主要被当地加工者制成各类首饰，在国内市场不常见。

图 2-84 产自新西兰的碧玉原石
（图片来源：Wmpearl, Wikimedia Commons, Public Domain）

图 2-85 产自新西兰的碧玉原石

五、其他地区软玉

（一）美国软玉

美国软玉矿床主要分布于西部海岸山脉的近海地带，自阿拉斯加州起，经华盛顿州（图 2-86、图 2-87）、俄勒冈州到加利福尼亚州（图 2-88 ~ 图 2-90），与加拿大同属一个成矿带。其次怀俄明州（图 2-91、图 2-92）、威斯康星州（图 2-93）及阿巴拉契亚山脉东北段等其他地区也有软玉矿产出，已知软玉矿床不少于 10 处。美国软玉大多为超基性岩型软玉矿床，产出于蛇纹岩与其他岩石（辉长岩、辉绿岩等）的接触带及附近。

图 2-86 美国华盛顿州碧玉矿区野外露头
（图片来源：李小波提供）

图 2-87 产自美国华盛顿州的碧玉原石
（图片来源：李小波提供）

图 2-88 产自美国加利福尼亚州的碧玉原石
（图片来源：Kelly Nash, www.mindat.org, CC BY-SA 3.0 许可协议）

图 2-89 产自美国加利福尼亚州的青白色软玉原石
（图片来源：Rob Lavinsky, www.mindat.org）

图 2-90 产自美国加利福尼亚州的软玉原石
（图片来源：Paolo Sanchez, www.mindat.org, CC BY 3.0 许可协议）

图 2-91 产自美国怀俄明州的软玉原石
（图片来源：James St.John, Wikimedia Commons, CC BY 2.0 许可协议）

图 2-92 产自美国怀俄明州的软玉原石
（图片来源：Patrisha Renz, www.mindat.org）

图 2-93 产自美国威斯康星州的绿黑色软玉原石
（图片来源：Rolf Luetcke, www.mindat.org）

美国软玉颜色主要呈暗绿色、绿色、黑绿色等深浅不同的绿色，少数为浅色或白色。主要组成矿物为透闪石和阳起石，次要组成矿物有镍黄铁矿、铬铁矿、磁铁矿、黄铁矿、钛铁矿、石英、方解石、斜绿泥石、蛇纹石、石棉、滑石等。主要结构为显微纤维交织变晶结构，部分为显微束状、放射状、帚状变晶结构。

（二）巴基斯坦碧玉

巴基斯坦最初开采的碧玉大多以深绿色、灰绿色为主（图 2-94、图 2-95），多含黑色矿物杂质，品质较差，后来开采到颜色鲜艳碧玉（苹果绿色）才得到国内商家的重视。巴基斯坦碧玉主产区位于巴基斯坦西北部和阿富汗接壤的莫赫曼德地区，该地区分布着十几个碧玉矿山，但被国内市场接受的大部分的巴基斯坦碧玉仅来自巴基斯坦境内的两个矿区，分别是哈密德矿区和萨拉吉矿区，属于同一矿脉。

图 2-94　产自巴基斯坦的深绿色碧玉原石
（图片来源：www.etsy.com）

图 2-95　产自巴基斯坦的灰绿色碧玉原石
（图片来源：crystalsmania，www.ebay.com）

巴基斯坦碧玉产于多期变形变质的上元古代至中生代超镁铁质蛇绿岩杂岩体中，岩体与围岩的接触及热液变质作用与碧玉形成有着密切关系。巴基斯坦碧玉包括绿色、深绿色以及浅绿色3个系列，颜色分布常不均匀，呈团块状或丝脉状，可由深绿到浅绿色过渡。常见黑点状包体、白色团块状矿物。结构较细腻、具油脂光泽，半透明至微透明。该产地碧玉裂隙较发育，普遍质量较差。

（三）澳大利亚软玉

澳大利亚软玉主要产于新南威尔士州和南澳大利亚州。新南威尔士州软玉为超基性岩型，质量较差，不占主要地位。南澳大利亚州考厄尔市的软玉矿床类型为大理岩型，区内地层为下元古界的片麻岩、混合岩夹白云质大理岩，并有中元古代花岗岩侵入，玉矿体呈透镜状、豆荚状、条带状、团块状产出，围岩蚀变有阳起石化、透闪石化和蛇纹石化。软玉颜色主要为黄绿色（图2-96）、绿色（图2-97）、绿黑色、黑色（图2-98、

图 2-96　产自澳大利亚考厄尔矿区的黄绿色软玉原石
（图片来源：R Bottrill，www.mindat.org，CC BY-SA 3.0 许可协议）

图 2-97　产自澳大利亚考厄尔矿区的绿色软玉原石
（图片来源：James St. John，Wikimedia Commons，CC BY 2.0 许可协议）

图 2-99）等。据尼科尔（1974）资料显示，南澳大利亚州的软玉矿床规模很大，储量约有 4.5 万吨。

图 2-98　产自澳大利亚考厄尔矿区的软玉原石
（图片来源：国家岩矿化石标本资源共享平台）

图 2-99　产自澳大利亚考厄尔矿区的黑色软玉吊坠
（图片来源：Judy Rowe, www.mindat.org）

（四）波兰碧玉

波兰碧玉矿床位于西里西亚地区（图 2-100 ~ 图 2-103），矿区主要有两处，一处位于约尔达努夫附近，另一处在杰尔若纽夫附近，分别距弗罗茨瓦夫几十千米。矿床成因主要为超基性岩型，软玉矿体呈脉状和巢状赋存于蛇纹岩和辉长岩蚀变带之间。主要矿物为透闪石，次要矿物有硫化物、砷化物、赤铁矿、磁铁矿、绿帘石和黝帘石等。

图 2-100　产自波兰西里西亚的深绿色（风化为褐色）软玉原石
（图片来源：John Krygier, Public Domain）

图 2-101　产自波兰西里西亚的软玉原石
（图片来源：Piotr Sosnowski, Wikimedia Commons, CC BY-SA 4.0 许可协议）

图 2-102　产自波兰西里西亚的深绿色软玉

（图片来源：Adam Ognisty, Wikimedia Commons, CC BY-SA 3.0 许可协议）

图 2-103　产自波兰西里西亚的碧玉原石

（图片来源：Lech Darski, Wikimedia Commons, CC BY-SA 4.0 许可协议）

第三章
Chapter 3
软玉的组成矿物和结构构造

软玉是一种高档玉石品种，常言道："谦谦君子，温润如玉。"温润是软玉的显著特征，指的是玉的质感和光泽，即其典型的油脂光泽，此外，还具有高的硬度和极高的韧性。软玉之所以具备这些特殊的宝石学性质，是因为其主要矿物成分为透闪石，集合体内部具有多种显微纤维变晶结构，如典型的纤维交织（毛毡状）结构。因此，软玉的矿物成分和结构构造是影响其颜色、质地、光泽、透明度和净度等方面的决定性因素。

第一节
软玉的组成矿物及其特征

软玉的主要组成矿物为透闪石－阳起石－铁阳起石完全类质同象系列，这3种矿物的主要成分基本一致，仅在部分元素的含量上存在过渡。世界上绝大多数产地的软玉以透闪石为主要矿物，部分青玉和碧玉（如澳大利亚的南澳大利亚州）中以阳起石为主，极少数以铁阳起石为主（如中国广西大化）。

此外，软玉中还可含有少量的次要矿物，如方解石、白云石、石墨、透辉石、铬铁矿等。软玉中的次要矿物种类及其分布方式的不同，可对玉石质量产生正面或负面的影响。

一、主要组成矿物

（一）透闪石－阳起石－铁阳起石系列

软玉的主要组成矿物是具有双链结构的钙镁硅酸盐矿物，其化学成分中的二价镁离子（Mg^{2+}）可以被二价铁离子（Fe^{2+}）以任意比例进行类质同象替换，从而构成了透闪石－阳起石－铁阳起石。根据国际矿物协会（International Mineralogical Association，IMA）推荐的命名方案，按照矿物单位分子中$Mg^{2+}/(Mg^{2+}+Fe^{2+})$离子数的占位比例予以命名，在其他成分符合一定条件的情况下：

当 $0.90 \leq Mg^{2+}/(Mg^{2+}+Fe^{2+}) < 1.00$ 时，该矿物为透闪石；

当 $0.50 \leq Mg^{2+}/(Mg^{2+}+Fe^{2+}) < 0.90$ 时，该矿物为阳起石；

当 $0.00 \leq Mg^{2+}/(Mg^{2+}+Fe^{2+}) < 0.50$ 时，该矿物为铁阳起石。

同样也可使用晶体化学式中的 $Mg^{2+}/(Mg^{2+}+Fe^{2+})$ 与四价硅离子（Si^{4+}）离子数的关系在钙角闪石分类图中进行投点确定（图 3-1）。

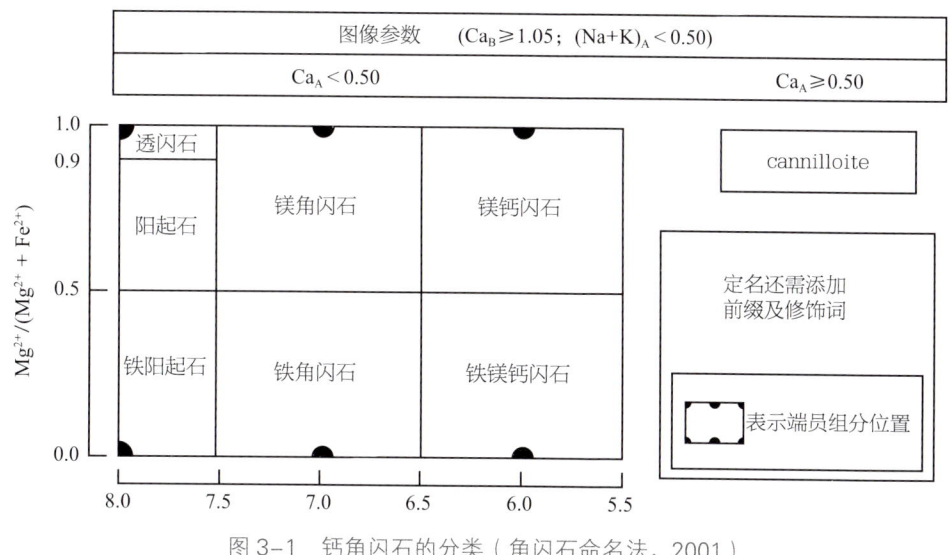

图 3-1 钙角闪石的分类（角闪石命名法，2001）

透闪石属于单斜晶系，常见单形为斜方柱 {110}、{011} 和平行双面 {010}（图 3-2）。晶体常呈柱状、长柱状，集合体常为放射状或纤维状。

在偏光显微镜下，软玉的主要组成矿物透闪石与阳起石常呈纤维状、长柱状，以交织状、放射状、平行排列等方式形成集合体，正中突起，具二级干涉色，透闪石多色性不明显，阳起石多色性较明显。

在透闪石晶体结构中，$[Si_4O_{11}]$ 双链平行 c 轴延伸（图 3-3），镁占据 M_1、M_2 和 M_3 位置，为六次配位构成 $[MgO_6]$ 八面体，钙占据 M_4 位置，配位数为 8，形成复杂的配位多面体（图 3-4）。

（二）不同颜色软玉的主要组成矿物

钙角闪石类矿物中二价铁离子对二价镁离子的类质同象替代，会使软玉性质产生变化，其颜色随着二价铁离子含量的增高，由白色逐渐变为青白色，甚至深青色，且颜色越来越深。

根据目前已发表的研究成果中成分数据统计归纳投点显示（图 3-5），在各颜色软玉品种中，白玉、青白玉、黄白玉、黄玉、墨玉及糖玉中主要组成矿物的 Mg^{2+}/

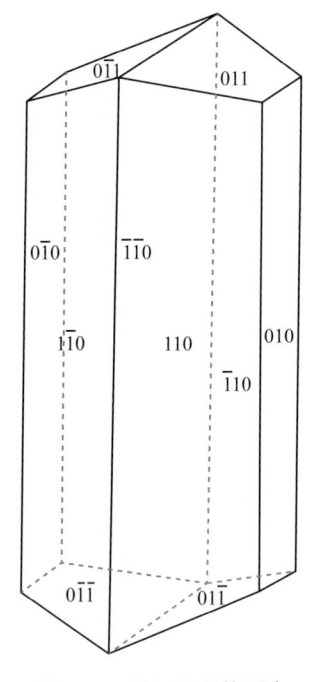

图 3-2　透闪石晶体形态

（图片来源：国家岩矿化石标本资源共享平台）

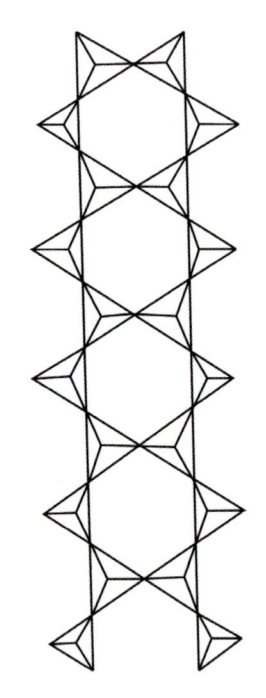

图 3-3　透闪石双链

（图片来源：王濮等，1992）

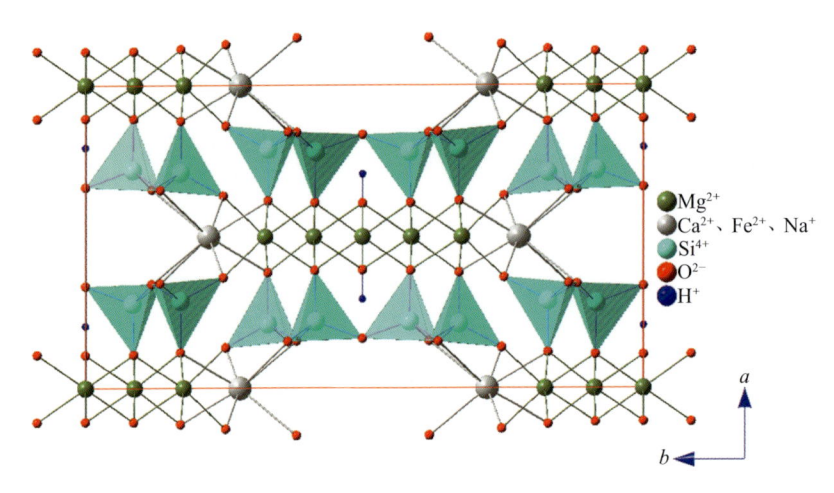

图 3-4　透闪石晶体结构图

（图片来源：秦善提供）

（$Mg^{2+}+Fe^{2+}$）值均在 0.95~1.00，且数值变化较小，为铁含量低的透闪石；青玉与碧玉的 $Mg^{2+}/$（$Mg^{2+}+Fe^{2+}$）值的变化范围则相对较大，主要在 0.78~1.00，主要为铁含量较高的透闪石和阳起石，与大部分青玉相比，碧玉的 $Mg^{2+}/$（$Mg^{2+}+Fe^{2+}$）值整体偏低，说明青玉铁含量相对较高；尤其是产出于广西大化的黑青色软玉的 $Mg^{2+}/$（$Mg^{2+}+Fe^{2+}$）值在 0.5~0.6 和 0.3~0.4，铁含量非常高，其矿物组成主要为阳起石和铁阳起石。

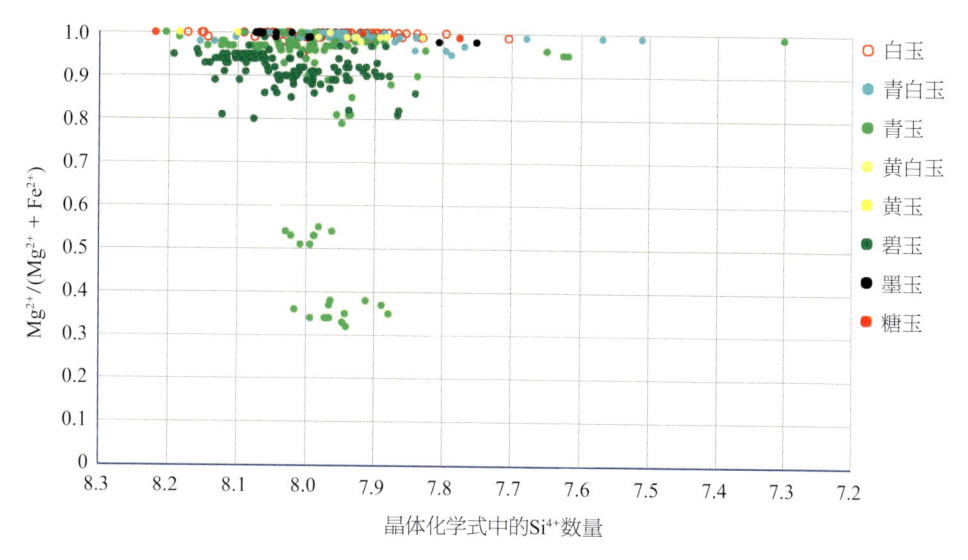

图 3-5　不同颜色软玉主要组成矿物钙角闪石的 $Mg^{2+}/(Mg^{2+}+Fe^{2+})$ 及 Si^{4+} 投点图

（三）不同产地软玉的主要组成矿物

根据目前已发表的研究成果中成分数据统计归纳投点显示（图 3-6），总体而言，新疆软玉的主要组成矿物为透闪石，少部分青玉及碧玉的主要组成矿物为阳起石；青海

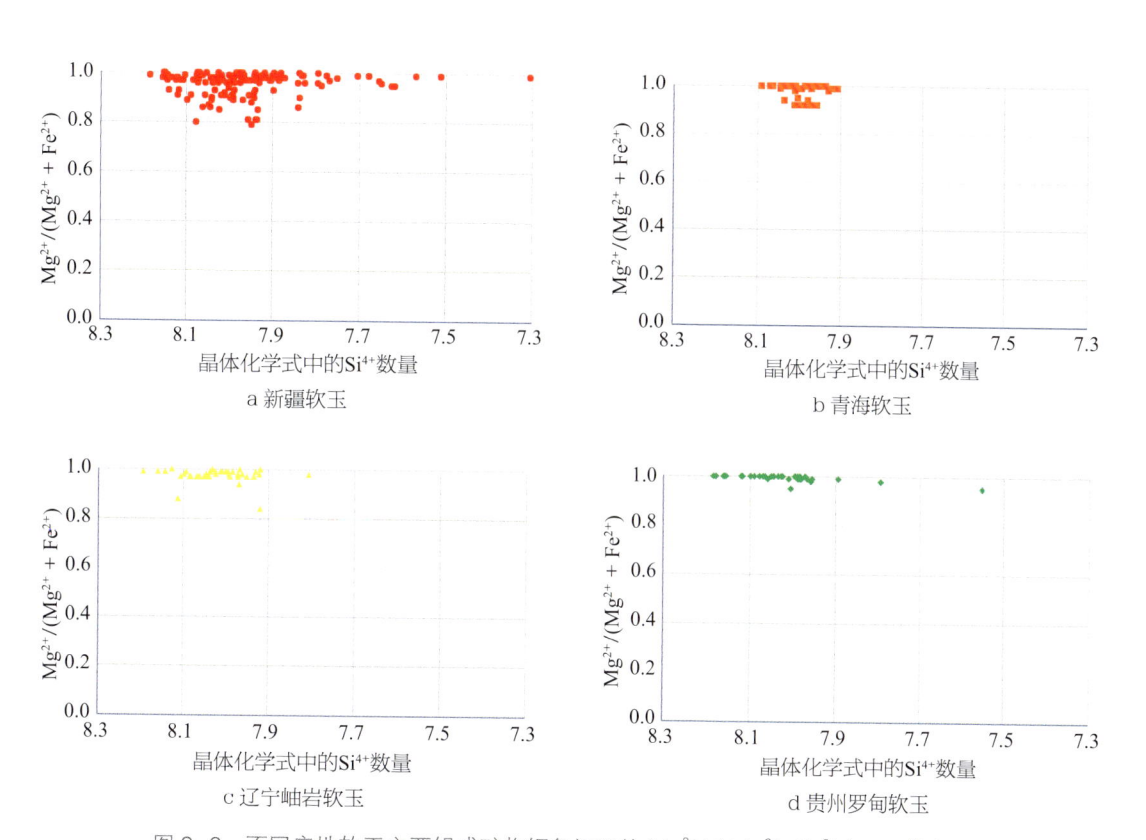

图 3-6　不同产地软玉主要组成矿物钙角闪石的 $Mg^{2+}/(Mg^{2+}+Fe^{2+})$ 及 Si^{4+} 投点图

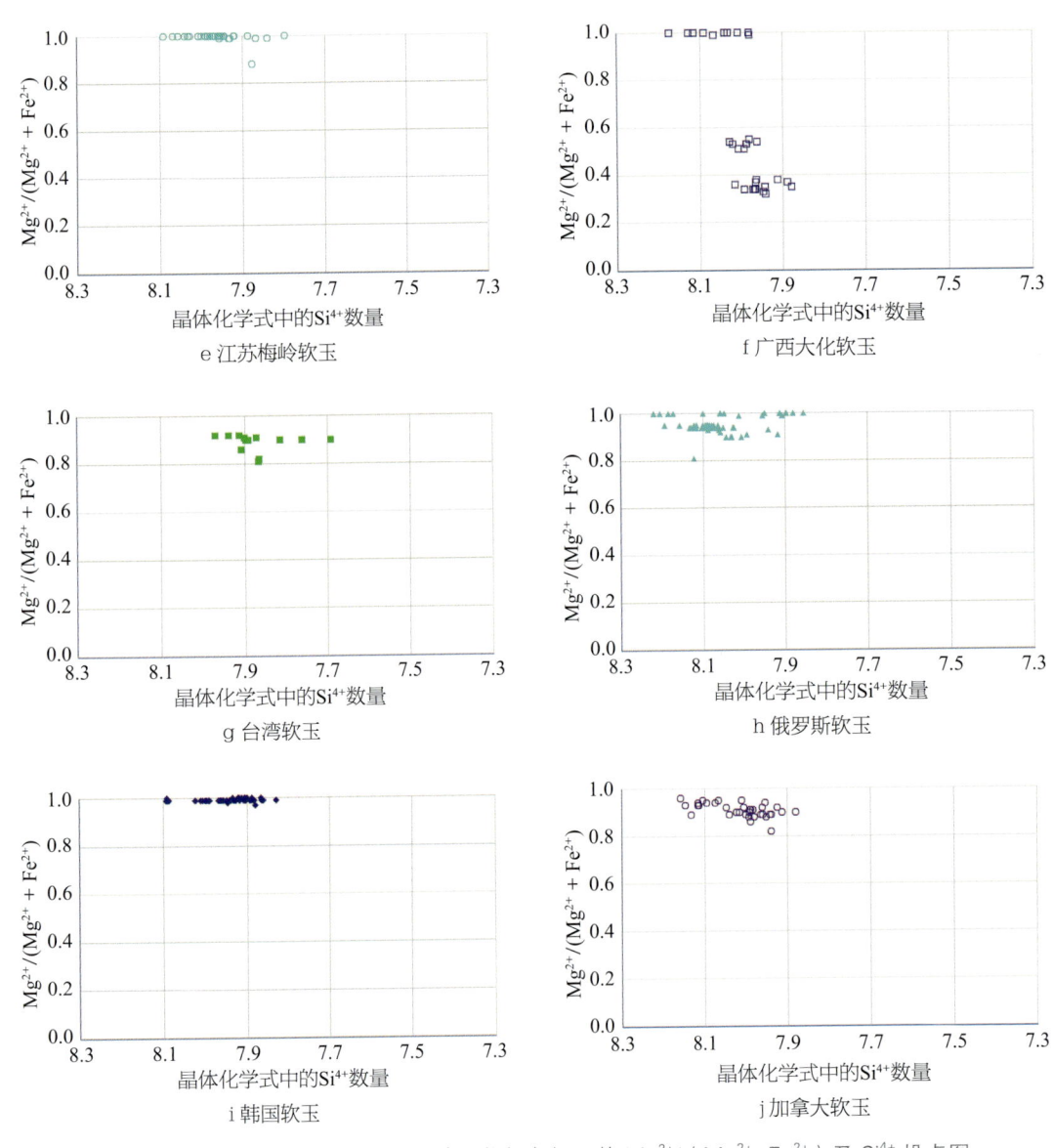

续图 3-6　不同产地软玉主要组成矿物钙角闪石的 $Mg^{2+}/(Mg^{2+}+Fe^{2+})$ 及 Si^{4+} 投点图

软玉主要组成矿物为透闪石；江苏梅岭、贵州罗甸、韩国的软玉主要组成矿物为铁含量低的透闪石；辽宁软玉的主要组成矿物为透闪石，少量为阳起石；广西大化白色及灰白色软玉主要为透闪石矿物组成，其 $Mg^{2+}/(Mg^{2+}+Fe^{2+})$ 值较高，普遍在 0.95 以上，而深青色青玉的 $Mg^{2+}/(Mg^{2+}+Fe^{2+})$ 值在 0.3～0.4 和 0.5～0.6，表明其主要组成矿物为铁阳起石和阳起石；俄罗斯软玉主要组成矿物为透闪石，大部分碧玉的主要组成矿物为铁含量较高的透闪石，极少量碧玉主要组成矿物为阳起石；加拿大碧玉的主要矿物组成为透闪石和阳起石。

二、次要组成矿物

软玉的主要组成矿物为透闪石、阳起石，常含有一些次要矿物，如方解石、白云石、石墨、透辉石、铬铁矿、黄铁矿、赤铁矿、褐铁矿、金云母、蛇纹石、滑石等，次要矿物总量一般不超过3%，墨玉的次要矿物最高可达4%～5%。次要矿物的存在，会对软玉的颜色、透明度、净度等产生不同程度的影响，如方解石、白云石在玉石中呈现为"石花"，石墨的存在可以使玉石呈现均匀的黑色或构成具有不均匀黑色的青花品种，赤铁矿、褐铁矿的存在则可使玉石带有美丽的糖色等。

（一）碳酸盐矿物——方解石和白云石

方解石（$CaCO_3$）和白云石（$CaMg[CO_3]_2$）是软玉中最常见的次要矿物（表3-1），是软玉在形成过程中残留下来的原始矿物（图3-7、图3-8）或后期新结晶出来的矿物（图3-9），常以白色、无色的斑块状或絮状出现，即通常肉眼所看到的"石花"或"石脑"，也常称为"棉"。俗话说"无棉不成玉"，"棉"在软玉中十分常见，它影响了软玉的均一性，常对玉石的质地产生影响，在一定程度上会降低其价值，但如果运用得当，"棉"的存在也会让作品充满韵味和意境美，如"风雪夜归人"等题材作品。

表3-1 碳酸盐矿物电子探针分析结果（*wt* %）

玉石产地	矿物名称	Na$_2$O	MgO	Al$_2$O$_3$	SiO$_2$	K$_2$O	CaO	TiO$_2$	MnO	FeO$_T$	CoO	总量
新疆于田	白云石	\	22.83	0.26	0.24	0.07	31.74	0.06	\	0.26	\	55.46
		\	27.30	\	\	\	26.10	\	0.13	0.94	\	54.47
	方解石	\	0.27	\	\	\	55.69	0.03	\	\	\	55.99
辽宁岫岩	方解石	\	\	0.39	0.20	\	54.40	\	0.10	0.17	\	55.26
江苏梅岭	方解石（早期）	0.98	0.98	0.06	0.40	0.18	50.07	0.11	3.28	\	0.02	56.08
	方解石（晚期）	1.15	1.88	0.27	2.93	0.01	44.75	0.10	4.46	0.14	0.08	55.77

测试单位：中国地质大学（北京）电子探针室。

（二）透辉石

我国新疆维吾尔自治区、俄罗斯等地产出的软玉可含有透辉石（$CaMg[Si_2O_6]$）矿物（表3-2），呈白色斑块状的"石礓"（图3-10），早期形成的透辉石可被后期的透闪石交代（图3-11）形成"白棉"。这些"石礓"会降低软玉的质量和品质，但在如今特别惜料的时代，经过玉雕师巧妙的构思与雕刻，具有"石礓"的软玉也会成为好的创作素材。

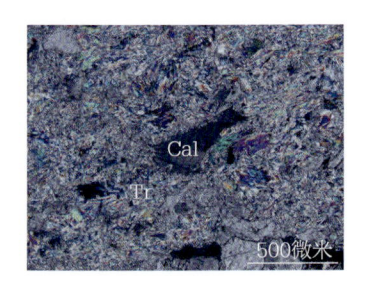

图 3-7 被透闪石（Tr）交代的方解石（Cal）残余（+）

图 3-8 被透闪石（Tr）交代的白云石（Dol）残余（+）

图 3-9 成玉过程中生成的方解石（Cal）（+）

表 3-2 透辉石的电子探针分析结果（wt%）

玉石产地	矿物名称	Na$_2$O	MgO	Al$_2$O$_3$	SiO$_2$	K$_2$O	CaO	TiO$_2$	MnO	FeO$_T$	P$_2$O$_5$	总量
新疆	透辉石	0.11	16.53	3.61	52.63	\	25.75	0.21	\	1.89	0.06	100.79
		\	19.11	0.38	54.43	\	25.19	\	0.09	0.25	0.21	99.66
江苏梅岭	透辉石	\	17.36	\	54.49	0.03	24.88	\	0.21	1.44	0.13	98.54
俄罗斯	透辉石	0.03	19.03	0.04	53.82	\	26.45	\	0.56	0.37	0.03	100.33
		0.02	19.25	0.04	54.49	\	24.66	0.04	0.03	0.22	0.01	98.76

测试单位：中国地质大学（北京）电子探针室。

图 3-10 俄罗斯软玉表面的"石疆"

图 3-11 透闪石（Tr）交代透辉石（Di）（+）

（三）石墨

石墨是导致软玉呈现黑色的原因之一。墨玉（图3-12）或青花玉（图3-13）中存在大量细小的鳞片状石墨，这些石墨呈黑色的云雾状、点状或面状等分布，构成了美丽的图案，提升了青花玉或墨玉本身的价值。

（四）铬铁矿

碧玉的色调深浅是由铁离子和铬离子所导致的，铁离子和铬离子主要来源于原岩中的铬铁矿（FeCr$_2$O$_4$）（表3-3），所以大多数碧玉中都有黑点（图3-14~图3-16），甚至有人把黑点作为判断碧玉的依据。

图 3-12 墨玉子料原石
（图片来源：国家岩矿化石标本资源共享平台）

图 3-13 青花玉子料原石
（石墨呈条带状分布）

表 3-3 铬铁矿的电子探针分析结果（wt%）

玉石产地	矿物名称	Na$_2$O	MgO	Al$_2$O$_3$	SiO$_2$	CaO	TiO$_2$	Cr$_2$O$_3$	MnO	FeO$_T$	NiO	ZnO	总量
中国台湾花莲	铬铁矿	0.62	0.40	1.34	0.08	\	1.39	48.21	3.35	41.85	\	2.34	99.58
		0.63	0.65	0.38	0.12	0.06	1.27	44.11	1.58	50.86	\	\	99.66
美国华盛顿州	铬铁矿	\	7.47	18.22	\	0.02	0.28	41.48	0.41	32.16	0.05	\	100.09
		\	8.81	11.49	0.04	0.01	0.29	54.81	0.50	25.11	0.01	\	101.07

测试单位：中国地质大学（北京）电子探针室。

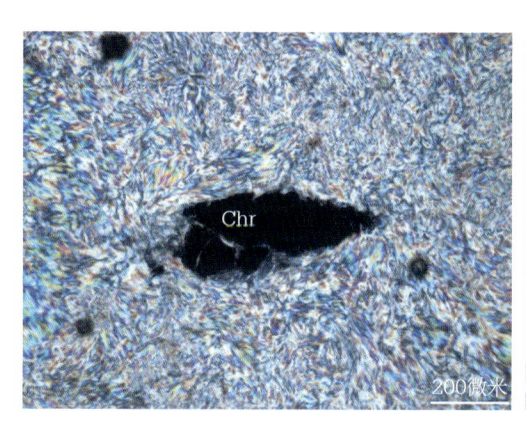

图 3-14 碧玉基质中呈交代残余状的铬铁矿（Chr）[左图：(+)，右图：(反)]

图 3-15　俄罗斯碧玉中的铬铁矿
（图片来源：国家岩矿化石标本资源共享平台）

图 3-16　澳大利亚碧玉中的铬铁矿
（图片来源：R Bottrill，www.mindat.org）

（五）黄铁矿

青玉中有时可出现一些星点状、具金属光泽的黄铁矿（FeS_2）晶体（图 3-17），呈亮的、浅黄色的立方体晶形。行业内俗称这种青玉为"金星青玉"，是具有特色的品种。其他颜色的软玉中有时也可见到黄铁矿，此时的黄铁矿常作为杂质存在。

图 3-17　"金星青玉"中的黄铁矿

（六）褐铁矿、赤铁矿、氧化锰

由含二价铁离子和二价锰离子的化合物经过氧化作用在软玉的表面、缝隙、粒间形成褐色的褐铁矿（$Fe_2O_3 \cdot nH_2O$）、红色的赤铁矿（Fe_2O_3）和黑色的氧化锰（MnO）等矿物，呈斑块（点）状（图 3-18）、絮状（图 3-19）、脉状（图 3-20）、皮壳状、树枝状（图 3-21）等分布，构成了天然的糖皮（色）。

图 3-18　呈斑块状分布的糖色　　　　　　　　图 3-19　呈絮状分布的糖色

图 3-20　呈脉状分布的糖色　　　　　　　　　图 3-21　呈树枝状分布的糖色

(七) 其他次要矿物

软玉中还可见到其他次要矿物（表 3-4），如磷灰石（图 3-22）、榍石（图 3-23）、绿帘石（图 3-24）、斜黝帘石（图 3-25）、绿泥石（图 3-26）、金云母（图 3-27）、蛇纹石（图 3-28）、滑石（图 3-29）、葡萄石（图 3-30）等，这些杂质矿物会对软玉的质地和净度产生不同程度的影响，蛇纹石、滑石和绿泥石等还会降低玉石的总体硬度。

表 3-4　软玉中其他次要矿物的电子分析结果（wt%）

矿物名称	玉石产地	玉石品种	Na$_2$O	MgO	Al$_2$O$_3$	SiO$_2$	K$_2$O	TiO$_2$	MnO	FeO	CaO	P$_2$O$_5$	Cr$_2$O$_3$	NiO	总量
磷灰石	新疆于田	白玉	0.20	0.03	0.07	0.23	\	0.08	0.08	0.11	55.10	41.50	\	\	97.40
	新疆和田	白玉	\	0.20					0.04		55.84	41.59			97.67
				0.45							54.81	40.92			96.18
									0.02		55.20	40.99			96.21
							0.04		0.01		54.89	40.90	\	0.06	95.90

续表

矿物名称	玉石产地	玉石品种	Na$_2$O	MgO	Al$_2$O$_3$	SiO$_2$	K$_2$O	TiO$_2$	MnO	FeO	CaO	P$_2$O$_5$	Cr$_2$O$_3$	NiO	总量
磷灰石	辽宁岫岩	青白玉	\	\	0.11	\	\	\	\	0.04	54.92	42.37	\	\	97.44
	江苏梅岭	青白玉	\	0.26	0.31	\	0.28	\	\	\	53.67	42.40	\	\	96.92
			\	0.14	0.24	\	0.10	\	\	\	54.02	42.25	\	\	96.75
	俄罗斯达克西姆	白玉	0.10	0.04	0.04	0.05	\	\	\	\	50.50	46.30	\	\	97.03
			0.15	\	0.18	0.04	\	0.14	\	0.16	50.58	46.40	\	\	97.65
榍石	新疆和田	白玉	0.11	0.04	1.79	29.67	\	36.41	0.09	0.35	27.01	0.18	0.02	\	95.67
绿帘石	新疆和田	青玉	0.46	\	23.93	39.55	\	\	0.28	10.45	22.37	0.24	\	\	97.28
斜黝帘石	俄罗斯	白玉	\	0.13	28.19	39.55	\	0.05	0.13	3.95	25.38	0.02	\	0.01	97.41
绿泥石	新疆和田	青白玉	\	30.57	16.86	31.73	\	\	\	1.09	\	\	0.06	0.04	80.35
			\	33.17	15.34	34.15	\	\	0.05	1.61	\	\	0.06	0.05	84.43
	俄罗斯	青玉	0.12	35.20	18.28	31.47	0.08	0.15	0.06	1.03	0.05	\	0.01	\	86.45
	美国	碧玉	\	29.98	15.17	30.96	\	\	0.23	10.46	0.07	\	0.63	0.30	87.80
金云母	江苏梅岭	青玉	0.22	26.08	10.14	43.41	9.08	0.12	0.15	0.08	\	\	\	0.02	89.30
			0.52	26.87	10.50	44.40	9.22	0.08	\	0.17	\	\	\	0.06	91.82
	俄罗斯	青玉	0.18	19.59	14.42	37.17	9.47	1.27	0.08	10.91	\	\	\	0.02	93.11
蛇纹石	岫岩	青白玉	\	39.82	0.50	43.85	\	0.06	0.14	0.12	0.19	0.79	\	\	85.47
滑石	新疆于田	白玉	\	31.20	\	63.22	\	\	0.02	0.68	\	\	\	\	95.12
葡萄石	俄罗斯	白玉	0.02	\	25.23	42.64	\	0.05	\	0.02	28.38	\	\	0.08	96.42

测试单位：中国地质大学（北京）电子探针室。

图 3-22 俄罗斯软玉中的粒状磷灰石（Ap）（+）

图 3-23 俄罗斯糖玉中的自形柱状榍石（Ttn）（-）

图 3-24 和田青玉中绿帘石（Ep）呈交代残余（+）

图 3-25 俄罗斯软玉中斜黝帘石（Czo）呈交代残余（+）

图 3-26 美国软玉中后期绿泥石（Chl）呈斑块状（+）

图 3-27 梅岭软玉中金云母（Ph）呈交代残余（+）

图 3-28 岫岩软玉中蛇纹石（Spr）呈脉状（+）

图 3-29 岫岩软玉中沿蛇纹石（Spr）裂隙滑石（Ta）呈脉状（+）

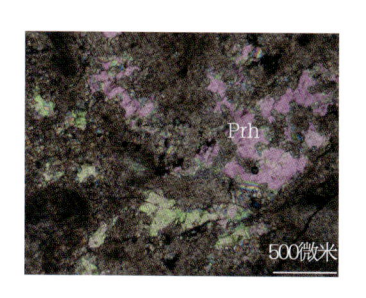

图 3-30 俄罗斯软玉中葡萄石（Prh）呈交代残余（+）

第二节

软玉的结构和构造

软玉的结构是指软玉组成矿物透闪石和阳起石等矿物颗粒的结晶程度、颗粒大小、形态以及彼此间的相互关系等。软玉的构造是指其组成矿物集合体之间的空间分布和排列方式，即其是否均向分布或定向排列等。

软玉的结构和构造是两个不同的方面，结构侧重于矿物单体的形态、大小、晶体自形程度及颗粒间的相互关系等，一般需要依据宝石显微镜对玉石进行放大观察，或依据偏光显微镜对其制成的薄片进行观察来描述；而构造则侧重于软玉集合体整体的形状和空间分布规律，可以用肉眼直接观察玉石的构造。

一、结构类型及特征

组成软玉的透闪石矿物粒度普遍非常细小，肉眼观察除少量具斑晶，整体一般为隐晶质结构。用偏光显微镜观察，可以根据其在镜下的颗粒大小、形态以及相互关系等进行划分。

（一）依据颗粒的绝对大小

依据透闪石颗粒的绝对大小，可将软玉划分为显微隐晶变晶结构、显微细晶变晶结构和显微粗晶变晶结构。

1. 显微隐晶变晶结构

透闪石颗粒的粒径（长轴）均小于 0.03 毫米，镜下难以辨认颗粒形状和边界（图 3-31），这种结构一般出现在质地细腻的软玉中，油脂光泽明显，尤其是优质的和田子料。

2. 显微细晶变晶结构

透闪石颗粒的粒径（长轴）一般为 0.03～0.1 毫米，呈细长的针状或纤维状，显微镜下较易辨认颗粒的形状和边界（图 3-32），这种结构在软玉的子料和山料中均可见到。

3. 显微粗晶变晶结构

透闪石颗粒的粒径（长轴）在 0.1～1 毫米，呈长柱状或针状，在显微镜下容易看清其形状和边界（图 3-33），肉眼隐约或较难见到颗粒，这种结构经常出现在软玉的山料中，外观比较粗糙，油脂光泽不明显，玉石质地较差。

图 3-31　显微隐晶变晶结构（+）　　图 3-32　显微细晶变晶结构（+）　　图 3-33　显微粗晶变晶结构（+）

在同一块玉石中可以同时出现以上结构，构成显微隐晶—细晶变晶结构（图 3-34）、显微隐晶—粗晶变晶结构（图 3-35）等。

（二）依据颗粒的相对大小

依据组成软玉的透闪石颗粒的相对大小，可将软玉分为等粒变晶结构、不等粒变晶结构和斑状变晶结构。

1. 等粒变晶结构

透闪石颗粒的大小几乎相同，呈等粒状均匀分布（图3-36）。

图3-34　显微隐晶—细晶变晶结构（+）

图3-35　显微隐晶—粗晶变晶结构（+）

图3-36　等粒变晶结构（+）

2. 不等粒变晶结构

透闪石颗粒大小差别较大，没有明显的规律，混杂排列在一起（图3-37）。

3. 斑状变晶结构

透闪石颗粒呈两组大小明显不同的形式存在，一组为颗粒相对较粗大的透闪石斑晶，另一组为颗粒细小的纤维状透闪石（图3-38）。

（三）依据颗粒的形态

依据透闪石颗粒形态可将软玉划分为纤维状变晶结构、柱状变晶结构和叶片状变晶结构等。

1. 纤维状变晶结构

透闪石呈细长的纤维状（图3-39），从较短纤维至极长纤维，颗粒可以大小不一，在显微镜下无法明显看清透闪石的边界和轮廓。

图3-37　不等粒变晶结构（+）

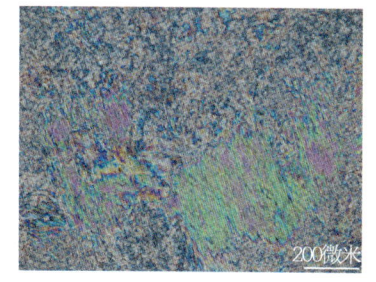

图3-38　斑状变晶结构（+）

图3-39　纤维状变晶结构（+）

2. 柱状变晶结构

透闪石呈一定宽度的长柱状（图3-40），颗粒较粗。

3. 叶片状变晶结构

透闪石呈叶片状分布（图 3-41），具有该种结构的软玉一般质地较粗。

有时矿物还可构成显微纤维—隐晶质变晶结构、显微叶片状—隐晶质变晶结构和显微纤维—叶片状变晶结构。

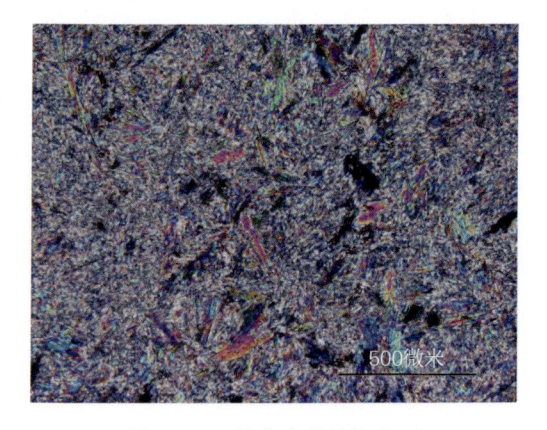

图 3-40　柱状变晶结构（+）　　　　　　　图 3-41　叶片状变晶结构（+）

（四）依据颗粒的相互关系

根据透闪石颗粒在偏光显微镜下的相互关系，可将软玉分为纤维交织（毛毡状）变晶结构、束状变晶结构、帚状变晶结构和放射状变晶结构等。

1. 纤维交织（毛毡状）变晶结构

透闪石颗粒呈极细长的纤维状互相交织，均匀且无定向分布，颗粒界限不清，犹如绒毛相互交织而成的毡毯（图 3-42）。这种结构一般出现在质地细腻致密的软玉中，尤其是优质的子料。

2. 束状变晶结构

透闪石颗粒呈纤维状大致定向平行排列，聚集成束状（图 3-43），在正交偏光下有整体消光现象。

3. 帚状变晶结构

透闪石颗粒呈较长纤维状局部定向排列，一端收敛，另一端发散，似扫帚状（图 3-44），可见微弱的波状消光。

4. 放射状变晶结构

透闪石颗粒呈纤维状形态，并以某个基点为中心向四周呈放射状分布（图 3-45），有波状消光现象。

图 3-42 毛毡状变晶结构（+） 　　图 3-43 束状变晶结构（+） 　　图 3-44 帚状变晶结构（+）

5. 交代残余结构

在成玉阶段中，由于交代作用不彻底而残留其他矿物而构成的交代残余结构，残留的矿物有透辉石（图 3-46）、粗粒透闪石（图 3-47）、白云石、方解石（图 3-48）等。

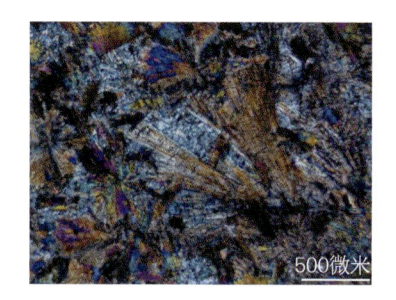

图 3-45 放射状变晶结构（+） 　　图 3-46 透辉石（Di）交代残余结构（+） 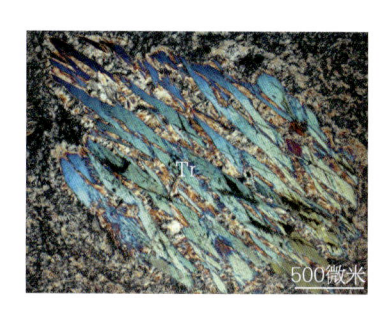　　图 3-47 粗粒透闪石（Tr）交代残余结构（+）

6. 交代假象结构

碳酸盐岩原岩或矽卡岩中透辉石矿物颗粒在成玉过程中被透闪石完全交代，但还保留碳酸盐矿物（图 3-49）或透辉石晶体形态的现象。

7. 重结晶结构

晚期热液沿微裂隙活动，使软玉中已经形成的隐晶质透闪石发生重结晶作用，形成具有定向性长纤维状粒柱状透闪石，呈脉状（图 3-50）或斑块状集合体分布。

图 3-48 方解石（Cal）交代残余结构（+） 　　图 3-49 交代假象结构（保留碳酸盐矿物假象）（+） 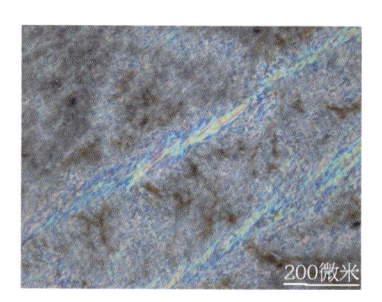　　图 3-50 透闪石重结晶结构（+）

二、构造类型及特征

（一）块状构造

块状构造是软玉最普遍的构造（图 3-51、图 3-52），表现为组成软玉的透闪石矿物集合体在成分和结构上分布均匀。

图 3-51　呈块状构造的白玉原石
（图片来源：李霞提供）

图 3-52　呈块状构造的碧玉原石
（图片来源：李霞提供）

（二）条带状构造

某些产地产出的软玉中常可见条带状构造（图 3-53），如青花玉中黑色矿物呈条带状分布。

图 3-53　青花玉的条带状构造
（图片来源：国家岩矿化石标本资源共享平台）

（三）片理状构造

软玉形成后受到后期构造应力的挤压可发生片理化作用，使软玉呈片理状构造（图 3-54），其排列具有一定的定向性，呈现猫眼效应。如果片理状构造软玉发育有密集裂隙，则较难加工和利用，经济价值不高。

a 整体　　　　　　　　　　　　　　b 局部放大

图 3-54　碧玉的片理状构造

三、软玉的结构对透明度、光泽和韧性的影响

（一）对透明度和光泽的影响

透明度是指玉石允许光透过的能力，软玉一般为半透明，少数为透明或不透明。玉石的矿物组成、矿物颗粒的绝对大小与相对大小、排列方式、接触紧密程度和裂隙等内部结构因素是决定玉石的质地及透明度的重要原因。这些因素对光线在玉石内部的传播产生影响，在颗粒边界、裂隙处等发生光的透射、漫反射和散射，使得玉石透射率降低，致使其呈现不同等级的透明度和特殊光学效应。

软玉的一般矿物颗粒细小且常具有典型的毛毡状变晶结构，同体积内矿物颗粒的数量相应增多，因此，光线需要穿过的颗粒表面积增大，进入玉石内部矿物的光线发生折射和反射的光程变长，光能损耗增大，因而，呈现半透明至微透明，结构细腻，常呈现油脂光泽。如果软玉主要组成矿物定向性较好，透射光增强，散射及反射光减少，导致其透明度偏高，如玉石中的"水线"。

（二）对韧性的影响

玉石的韧性是非常重要的力学性质，也是影响耐久性的主要因素，玉石的韧性越好，抵抗打击撕拉破碎的性能越强。玉石韧性的高低取决于玉石的矿物组成、矿物颗粒的形态与结合方式。组成软玉的透闪石颗粒越细腻，纤维化的程度越高，纤维颗粒相互交织的程度越高，内部杂质越少，玉石的韧性就越大。

软玉的韧性极高，是所有玉石中韧性最大的品种，韧性如此之大的主要原因与其内部的毛毡状变晶结构密切相关。

第四章
Chapter 4
和田玉的分类及其特征

目前，珠宝界主要依据和田玉的地质产状、颜色等特征进行分类。和田玉按产出环境可分为山料、山流水料、子料（图4-1）和戈壁料，按颜色可分为白玉、青玉、青白玉、碧玉、黄玉、糖玉、墨玉和翠青玉。和田玉的皮壳可以根据成分、产状、厚度等特征分为色皮和石皮。品质不同的和田玉价值相差较大，因此，要在正确的和田玉分类基础上进行科学的质量评价。

图4-1　不同颜色和田玉子料
（图片来源：杨忠全提供）

对于和田玉的分类，我国已经颁布了国家标准《和田玉　鉴定与分类》（GB/T 38821—2020）。针对和田玉的质量评价，我国颁布了团体标准《和田玉（白玉）手镯分级》（T/CAQI 221—2021）与《和田玉（碧玉）手镯分级》（T/CAQI 222—2021），为和田玉的质量评价提供参考。总之，和田玉的质量评价可以从颜色、质地、光泽、净度、重量和工艺6个方面进行。

第一节
和田玉的地质产状分类及其特征

许多业内人士和研究者根据各自产地所具有的明显特征，将软玉（和田玉）大致分为新疆料、青海料、俄料、韩料等。然而，同一地质成因的软玉矿床产出玉石的宝石学性质也非常相似，因而仅通过产地分类难以区分全部的软玉。一般根据地质产状将和田玉分为山料、山流水料、子料和戈壁料四大类。

由于不同产地的产出环境有各自的特点，因而在和田玉的品质上会有所不同。一般

115

来说，在质地、颜色、重量等都相似的情况下，子料质量最佳、价值最高，戈壁料、山流水料次之。

一、山料

山料，又称山玉，是指直接从原生矿床中（有些经过风化作用）开采出来的玉石原料，其储量大、分布广，是和田玉中最主要的玉料。新疆西昆仑地区的山料主要分布于海拔4000米的高山上，玉石矿脉边缘向外逐渐过渡到大理岩或矽卡岩。

山料的主要特点：块度大小不一，具有棱角且棱角分明、形态各异、各种颜色的山料均有产出（图4-2～图4-5）。大部分山料没有风化表层（皮），有些山料因受地表风化作用产生厚薄不等的风化层，例如糖皮甚至为厚层糖色的糖白玉（图4-6），俄罗斯维季姆河流域产出的山料常带有厚层瓷白色并见有褐黑色"水草纹"状浸染矿物的风化层（图4-7）。山料质地变化较大，良莠不齐，总体质地不及子料致密，但优质的山料质地细腻油润（图4-8、图4-9），也具有很高的价值。

大块完整的山料首选雕琢成大型的玉石山子摆件，如目前世界上最大的山料玉器作品——现保存在北京故宫博物院的"大禹治水图"青玉山子（图2-2），重约5吨，即为产自新疆和田密尔岱玉矿的青玉山料雕琢而成，至今已有200余年的历史。

图4-2 白玉山料原石
（图片来源：李霞提供）

图4-3 碧玉山料原石
（图片来源：李霞提供）

图4-4 黄玉山料原石
（图片来源：李霞提供）

图4-5 翠青和烟青山料原石
（图片来源：李霞提供）

图4-6 糖白玉山料原石
（图片来源：李霞提供）

图4-7 具有厚层瓷白色带褐黑色"水草纹"风化层的青玉山料原石

图 4-8　白玉山料手镯
（图片来源：马可提供）

图 4-9　俏糖色白玉山料弥勒佛手把件
（图片来源：马可提供）

二、山流水料

山流水，是指玉石块体经过各种地质构造运动、风化、冰川剥蚀等作用从原生矿体剥离之后，流水作用将其进行了较短距离的搬运，沉积于山坡低凹地区的残坡积或冰川堆积的玉石。山流水料主要分布在河流的上游地区，最为著名的是玉龙喀什河的支流——汗尼衣拉克河所产的山流水料，即和田县喀什塔什乡喀让古塔格村附近。

山流水料的主要特点：产出位置距原生矿较近，块度较大，虽然受风化剥蚀及泥石流、雨水和冰川的磨蚀搬运，但经过自然改造的程度有限，大部分玉料棱角稍有磨圆，多呈次棱角状，颜色多样，表面较光滑，但不如子料（图 4-10～图 4-12）。如果经风化作用较强，也可出现风化皮壳（图 4-13）。质地较致密细腻，玉质大多介于山料与子料之间，常被加工成玉牌、珠串以及各类雕件（图 4-14、图 4-15）。

图 4-10　白玉山流水料原石
（图片来源：国家岩矿化石标本资源共享平台）

图 4-11　青玉山流水料原石
（图片来源：张勇提供）

图 4-12　黄玉山流水料原石
（图片来源：李霞提供）

图 4-13 青白玉山流水料原石（带红皮）

图 4-14 白玉山流水料手串
（图片来源：刘丽娜提供）

图 4-15 白玉山流水料"苦尽甘来"壶
（图片来源：王金高提供）

三、子料

子料，又称"籽料""子玉"，是指原生矿石经过长期风化、剥蚀、搬运等作用从原生矿体剥离且崩裂成大小不等的碎块，分布在山坡和山间沟谷中，后被水流长距离搬运至河流中下游河段，并且经历了"搬运—沉积—风化—搬运—沉积……"不断循环的地质过程。子料离原生矿较远，主要分布于现代河床、河漫滩及其两侧的沙砾层组成的阶地，也可分布在山前冲击平原。著名的子料产地为流经和田地区的玉龙喀什河和喀拉喀什河流域。

和田玉子料根据其自身的颜色可有白玉子料（图 4-16）、青白玉子料、青玉子料（图 4-17）、青花玉子料（图 4-18）、糖白玉子料（图 4-19）、墨玉子料（图 4-20）、碧玉子料（图 4-21）、黄玉子料等。白玉子料一般块度不大，产量较小，但价值较高；青白玉与青玉子料的块体相对较大，且产量丰富，价值一般；碧玉和黄玉子料稀少，价值不菲。

子料的主要特点：和田玉子料相对于山料而言，在宏观形态、表面微细特征、裂

图 4-16 白玉子料原石
（图片来源：李霞提供）

图 4-17 青玉子料原石

图 4-18 青花玉子料原石
（图片来源：杨忠全提供）

图 4-19 糖白玉子料原石
（图片来源：杨忠全提供）

图 4-20 墨玉子料原石

图 4-21 碧玉子料原石

隙特征及表面皮色等方面具有很多独有的特征。子料原石的宏观形态以浑圆状、卵石状为主，磨圆度好，无尖锐棱角且表面过渡圆滑，还有随形的扁平状（图 4-22）、三角状（图 4-23）、橄尖形（图 4-24）、异形（图 4-25）等。表面常可见有裂隙，一些大块子料表面裂隙分布具有一定规律，裂隙内常充填其他物质。在表面微细特征方

图 4-22 近似方形扁平状和田玉子料原石

图 4-23 三角状和田玉子料原石
（图片来源：国家岩矿化石标本资源共享平台）

图 4-24 橄尖形和田玉子料原石
（图片来源：杨忠全提供）

图 4-25 异形和田玉子料原石
（图片来源：杨忠全提供）

第四章 和田玉的分类及其特征

面，由于在水流长距离搬运过程中，玉石被不断地翻滚、冲击、碰撞以及相互磨蚀，棱角逐渐被磨圆的同时，还留下许多如"汗毛孔"（图4-26）、"指甲纹"（图4-27、图4-28）、"砂眼"等表面特征。又因常年流水的冲刷磨损和次生物质的渗入，子料的表面受到不同程度的化学侵蚀，从而可形成厚度不等、颜色各异的皮壳（图4-22～图4-25）。

图4-26　白玉子料表面的"汗毛孔"
（图片来源：杨忠全提供）

图4-27　白玉子料表面呈弧形的"指甲纹"
（图片来源：张勇提供）

图4-28　深青玉子料表面呈弧形的"指甲纹"
（图片来源：杨忠全提供）

此外，和田玉子料的皮壳特征与玉质之间存在一定相关性。研究表明，"汗毛孔"的大小能反映玉质的粗细；表面出现"砂眼"表明子料内部的不稳定矿物（如黄铁矿等）处出现凹坑；"礓"的分布特点可以反映玉料品质，若"礓"呈星点状分布，则表明玉石的均一性较差。

和田玉子料的稀缺性与独特性，使高品质的子料原石受到收藏家的喜爱与追捧，经过雕刻家精心设计雕琢后的子料成品也具有极高的艺术价值（图4-29、图4-30）。

图 4-29　白玉子料雕件"双禄"
（图片来源：摄于天雅古玩城）

图 4-30　带洒金皮白玉子料对牌

四、戈壁料

戈壁料是早期形成的子料或山流水料，被流水搬运冲出沟谷至山外开阔地带，或由于河流改道，和田玉原石沉积留在气候干旱的戈壁滩，经长期的风蚀作用形成以沙蚀表面为特征的戈壁料。戈壁料主要产于我国新疆若羌县、策勒县、叶城县、莎车县及喀什。戈壁料按外观颜色分类有白玉、青白玉、青玉、黄白玉、黄玉、碧玉、青花料、黑青玉等品种，以若羌黄玉戈壁料最为名贵。

由于经过一定时间、距离的翻滚搬运和风沙的磨蚀作用，戈壁料形成了独特的外观，其主要特点有：外形整体呈扁平状或板状，具有一定的磨圆度，主要呈次棱角状（图 4-31），少数呈次圆状；质地细腻，油脂光泽较强；表面可见大小不等、形状各异的风蚀坑（图 4-32），凹凸不平，具有独特的似麻点状的表面构造，坑内光泽与表面基

图 4-31　戈壁料呈次棱角状

图 4-32　戈壁料表面可见风蚀坑

本一致；有时具有风化表面，裂纹处存在细小颗粒胶结物。另外，戈壁料很少见大块，以中小块为主。

戈壁料具有自然风沙抛光效果，油脂感和柔润度极强，无须再复杂加工即可成为一件精美的玉石工艺品（图4-33、图4-34）。戈壁料具有的独特沙蚀外观，使其在经过巧妙设计雕刻后展现别样的风格与意境（图4-35、图4-36）。

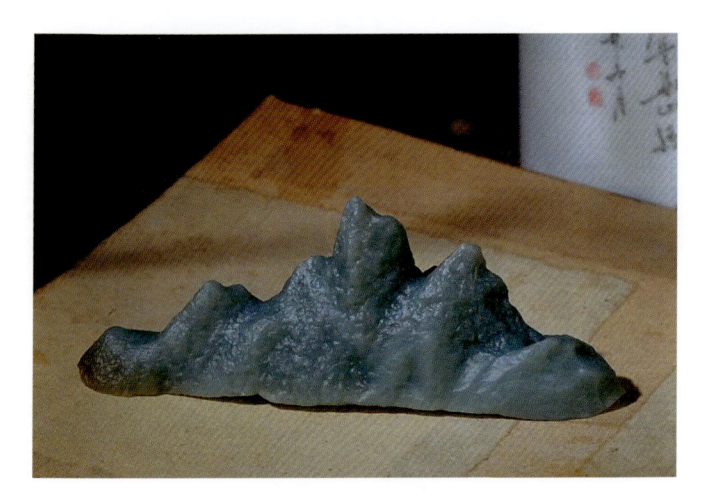

图4-33　戈壁料笔架山
（图片来源：刘丽娜提供）

图4-34　戈壁料玉牌
（图片来源：刘丽娜提供）

图4-35　戈壁料龙龟摆件
（图片来源：刘丽娜提供）

图4-36　戈壁料"李白邀月"摆件
（图片来源：刘丽娜提供）

第二节
和田玉皮壳的分类及其特征

皮壳，又称为"皮"，在和田玉的价值构成中，历来占有十分重要的分量。古人称皮壳为"璞"，"璞玉"则指皮壳下蕴藏有玉之石，又有未经雕琢之玉的意思。《韩非子·和氏》关于和氏璧有云："楚人和氏得玉璞楚山中，奉而献之厉王……王乃使玉人理其璞，而得宝焉。"前面的"玉璞"指未经雕琢之玉，后面"理其璞"理的是皮壳下蕴藏有玉之石。又有《孟子·梁惠王下》道："今有璞玉于此，虽万镒，必使玉人雕琢之。"明代科学家宋应星于《天工开物·珠玉》记载道："凡璞藏玉，其外者曰玉皮，取为砚托之类，其值无几。璞中之玉有纵横尺余无瑕玷者，古者帝王取以为玺，所谓连城之璧，亦不易得。其纵横五六寸无瑕者，治以为杯，此亦当世重宝也。"可见璞玉在古代已是珍贵之宝。20世纪初爱国学者谢彬考察新疆后有关和田玉记载："有皮者价尤高。皮有洒金、秋梨、鸡血等名，盖玉之带璞者，一物往往数百金，采者不曰得玉，而曰得宝。"可见直到现代，璞玉也深受人们重视与珍爱（图4-37）。

当裸露或埋藏在河流泥沙中的玉砾石经受后期长时间的风化作用或次生氧化作用，表面会受到不同程度的侵蚀，以及铁、锰离子的浸染，或原生玉体的铁染层与外界进行长期的物质交换，并遭受风化侵蚀作用，从而在和田玉表面形成厚度不一、

图4-37 重达100千克的红皮白玉子料原石

颜色各异、毛孔大小不同的皮壳。

根据和田玉皮壳的成分、产状、厚度等特征，分为色皮和石皮两种类型：色皮是玉的外皮有一层较薄的带有颜色的皮，为次生氧化所致，常见于子料和山流水料；石皮是玉石外层附着的包裹玉的围岩或蚀变表皮，俗称"石包玉"，在山料和子料中都有存在。

一、色皮

色皮是指和田玉表面较薄的带颜色的外皮，一般出现在子料中，也可见于山料和山流水料中。色皮的厚度很薄（一般小于1毫米），颜色多以黄色、橙色、红色、褐色、黑色为主，以褐黄色最为常见，可有两种或多种颜色叠加的现象，形态各异，可形成脉状、云朵状、散点状等。根据和田玉子料表面皮色和形状的不同，具有各自比较形象的名称，如枣红皮（图4-38）、枫叶红皮（图4-39）、秋梨皮（图4-40）、洒金皮（图4-41）、虎皮（图4-42）、黑油皮（图4-43）、芝麻皮等，这些通俗名称虽然没有统一的标准，但比较适合业内的交易和交流。如"秋梨皮"是在大面积的浓重秋梨褐黄色的色皮基础上又布满点状红色色皮，"虎皮"指在棕色色皮基础上附有深红色或黑色的条带斑纹状的色皮，"黑芝麻皮"是芝麻粒状分散分布于表皮的黑色色皮。

图4-38 枣红皮子料

图4-39 枫叶红皮子料
（图片来源：李霞提供）

图4-40 秋梨皮子料

图4-41 洒金皮子料

图4-42 虎皮子料
（图片来源：马可提供）

图4-43 黑油皮子料
（图片来源：李霞提供）

沁色作为皮色的一种，一般呈黄褐色（图4-44）、黑色等，有层次浓淡的变化（图4-45）。与皮色的不同之处在于通常皮色分布于光滑的子料皮上，而沁色分布于子料裂隙和结构疏松的部位。沁色常呈团块状、脉状分布，深度比皮色大，可达几厘米。

图 4-44 青花点墨子料带黄沁色
（图片来源：李霞提供）

图 4-45 黄沁子料"府上有龙"挂件
（图片来源：王金高提供）

相关研究表明，色皮为次生氧化成因，一般认为，褐色、黄色皮的颜色是褐铁矿所致，红色皮的颜色是赤铁矿所致，黑色皮是由含锰次生矿物与含铁次生矿物的混合物致色。同等质量的子料，若带有黄皮、红皮等天然皮壳，其价值更高。此外，色皮的颜色与内部玉质颜色并无直接关系，同一皮色的和田玉其内部玉质颜色可以不同。研究表明，和田玉皮色的形成主要与其周围沉积环境有关，如周围埋藏砂土层含铁离子的丰富程度、水含量及酸碱度等因素。而皮色的颜色深浅和厚薄与和田玉的结构致密程度有关，结构越致密，皮色愈浅，厚度愈薄；反之，则皮色愈深，厚度愈厚。

目前市场上，拥有美观色皮的和田玉价值高于不带色皮者（图4-46~图4-49），如颜色浓艳的秋梨黄色、红皮价格都较贵，有多种色彩如黄、红、黑等多色聚集的皮色

图 4-46 黄皮白玉"一马当先"雕件

图 4-47 秋梨皮白玉牛壶
（图片来源：王金高提供）

图 4-48 洒金皮白玉雕件
（图片来源：摄于天雅古玩城）

图 4-49 红皮白玉观音雕件

更是弥足珍贵。但近年来，有许多卖家与藏家收藏子料时重皮而轻肉，有舍本逐末、买椟还珠之嫌，和田玉的价值基础，其核心应该还是在玉质本身。好的色皮虽可使子料增值，但并非是子料质量评价的决定性因素。

二、石皮

石皮指和田玉原料外表面包裹玉质的围岩部分或蚀变表皮（图 4-50），有全包裹或部分包裹，在山料和子料中均可见，也被称为石包玉。石皮壳层有薄有厚，厚度大体均匀，颜色各异，可见黑色、黄色、白色等。石皮壳的成分通常为透闪石化的白云石大理岩、粗晶透闪石岩、透辉石岩等。青海山料的石皮分为两种，一种以碳酸盐围岩为主，呈纤维状，易受风化侵蚀且逐渐粉末化，形成薄的白色石皮壳；另一种为以透闪石为主的石皮壳，粗晶透闪石在玉体表面附着，石、玉界线明显，过渡清晰。

石皮通常会做切除剥离处理，但遇到有特色的石皮，经过玉雕师创新设计，石皮也能起到衬托作用（图 4-51）。具有石皮的玉面在玉雕工艺层面上有一种特定的说法，称为阴阳面。阳面就是无石皮的玉面，反之则是阴面。

图 4-50　石皮白玉子料原石　　　　图 4-51　石皮白玉雕件

被石皮完全包裹的和田玉在市场上通常被视为赌石料，常具"赌性"。赌石料通常"石"与"玉"存在边界，可以相互分离，因而需要将外层皮壳切割开方能确定内部玉石的多少以及玉质的优劣。赌料的判别只能完全凭专业人士多年积累的经验，即使是行

家也常有判错的可能,所以常有"神仙难断寸玉"之说。

玉石皮壳是大自然留下的特殊印记,皮壳的存在尤其是和田玉子料的色皮不仅可以增添玉料的经济价值,经过俏雕工艺,还能赋予其更高的美学价值。由于带色皮和田玉的子料价格飞涨,市场上出现许多"仿皮料",以假乱真。假皮壳常是通过沁入金属盐染料染色或加入天然致色矿物质采用滚筒抛磨制成,来模仿天然和田玉皮壳。如何辨别和田玉真假皮壳的具体内容将在本书第六章第三节叙述。

第三节
和田玉的颜色分类及其特征

古人对和田玉颜色的认知由来已久,据傅恒等《钦定皇舆西域图志》所记载:"和阗玉河所出玉有绀(紫红色)、黄、青、碧、白数色。"又有椿园七十一《西域闻见录》所言:"叶尔羌所产之玉,各色不同,有白、黄、赤、黑、碧诸色。"可见自古以来,颜色一直是和田玉分类的依据。

根据我国国家标准《和田玉 鉴定与分类》(GB/T 38821—2020),按照和田玉的颜色及其特征,将其分为白玉、青白玉、青玉、碧玉、黄玉、糖玉、墨玉和翠青玉八大类。

2013年,我国国家标准《和田玉实物标准样品》(GSB 16—3061—2013)颁布实施。这套实物标准样品包含了白玉、青白玉、青玉、糖玉、碧玉、墨玉共六块样品(图4-52),

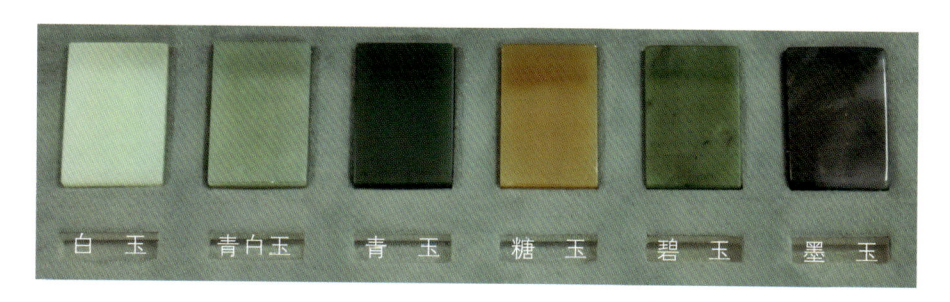

图 4-52 和田玉实物标准样品
(图片来源:国家标准 GSB 16—3061—2013)

其中白玉、青白玉是对应类别中颜色的下限标准样品，青玉、碧玉、墨玉、糖玉是对应类别中颜色的代表样品。

一、白玉（白色系列）

白玉是和田玉中的优质品种，其主体颜色呈白色（图4-53），可带有极轻微的其他色调，常微带灰绿、淡青（图4-54）、褐黄、肉红、紫灰等色调。质地纯净，呈不同程度的油脂光泽（图4-55、图4-56），透明度以半透明和微透明为主。

图4-53　白玉弥勒佛挂件
（图片来源：王金高提供）

图4-54　白玉"龙行天下"挂件
（图片来源：王金高提供）

图4-55　白玉镶嵌成品首饰

图4-56　白玉"祥云瑞鹤"挂牌

对白玉而言，品质最好的称为羊脂白玉（图 4-57、图 4-58），因其外观似凝固的肥羊脂肪而得名。它的颜色呈脂白色，质地细腻滋润，光洁坚韧，绺裂较少，可含有少量石花等杂质。古往今来，羊脂白玉始终被世人所珍爱，西汉的皇后之玺正是用温润无瑕的羊脂白玉精心雕琢而成（图 1-30）。

图 4-57　白玉壶
（图片来源：国家岩矿化石标本资源共享平台）

图 4-58　白玉子料观音雕件
（图片来源：马可提供）

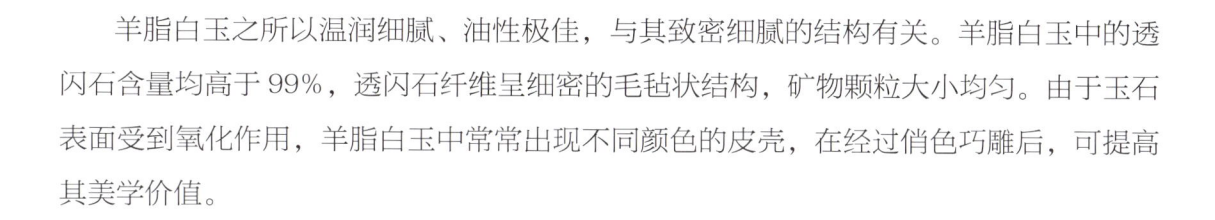

羊脂白玉之所以温润细腻、油性极佳，与其致密细腻的结构有关。羊脂白玉中的透闪石含量均高于 99%，透闪石纤维呈细密的毛毡状结构，矿物颗粒大小均匀。由于玉石表面受到氧化作用，羊脂白玉中常常出现不同颜色的皮壳，在经过俏色巧雕后，可提高其美学价值。

二、青白玉（青白色系列）

青白玉主体颜色介于白玉和青玉之间，呈浅至中等的青白（图 4-59）、灰青白等色调，是白玉和青玉的过渡品种。青白玉质地较细腻，可与白玉相媲美，成品呈半透明至微透明，常用来制作薄胎器皿（图 4-60）。其产量相对大于白玉，是和田玉市场中较常见的品种。

青白玉中透闪石矿物含量较高，可达 98%。由于含有少量二价铁离子，因而带有青绿色，且二价铁离子的含量越高，和田玉的颜色就越青。我国现行国家标准《和田玉实物标准样品》(GSB 16—3061—2013)中研制了青白玉对应颜色的下限标准样品,可通过标准样品的比对来确定青白玉与青玉的种类。

图 4-59　青白玉龙凤双瓶
(图片来源:国家岩矿化石标本资源共享平台)

图 4-60　青白玉四季果盘
(图片来源:王金高提供)

三、青玉(青色系列)

青玉主体颜色呈中等至深的青(图4-61)、灰青、黄绿等色调,颜色柔和均匀,有时可带有少量糖色或黑色。油脂光泽至玻璃光泽,半透明至不透明,偶见绺裂、杂质及其他瑕疵。由于青玉颜色古朴沉稳,同时具有良好的韧性,所以成为薄胎器皿的首选材料(图4-62),尤其在灯光的映衬下,更显得精美绝伦。青玉是和田玉中最常见的品种,分布广、产量大,在各产地均有产出。小块料常被雕琢成挂件或手把件等(图4-63),大块料常被雕琢成大的摆件,也具有较高的观赏价值和艺术价值(图4-64)。

青玉的矿物组成以透闪石或阳起石为主,有时少见有铁阳起石,其伴生矿物有透辉石、蛇纹石等。整体结构十分致密、细腻,油润度高。根据测试分析,白色—青色系列和田玉的颜色与其组成矿物透闪石中二价铁离子的含量相关,青玉的二价铁离子含量为1.030%,高于青白玉的0.610%,高于白玉的0.206%。

图 4-61　青玉香薰瓶
(图片来源:王金高提供)

图 4-62　青玉缠枝花纹壶
（图片来源：王金高提供）

图 4-63　青玉"连年有余"挂件
（图片来源：王金高提供）

图 4-64　黑青玉"四方乾坤"瓶
（图片来源：王金高提供）

黑青玉属于青玉的一种，正常光线下呈黑色或黑青色（图 4-65），打透光观察一般呈现一种很深的青色调，有些密度极高的几乎不透光。黑青玉外观与黑碧玉相似，区别在于黑青玉是由铁离子致色，透光下呈深青色调。产自新疆塔什库尔干的"塔青"是黑青玉中的极品（图 4-66），其油润度更高，质地更加致密细腻，透光度更低。

图 4-65　黑青玉错金手镯
（图片来源：李君正提供）

图 4-66　"塔青"手镯
（图片来源：李君正提供）

四、碧玉

碧玉主体颜色呈浅至深的绿、青绿（图 4-67）、灰绿（图 4-68）、暗绿、墨绿等色调，颜色柔和温润，质地致密细腻，呈油脂光泽。有时自然光下或透光观察可见少量黑色或绿色斑点稀疏分布（图 4-69），其中黑色斑点状杂质为铬铁矿，绿色斑点通常为钙铬榴石（图 4-70）。碧玉作为和田玉的主要品种之一，绿色温润，色浓正阳，自古以来深受人们的喜爱，以颜色纯正无杂质、不含其他色调的绿色为上品。常用于制作首饰（图 4-71）和器皿（图 4-72）等，是历来玉雕工艺品的上乘之选。

图 4-67　碧玉"同心共饮"对杯
（图片来源：王金高提供）

图 4-68　碧玉"旭日东升"玉牌
（图片来源：王金高提供）

图 4-69　碧玉"多子多福"雕件
（图片来源：王金高提供）

图 4-70　碧玉河马雕件
（图片来源：Walters Art Museum, PublicDomain）

图 4-71　碧玉错金佛字念珠

图 4-72　碧玉龙纹瓮

碧玉是由镁质大理岩及超基性岩经过热液蚀变形成，其颜色主要取决于其透闪石中微量元素种类及含量，以及原生有色杂质矿物和次生矿物的影响。碧玉深绿色的产生主要是含较多的铁所致，其翠绿色主要是由铬含量决定，而锰的存在会导致碧玉呈黄褐色调。碧玉与青玉相比，两者的外观特征、致色成因都不同。虽然一些碧玉肉眼观察外观接近黑色，但在强聚光下较薄部位呈现碧绿色，这是由于碧玉的致色元素除了铁之外，还含有铬和镍，而青玉则不含铬和镍。

碧玉的结构为典型的纤维交织变晶结构，当一组透闪石纤维呈平行定向排列时，可以切磨出底面平行于透闪石纤维的弧面，呈现猫眼效应的碧玉，即碧玉猫眼（图 4-73~图 4-75）或具有猫眼效应的碧玉雕件（图 4-76），很有特色。品质好的碧玉猫眼，眼线集中且能左右移动，同时要求碧玉底色饱和度要高，有一定的透明度，油润度也要好，如一汪绿泉。

黑碧玉也叫墨碧玉，又称"黑美人"（图 4-77、图 4-78），属于碧玉的一种。因为含有铬和铁而形成深绿色，透射光下呈绿色，也常见黑点，产量稀少。

图 4-73　金镶碧玉猫眼吊坠
（图片来源：刘丽娜提供）

图 4-74　金镶碧玉猫眼戒指

图 4-75　碧玉猫眼珠串

图 4-76　碧玉猫眼"降龙罗汉"雕件
（图片来源：刘丽娜提供）

图 4-77　墨碧玉印章
（图片来源：刘丽娜提供）

图 4-78　墨碧玉蟋蟀平安花插
（图片来源：王金高提供）

五、黄玉

黄玉主体颜色呈浅至中等的黄（图 4-79～图 4-81）、绿黄、栗黄等色调。古人以"黄侔蒸梨"色者为最佳，根据黄玉色调不同，珠宝行业中有蜜蜡黄、蒸栗黄、秋葵黄、鸡油黄（图 4-82）、鸡蛋黄、小米黄、黄杨黄等俗称品种，其中蜜蜡黄、蒸栗黄极为罕见。市场上大部分黄玉颜色较淡，颜色浓艳鲜亮的极为罕见，优质的黄玉价值不亚于羊脂白玉，主要产于新疆的若羌县。黄玉多呈油脂光泽，半透明至微透明，质地细腻，偶见绺裂、杂质等瑕疵。

图 4-79　黄玉笑佛挂件
（图片来源：王金高提供）

图 4-80　带糖色黄玉"喜事连连"挂件
（图片来源：王金高提供）

图 4-81　黄玉镂空麻花手镯
（图片来源：王金高提供）

图 4-82　鸡油黄黄玉手镯
（图片来源：马可提供）

黄玉的主要矿物成分为透闪石，致色元素以三价铁离子为主，其颜色为原生色，与黄玉有着相似外观的浅褐黄色糖玉常与之混淆，而两者的本质区别在于黄玉的颜色为原生色，而糖玉为次生氧化物浸染致色。

由于"黄"为"皇"的谐音，再加之浓郁的栗黄、秋葵黄极为罕见，黄玉在清代备受帝王钟爱，在历史上其地位也曾超过羊脂玉而名列首位。黄玉雕佛手式花插、黄玉雕夔纹活环壶（图 4-83）、黄玉雕像驮宝瓶、黄玉雕连环璧（图 4-84）等清代的黄玉摆件也已成为稀世珍品。

图 4-83　黄玉雕夔纹活环壶（清）
（图片来源：摄于故宫博物院）

图 4-84　黄玉雕连环璧（清）
（图片来源：摄于故宫博物院）

黄口料是对青黄色调（图 4-85）和黄绿色调（图 4-86）黄玉的统称。颜色均匀柔和，有时可见黄褐色、白色等杂质矿物。呈半透明—微透明，质地较细腻，油性一般。黄口料产于我国新疆（若羌、且末、黑山等）、青海、辽宁等地，并以新疆若羌和黑山所产为最佳。多为山料，鲜有子料，块度大小不一。玉质好的黄口料常加工成小挂件、玉牌等，大块的黄口料则雕刻成山子、摆件等。

黄口料的主要矿物组成为透闪石，其他矿物含量很少。研究表明，黄口料的黄绿色是三价铁离子的电子跃迁导致，锰离子对黄绿色有抑制作用，钛离子则会导致黄色调的加强。

图 4-85　黄口料关公玉牌
（图片来源：刘丽娜提供）

图 4-86　黄口料玉壶

六、糖玉

糖玉是主体色调为糖色,且糖色百分比不低于85%,表现为浅至深的红褐色(图4-87)、褐色(图4-88)、褐黄色(图4-89)或黑褐色等色调,因颜色似红糖而得名。糖玉常为山料,质地细腻,呈半透明至微透明,可有绺裂、杂质及其他瑕疵。市场上常根据糖的颜色又分为红糖玉(图4-90)和黄糖玉,红糖玉因颜色浓郁价值较高。

糖色是和田玉原生矿在暴露于地表或近地表时,受铁、锰氧化物或氢氧化物浸染形成,属于次生色。糖玉的内部,俗称"肉",通常为白玉、青白玉或青玉,糖色可呈均

图4-87 糖玉"望子成龙"手把件
(图片来源:刘丽娜提供)

图4-88 糖玉"金枝玉叶"吊坠
(图片来源:王金高提供)

图4-89 糖玉香插
(图片来源:王金高提供)

图4-90 糖玉牛壶
(图片来源:王金高提供)

匀分布或絮状分布（图4-91）；因受浸染程度不同，糖色可厚可薄（图4-92），厚度在几毫米到几十厘米不等，通常附着在肉的表层，呈过渡关系，也可沿裂隙分布。

图4-91　糖色由边缘（上部）呈絮状逐渐过渡到内部呈均匀分布

图4-92　褐红色糖色的厚薄变化

软玉的3个著名产地——我国新疆、青海及俄罗斯皆产出带有糖色的软玉，其中，新疆的糖色层一般较薄，糖色层与白玉层界线明显，过渡色较少，糖色层颜色饱和度高，裂纹少，质量较高。青海的糖色层多为浅黄褐色，糖色分布无规律性，变化范围大，常见点状分布的"芝麻糖"和无规则延伸的"串糖"。俄罗斯的糖色层与内部玉石间界线不明显，雾状深色糖皮较多，大多糖皮层较厚，裂纹比较发育，影响内部质量，常具"赌性"。

根据我国国家标准《和田玉　鉴定与分类》（GB/T 38821—2020）中规定：糖色所占比例约为85%以上（图4-93），直接命名为和田玉（糖玉）；糖色部分比例介于30%～85%，参与命名，直接命名为和田玉（糖××玉），例如糖白玉（图4-94）、糖青白玉、糖青玉、糖黄玉等；糖色所占比例小于30%时不参与命名，附注说明"带糖色"（图4-95）。

糖色在最初被视为玉料上的杂色瑕疵，在设计加工时为了追求纯净度，往往会尽量避免糖色而去除糖色部分。近些年来，和田玉资源日益稀缺，收藏界逐渐把目光投向了糖玉，糖色经过玉雕大师的精心设计雕琢，通过俏色巧雕（图4-96～图4-98），使和

图4-93　糖玉手镯
（图片来源：马可提供）

图4-94　糖白玉手镯
（图片来源：马可提供）

图4-95　带糖色白玉手镯

田玉成品锦上添花,越来越受到收藏者的喜爱,价值也大大提升。

图 4-96　俏糖色白玉禅意摆件　　　图 4-97　俏糖色白玉老虎玉牌　　　图 4-98　俏糖色青白玉观音摆件

七、墨玉

墨玉的主体颜色呈灰黑至黑色,由细微的石墨包裹体矿物致色,且黑色部分占比不低于 30%(图 4-99、图 4-100),否则不能称为墨玉,而是备注"带墨色"。墨玉的基底可以是白玉、青白玉、青玉、碧玉、糖玉等,市场上较常见的是以白玉、青白玉、青玉为基底的墨玉。

图 4-99　墨玉子料雕件
(图片来源:国家岩矿化石标本资源共享平台)

图 4-100　墨玉祥龙香薰
(图片来源:刘丽娜提供)

墨玉的成分以透闪石为主,透闪石多为柱状、纤维状,石墨等黑色包裹体分布其间。由于石墨含量不同,分布方式不同,墨玉有全墨、聚墨、点墨之分。全墨即"黑如纯漆"

者，通体墨色，强光下几乎不见白光，乃是上品，十分少见，多用于制作器皿，加入错金银工艺等（图4-101）。聚墨指石墨在基底玉种中聚集，墨色并未填满，呈云雾状、条带状分布（图4-102），可用作俏色巧雕。点墨指墨色呈点状分布（图4-103），偶见绺裂杂质。

图4-101　全墨墨玉错金手镯　　　图4-102　聚墨墨玉手镯　　　图4-103　点墨墨玉手镯

青花玉，是和田玉分类中的商业名称，"青花"是对一块玉石上墨、白两色的整体叫法。业界一般认为青花玉属于墨玉的一种，其墨色呈斑点状、条带状、云雾状、片状分布于白玉、青白玉或青玉的基底中。目前，业界对青花料的墨色与白肉比例没有严格的界限，但检测时，墨色占比30%以上才可定为墨玉。市场上的青花玉大多产自新疆玉龙喀什河和喀拉喀什河流域、叶城以及青海。

浓淡聚散、远近虚实，如同泼墨山水画般的意境使墨玉、青花玉深受收藏者的喜爱，经过巧妙地设计加工就可成为上好的俏色作品（图4-104、图4-105）。好的墨玉、青

图4-104　青花玉小狗雕件　　　图4-105　墨玉子料"和和美美"摆件
（图片来源：国家岩矿化石标本资源共享平台）

花玉玉雕作品具有较高的艺术观赏和收藏价值。

八、翠青玉

翠青玉是部分或整体颜色呈浅绿至翠绿色，主要致色元素为铬，且绿色部分占比不低于5%，常见绿—白（灰白）（图4-106）、绿—白（灰白）—烟青等颜色组合（图4-107）。与青玉、碧玉的绿色不同，翠青玉的绿色清新俏丽，给人以生机盎然的感觉，近年来已被行业认知和追捧。

绝大部分翠青玉出自青海山料，新疆料和俄料中也有少量出现，常与白玉、青白玉共生，呈脉状产出，翠色分布多呈条带状，也有呈团块状和星点状。翠青成品有全翠的（图4-108），也有俏色的（图4-109）。

翠青色与其他颜色组合出现时，让玉雕师有了更多想象的空间，成品色彩别具一格，令人赏心悦目，爱不释手（图4-110、图4-111）。

图4-106 翠青手镯
（图片来源：马可提供）

图4-107 翠青玉"连胜三级"挂件
（马军委，2019）

图4-108 翠青白菜挂件

图4-109 翠青仕女玉牌

图4-110 翠青—烟青"花开富贵"玉牌
（图片来源：刘丽娜提供）

图4-111 翠青俏色摆件
［图片来源：摄于兰德纵贯文化发展（北京）有限公司］

第四节
和田玉的其他品种及其特征

和田玉八大类经典颜色品种可以单独存在，有时整件和田玉可存在两种及两种以上颜色，如糖白玉即由白色和糖色组成。此外，市场上还有一些特殊的颜色和质地品种，如沙枣青、鸭蛋青、烟青玉、金星青玉、藕粉料（玉）、晴水料等商贸名称品种，这些特殊品种前后进入玉石市场，正在经受市场的考验。

一、沙枣青

沙枣青，属于青玉的一种，因其颜色像固沙法宝——沙枣树树叶而得名。常见的颜色有青色、青白色，带有蓝灰色调。沙枣青的主要矿物为透闪石，由于内部矿物晶体定向排列，大部分沙枣青表面会出现丝绢光泽（图4-112）。优质的沙枣青几乎无结构，玉质细腻软糯（图4-113），透光性差，触之有脂感又微微滞手。

图 4-112　沙枣青手串
（图片来源：马可提供）

图 4-113　红皮沙枣青手镯
（图片来源：徐昊提供）

二、鸭蛋青

鸭蛋青，属于碧玉的一种，因颜色类似鸭蛋壳而得名。鸭蛋青玉质细腻温润，脂感均匀（图4-114），瑕疵极少，几乎没有"发干"的料子，使其成为较为高档的玉料。鸭蛋青中颜色更偏蓝调、脂粉感更足的被称为"粉青"（图4-115），其玉质也非常细腻，数量稀少，价格较高。

图4-114　鸭蛋青佛雕件
（图片来源：刘丽娜提供）

图4-115　粉青手镯
（图片来源：刘丽娜提供）

三、烟青玉

烟青玉，是带有浅灰紫色调的玉石，是青海料中极为独特的品种。其外观宛如烟雾缭绕，这种"烟"可呈黑紫色、灰紫色（图4-116）、蓝紫色等，内部几乎不含石墨包体，其灰紫色调是由二价铁离子、钛离子的电荷转移导致。大多数烟青玉产于青海三岔河，质地较细腻，透明度较高，水润感足，可见有石花、"水线"、褐色斑点等。

一般来说，品质越好的烟青玉，颜色越偏于紫色，但是紫色越浓重，质地不一定越好，一般将紫色调重的称为"烟紫"（图4-117）。

图 4-116　俏烟青色白玉白菜摆件

图 4-117　烟紫色烟青玉手串
（图片来源：刘丽娜提供）

四、金星青玉

金星青玉是青玉中一个颇具特色的品种，主要产于青海。玉料在深青色底色上可见带有金属光泽的黄铁矿晶体，呈星点状分布（图 4-118），与阿富汗青金石的"金星"相似，因而得名。这种玉石制作的成品极具观赏性（图 4-119），在市场上也较受欢迎。

图 4-118　金星青玉手串
（图片来源：徐昊提供）

图 4-119　金星青玉杯
（图片来源：陈志勇提供）

五、藕粉料

藕粉料和田玉是近几年市场上刚兴起的一种少见玉石，主要呈浅粉—深粉色调（图4-120），微透明至半透明。结构细腻，质地油润清透（图4-121）。研究表明，其颜色可能与微量的锰元素有关。

图4-120　藕粉料和田玉无事牌
（图片来源：刘丽娜提供）

图4-121　藕粉料和田玉手串
（图片来源：李君正提供）

六、晴水料

晴水料指的是底子水润冰透，带有浅淡蓝绿色调的玉料（图4-122、图4-123），属于青海山料的一种。晴水料的颜色清新淡雅，玉质通透温润，近年来深受年轻人的喜爱与追捧。

图4-122　晴水料和田玉手镯

图4-123　晴水料和田玉壶
（图片来源：刘丽娜提供）

第五章
Chapter 5
和田玉的质量评价

我国近代地质学家章鸿钊在《石雅》中提到"古人辨玉，首德而次符"，形成了"德为质，符为彩"的说法。"德"即玉德，"质"即玉的质地，"符"即玉的色泽，"彩"即玉之美，意思是古人辨玉，首先重视玉的质地优劣，其次看其色泽的美丑。由此可见，古时候的人们就从质地、颜色、光泽等方面评价玉石的品质。

由国家和田玉产品质量检验检测中心（新疆）牵头制定的团体标准《和田玉（白玉）手镯分级》（T/CAQI 221—2021）和《和田玉（碧玉）手镯分级》（T/CAQI 222—2021），是和田玉手镯分级的依据，也为和田玉饰品的质量评价提供参考。标准中规定：对和田玉手镯进行质量评价时，应采用中性白（灰）色背景，在自然光或日光灯下进行，从颜色、质地、净度和加工工艺质量4个方面对和田玉（白玉/碧玉）手镯进行级别划分（图5-1）。

目前，国内比较公认的质量评价主要从和田玉的颜色、质地、光泽、净度、重量大小和工艺6个方面来进行。

图 5-1　不同颜色的优质和田玉错金手镯（左起依次为墨玉、碧玉、白玉）

第一节
和田玉的颜色评价

颜色不仅是划分和田玉种类的主要依据，也是评价和田玉质量的重要因素（详细见第四章第三节）。古人很早就对和田玉的颜色有了深入的认识，正如东汉时期王逸在《玉论》中对玉色的追求："赤如鸡冠，黄如蒸栗，白如截脂，墨如纯漆。"可见优质的和田玉追求颜色浓艳、纯正、均匀和柔和。和田玉的各种颜色评价已在第四章第三节中详细叙述，在此做一个归纳和完善。

一、颜色要素

与翡翠的颜色评价"浓、阳、正、匀"相似，除白玉外的和田玉主要从色调、浓度、纯度、均匀度4个方面考虑。

（1）色调：指主体颜色，以羊脂白玉、白玉、黄玉为珍贵稀有。

（2）浓度：指色彩饱和度，以浓淡相宜者为佳。

（3）纯度：颜色纯度，以纯正无偏色者价值越高。

（4）均匀度：颜色均匀一致者为佳。

二、颜色评价

（一）白玉—青白玉—青玉

白玉总体上颜色越白，质量越好。

羊脂白玉是白玉中的极品，洁白颜色和强油脂光泽契合出柔和均匀肥羊脂肪般的外观（图5-2），产出极少，一般出现于子料。颜色呈柔和均匀白色，可见油脂光泽的白玉也是和田玉的上品。颜色呈较柔和均匀白色，带有极轻微黄、青、绿、灰色调的白玉应该是质量紧随其后的佳品。

青白玉整体为浅至中等的青白、灰青白等色调，颜色柔和均匀且不带杂色调为最佳（图5-3）。整体为浅至中等的青白、灰青白色调，局部可见到颜色深浅不一的青白玉逊色些。整体颜色不均匀且颜色泛褐黄、灰色者再次之。

青玉整体为中等至深的青、灰青、黄绿等色调，颜色柔和均匀且不带杂色调为最佳（图5-4）。整体为中等至深的青、灰青、黄绿等色调，局部带有轻微褐黄、灰色等杂色调的青玉质量紧随其后。整体颜色不均匀且颜色泛褐黄、灰色者再次之。

（二）碧玉

碧玉整体为浅至深的绿、灰绿、青绿、暗绿、墨绿等色调，颜色柔和均匀或浓郁的绿色且无杂色调为最佳（图5-5）。整体颜色带有轻微青、黄、灰等色调，较柔和均匀

图 5-2 白玉手串
（图片来源：王金高提供）

图 5-3 青白玉南瓜壶
（图片来源：王金高提供）

图 5-4 青玉"团圆"素面壶
（图片来源：王金高提供）

图 5-5 碧玉手串
（图片来源：王金高提供）

碧玉次之。整体颜色绿中带有青、黄、灰等色调，颜色不均匀者再次之。

（三）黄玉

黄玉整体颜色呈柔和均匀的蒸栗黄且无杂色调为最佳（图 5-6）。整体颜色呈较为柔和均匀的淡黄、深黄色黄玉也是难得的。整体颜色柔和不均匀，呈淡黄或带有其他色调者次之。由于黄玉产量稀少，所以颜色纯正、质地油润的黄玉的价值不亚于羊脂白玉。

（四）糖玉

糖玉整体颜色呈柔和均匀、饱和度高的红糖色为最佳（图 5-7）。颜色呈红褐色、黄褐色，带有褐色调者其次。颜色发黑发暗者再次之。

（五）墨玉

墨玉整体为全墨色，黑如纯漆、柔和均匀为最佳（图5-8）。聚墨呈云朵状、条带状分布在白玉、青白玉、青玉中的墨玉为次之。墨色呈星点状分布者再次之。

图5-6　蒸栗黄黄玉双龙吉祥瓶
（图片来源：王金高提供）

图5-7　糖玉手串
（图片来源：马可提供）

优质青花玉的基底颜色要求洁白纯正、不带灰色等杂色调，墨色与白色的分布黑白分明、整体显示水墨画般的美好意境（图5-9）。

图5-8　全墨色墨玉貔貅雕件
（图片来源：马可提供）

图5-9　优质青花玉山水牌

（六）翠青玉

翠青玉以白色部分纯正柔和、绿色部分鲜艳者为最佳。

另外，对于两种及以上颜色的和田玉，如带有皮色、糖色（图5-10）、翠色时，颜色搭配合理、俏色巧妙新颖者（图5-11），会使成品增色不少，一定程度上会提升其价值。

图 5-10　俏糖色白玉"功名富贵"雕件
　　　　（仵涛作品）

图 5-11　翠青—烟紫"福寿"手把件

第二节
和田玉的质地评价

质地是评价和田玉品质最重要的因素。质地是指组成玉石的矿物颗粒大小、形状、均匀程度及颗粒间相互关系等因素产生的综合特征，行业中俗称"细度"。

一、质地评价

依据团体标准《和田玉（碧玉）手镯分级》（T/CAQI 222—2021），将和田玉的质地分为极细腻、细腻、较细腻、不细腻 4 个级别。

（1）极细腻：无颗粒感，结构极均匀，观感极油润。

（2）细腻：颗粒感不明显，结构均匀，观感油润。

（3）较细腻：颗粒感较明显，结构较均匀，观感较油润。

（4）不细腻：颗粒感明显，结构不均匀，观感不油润。

一般而言，和田玉的组成矿物颗粒越小、分布越均匀、颗粒之间结合越紧密，其质地就越细腻，价值也就越高。优质的和田玉由极细的纤维状透闪石交织呈"毛毡状"，结构致密、颗粒分布均匀、无杂质，呈现质地细腻、纯净坚韧、光泽油润的外观（图5-12、图5-13）。

图5-12　质地极细腻的洒金皮白玉貔貅手把件

图5-13　质地极细腻的白玉佛手手把件

二、质地与油脂光泽的产生

和田玉最典型的光泽是油脂光泽。西汉《礼记·聘义》中有"昔者君子比德于玉焉，温润而泽，仁也"，古人以和田玉温和柔润的特性与君子"仁"的美好品德相比拟，就是因为品质好的和田玉具有很强的油脂性，给人以滋润之感。

和田玉的质地直接影响其特殊光泽的产生，是入射光进入玉石内部产生漫反射、散射等所表现出来的光学现象，产生油脂光泽的强弱与其质地相关，质地越细腻均匀，油润度越好，适当抛光表现出的油脂光泽也越强，价值也越高（图5-14、图5-15）。

图 5-14　白玉子料莲花观音手把件
（图片来源：马可提供）

图 5-15　洒金皮白玉子料貔貅雕件
（图片来源：李君正提供）

第三节
和田玉的净度评价

净度指的是存在于和田玉中的点状物、絮状物、石花、绺裂等以及延伸到表面的天然内含物对其美观和（或）耐久性的影响程度。和田玉的瑕疵主要有杂质、石花（浅色或白色矿物）、绺裂、破口等。瑕疵少、净度高的和田玉价值更高。

一、内部瑕疵

（一）杂质

俗称为"脏"。包括和田玉中常见的与主体颜色不同的点状物，为白色或黑色的残留矿物或共生矿物，或是由褐铁矿等次生矿物引起的黄色—褐黄色色斑，有时也有铁质杂质分布于裂纹处，呈褐色或褐黑色。例如碧玉中呈斑点状分布的黑色铬铁矿，影响了碧玉的净度，降低了其价值。

(二) 石花

也称"石脑""石干",是指玉石中不规则的棉团、羽裂、粗颗粒等(图5-16),主要为透闪石斑晶或交代残余矿物,降低了玉石结构的致密性和均匀性,使其价值降低。

(三) 绺裂

又称"裂纹",是指和田玉在地质作用下形成的呈定向或交错分布的劈理、节理等(图5-17),或在开采和加工过程中造成的不规则的裂隙。绺裂会破坏原有的结构和组成矿物,影响玉石的耐久性和美观性,降低其价值。

图 5-16 和田玉中的石花　　　　图 5-17 和田玉中的绺裂

二、外部瑕疵

外部瑕疵对玉石净度的影响,一般小于内部包裹体影响,大多数不严重的外部缺陷可以通过重新磨制、抛光消除,或者通过设计、镶嵌等方法进行遮挡。

破口是和田玉表面破碎的小口,通过镶嵌可以有效遮挡。刮伤是和田玉表面存在的细小的划伤痕迹,抛光纹是由不恰当的抛光所留下的线状痕迹,这些瑕疵均可通过再次打磨、抛光进行去除,只有大面积的抛光纹才会对净度造成影响。

对于和田玉的净度评价,可将其分为好、一般、差3个等级:

(1) 好:肉眼观察和田玉,无绺裂无杂质(图5-18、图5-19)。

(2) 一般:和田玉中含有少量的包裹体和杂质以及细小的绺裂。

(3) 差:和田玉中含有大量的包裹体、杂质以及较多的绺裂。

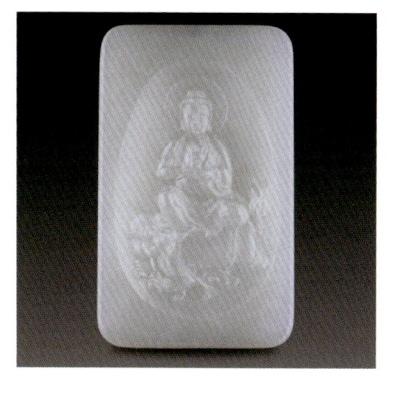

图 5-18　白玉地藏菩萨牌 　　　　图 5-19　白玉"马到成功"牌

第四节
和田玉的重量大小评价

重量大小是和田玉评价中的外在因素。在颜色、质地、净度和工艺相同或相近的情况下，和田玉的重量（块度）越大，其价值就越高（图 5-20～图 5-22）。重量是指和田玉整料的大小，而不是累计的大小，例如相同品质的整料取材的和田玉手镯的价值要远超过小料取材的手串的价值。

图 5-20　白玉子料"喜事连连"瓶　　　图 5-21　碧玉痕都斯坦莨苕纹饰瓶　　　图 5-22　白玉十八罗汉大型雕件
（图片来源：王金高提供）　　　　　　　（图片来源：王金高提供）　　　　　　（图片来源：摄于天雅古玩城）

第五节
和田玉的工艺评价

"玉不琢，不成器"，一块璞玉通常需要经过玉雕大师的巧妙构思和精心雕琢，才能将自身的价值最大限度地展现出来。工艺是评价玉雕作品艺术价值的重要标准，也是和田玉雕琢技法和题材的精神表现的综合体现。和田玉雕件成品工艺质量的好坏直接决定其价值的高低，玉雕精良的工艺对于优质和田玉来说会起到好玉备好工的效果。对于一般玉石原石来说，通过"挖脏去绺"取舍得当、设计造型优美、精准雕琢、抛光到位及其互相契合，也能创造出一件精美的、富有艺术感的和田玉玉雕作品。

根据国家标准《玉雕制品工艺质量评价》（GB/T 36127—2018），遵循科学性、合理性和可操作性的原则，从选料用料、造型设计、雕琢制作工艺、配件质量4个方面对和田玉玉雕制品进行工艺质量评价。

一、选料用料

和田玉的开采和使用承载着中国数千年的文化，随着和田玉矿产资源的不断开采，优质的和田玉资源越来越稀缺，合理运用玉石原料已成为现代玉雕工艺的基本原则。对于和田玉原石的选料用料，主要从材质运用、形状运用、颜色运用、皮壳运用和绺裂处理5个方面评价。

（一）材质运用

应充分考虑和田玉的力学性质（韧度高）和化学稳定性，采用恰当的工艺，保证制品的耐久性。对和田玉原料进行合理利用，遮蔽或利用瑕疵，巧妙运用玉料质地具较好均匀性的特点，产生独有的艺术效果，例如利用碧玉的菠菜绿颜色特点雕琢白菜题材（图5-23），利用浓重颜色的青玉制作薄胎工艺展现其古朴沉稳的颜色（图5-24）。合理利用和田玉材质的特殊结构，例如展现特定和田玉原料的猫眼效应，实现价值最大化。

图 5-23　碧玉与白菜题材相协调 　　　　　　图 5-24　青玉薄胎双耳三足鼎
（图片来源：刘丽娜提供）

（二）形状运用

应依照和田玉原料的形状造型，尽可能充分利用原材料，对材料形状的取舍应与设计题材相得益彰。玉雕制品的形状应美观大方，遵循力学平衡原则。

（三）颜色运用

和田玉的颜色利用应与设计题材相吻合（图5-25），充分展现原料颜色的美。满色的玉料应展现其颜色的均匀性和最佳色彩，颜色不均匀的原料应对其恰当地取舍或有层次的处理，剔除或合理利用杂色。颜色对比鲜明的原料应采用俏色雕刻技法，俏色分明，烘托表现题材（图5-26）。

（四）皮壳运用

对和田玉皮壳的利用应与设计题材相吻合（图5-27、图5-28）。原料皮壳取舍得当，不应影响玉雕制品的完整性，应充分利用存在多层色彩的原料皮壳。

图 5-25　青玉与钟馗题材相协调 　　图 5-26　白玉俏红皮与红脸关公题材相协调

图 5-27　颜色斑驳状的石皮与鹰的题材相协调　　　　图 5-28　颜色鲜艳的色皮与凤凰的题材相协调

（五）绺裂处理

和田玉原料中的重大绺裂应剔除，避免影响玉雕制品的耐久性和美观性，局部存在且无法排除的绺裂应得到合理的遮隐或顺势利用，以不影响耐久性及美观性为前提。

综合上述，对选料用料的合理性可分为优、良、中、一般 4 个级别（表 5-1）。

表 5-1　选料用料评级表（国家标准 GB/T 36127—2018）

级别	综合印象	选料用料的合理性
优	用料精准	选料用料合理正确，充分利用了和田玉玉料的形状、颜色及质地的特性。小件成品无瑕疵，无裂绺；中大件成品对绺裂进行合理的遮隐或顺势利用。皮壳的留存不影响造型完整性
良	用料得当	选料用料合理，利用了和田玉玉料的形状、颜色及质地的特性。小件成品有少许瑕疵、裂绺，在隐蔽处；中大件成品对绺裂进行了遮隐或顺势利用。皮壳的利用对造型完整性有一定影响
中	用料尚可	选料用料基本恰当，部分利用了和田玉玉料的形状、颜色及质地的特性。小件成品存在瑕疵、裂绺；对中大件成品绺裂未能进行有效的遮隐。皮壳使用存在不合理性
一般	用料欠佳	选料用料不当，未能利用和田玉玉料的形状、颜色及质地的特性。小件成品存在明显的瑕疵、裂绺；对中大件成品绺裂未能进行遮隐。皮色使用不合理

二、造型设计

雕刻题材的造型设计应根据玉料特点进行设计，造型应具备清晰、流畅和受人喜爱的特点。对于和田玉玉雕制品造型设计的基本要求包括以下五点。

（1）雕刻题材的设计应充分利用和田玉的特性，取势造型、俏色巧雕，充分展示玉质美。如果需要雕琢精细、多层次的题材作品，应选用质地细腻、韧性强的和田玉原料。

（2）雕刻构图布局合理，疏密得当、比例均衡、重心平稳。

（3）纹饰清晰顺畅、精细紧密、简洁大方，有强烈对比和节奏变化。

（4）主题突出、题材新颖，意蕴深刻、情趣盎然。

（5）陪衬物与主体协调，不喧宾夺主。

综合上述，对造型设计的完美性分为优、良、中、一般4个级别（表5-2）。

表5-2 造型设计评级表（国家标准 GB/T 36127—2018）

级别	综合印象	造型设计的完美性
优	神形俱佳	选题高妙，主题突出，创意独特，意蕴深刻，充分利用了原料的特性；构图布局唯美，内容丰富，层次明朗深邃，疏密得当，造型精准，线条清晰流畅，富有艺术感染力（图5-29）
良	神形兼备	选题合理，主题准确，创意有趣，合理利用了原料的特性；构图布局清新，内容充实，层次错落有致，造型准确，线条清晰，有艺术表现力
中	神形平庸	选题合理，主题准确，有效利用了原料的特性；构图布局合理，内容适度，层次分明，造型平庸，线条平顺，有一定的艺术表现力
一般	神形俱散	选题欠妥，主题不鲜明，缺乏创意，未能充分发挥原料的特性；构图布局欠妥，内容单薄，层次模糊，造型失衡，线条失准，艺术效果欠佳

图5-29 碧玉孔雀屏（夏长馨，潘秉衡，1965）

（图片来源：摄于北京工艺美术馆）

三、雕琢制作工艺

雕琢制作工艺是通过一定的加工工序和雕琢技法，将玉石原料根据造型构图设计制作为玉雕成品的过程，在很大程度上影响着和田玉作品的价值。雕琢制作工艺主要包括雕刻琢磨工艺和打磨抛光工艺。

（一）雕刻琢磨工艺

雕刻琢磨工艺包括以下4个要求。

（1）造型雕琢准确，整体表现风格协调，工艺水准均衡。

（2）刻画的造型整体轮廓清晰美观。

（3）弧面、平面平滑顺畅，起伏有致，不出现波浪状等雕刻瑕疵。

（4）线刻线条平顺，粗细均匀，深浅一致。

（二）打磨抛光工艺

打磨抛光工艺是能使玉雕制品表面粗糙程度降低，获得表面平整、光亮的加工方法，是制作环节中的重要组成部分，打磨抛光的工艺要求包括以下四点。

（1）打磨遵照先粗后细的原则，依次使用合理细度的研磨材料。

（2）打磨不破坏、不损伤、不改变原有的线条和弧面及图案。

（3）整体作品的打磨光洁度均匀，无砂坑、划痕、波纹面，不留死角。

（4）整件玉雕制品抛光光亮程度均匀，亮度与作品的属性相契合，表面无抛光粉或其他残留物。

综合上述，对雕琢制作工艺可分为优、良、中、一般4个级别（表5-3）。

表5-3 雕琢制作工艺评级表（国家标准 GB/T 36127—2018）

级别	综合印象	雕琢制作工艺质量的优劣
优	工艺精致	雕琢技法应用高妙，工艺精湛，平面、弧面平展光顺；线条平滑顺畅，粗细均匀深浅一致，翻转流畅，遒劲优美；子口严密；链环对称平顺；抛磨流程正确，工序到位，平整均匀，光洁度运用得当（图5-30、图5-31）
良	工艺精良	雕刻技法应用正确，工艺精良；平面、弧面基本平展，局部呈波浪状；线条顺畅、粗细均匀度欠佳，深浅不一，存在雕琢瑕疵；子口严密，链条匀称，抛磨流程正确，工序到位，抛光均匀，光洁度欠佳，局部抛磨不到位
中	工艺顺畅	雕刻技法应用基本正确，工艺平庸，存在雕刻瑕疵；平面、弧面平整度欠佳，局部呈波浪状；线条顺畅、粗细不均匀；子口吻合度欠佳，链条均匀，平顺度欠佳；抛磨流程正确，抛磨平整度、光洁度存在瑕疵
一般	工艺粗陋	雕琢技法应用不正确，工艺粗陋，存在明显雕刻瑕疵；平面、弧面不平；线条僵硬，粗细不均匀；子口不实；链条大小不匀，平顺度不佳；抛磨工艺不到位，平整度、光洁度存在明显瑕疵

图 5-30　黄玉提梁卣（潘秉衡，1961）
（图片来源：摄于北京工艺美术馆）

图 5-31　白玉子料三连印摆件（常量作品）
作品采用整块和田白玉子料设计雕琢，运用活环、镂雕、金丝镶嵌及微雕技艺。左链 12 环，右链 14 环，链环匀称平顺；中间主印水龙，两边螭龙口含灵芝和寿桃。雕琢技法高妙，工艺精湛。

（三）主要玉器雕琢工艺评价

和田玉玉雕制品按照造型又可分为器皿（图 5-32 ～图 5-35）、人物（图 5-36 ～图 5-38）、花鸟（图 5-39、图 5-40）、瑞兽（图 5-41、图 5-42）、山子（图 5-43、图 5-44）、牌子（图 5-45、图 5-46）、盆景（图 5-47、图 5-48）、插屏（图 5-49、图 5-50）、屏风（图 5-29）。对不同造型的玉雕制品的设计及雕琢工艺有各自的要求（表 5-4）。

表 5-4　不同造型玉雕制品的设计及雕琢工艺要求（国家标准 GB/T 36127—2018）

造型	设计	雕琢工艺要求
器皿	（1）传统器皿整体造型符合规制，体现器皿"规矩、对称、端庄"的特点，各部位比例协调。 （2）器盖和器身的玉料在色调、肌理上应一致，避免器皿、器身的颜色差异。 （3）器皿的耳、环、链、对称性好，器皿的顶、盖匹配性高。 （4）从造型到纹饰，显示器皿的完整性	（1）器皿外形周正，符合规制，各部位比例准确对称，棱角清晰，地子干净平顺，不多不伤。 （2）膛壁厚度把握得当，厚薄均匀，膛内不留"死角"。充分显出玉质美。 （3）器皿表面浮雕纹饰清晰，转折顺畅。 （4）顶钮、双耳钮等上下左右对称，大小均衡。 （5）对接子口严实、平顺，边线整齐对称。 （6）提梁对称规矩，活动自如。 （7）活链、活环大小形状一致，周正匀称，塔链变化有序，均衡规矩，顺畅不打结

续表

造型	设计	雕琢工艺要求
人物	（1）以人物造型为主要表现题材，造型结构准确、体态自然。 （2）可恰当使用夸张的艺术手法，对局部人体结构进行变形、变化，突出主题。 （3）服饰衣纹要随身合体，线条流畅，翻转折叠自如。 （4）群体题材人物之间神情应有呼应，互为一体	（1）造型比例协调，形体自然舒畅、五官端正，形神兼备。 （2）雕琢细致准确，平整顺畅
花鸟	（1）以寓意吉祥的花卉品种为主要表现题材，构图主题突出，疏密有致、层次分明、意境深远。 （2）花鸟、虫草与山石树林经常一起组合构图雕刻在同一件制品上，也可以单独雕刻。 （3）花卉品种表达准确。 （4）鸟虫结构比例准确，形态特征鲜明，形象生动自然。 （5）花卉、鸟虫、山石匹配得当协调，主次分明	（1）鸟类形态特征鲜明，生动传神，工艺精细，顺畅自然，虚实结合；局部的写意雕刻手法运用得当。 （2）花卉的大小适宜，层次清楚，不懈不乱。树干、花草、石景、动物等搭配合理，疏密有致，相互呼应
瑞兽	（1）以动物造型为主要表现题材，神兽通常以龙、凤、麒麟、辟邪为题材；动物主要以生肖等为题材。 （2）形态造型准确，特征明显；神态特征突出、形象生动。 （3）形态变形恰当、夸张得体，写实与写意完美结合、自然流畅、工艺细腻，纹饰繁简。 （4）群兽组合，交相呼应。 （5）纹饰繁简适中、疏密有致	（1）瑞兽形体比例协调，特征刻画准确、形神兼备。 （2）四肢、肌肉、角、尾、毛发等弯伸自然有力，形态精准。 （3）雕刻技法运用合理有序、流畅自然、工艺细腻
山子	（1）运用玉石原料天然外形，根据质、色、皮进行整体构思，因料定题，主题突出、层次分明。 （2）充分运用散点透视、焦点透视及远收近放的法则（即集中远景、扩大近景的手法），形成丰富空间层次，使作品达到小中见大的艺术效果。 （3）作品正面、背面内容要求统一协调，适当地赋予故事情节，具有人文内涵和艺术表现力。 （4）人物与景物等各类造型的比例造型准确合理，形态自然，富有神韵与张力	（1）块面线条平顺，景物虚实变幻，疏密错落有序，近大远小或散点透视比例正确，点缀陪衬因形而异，烘托主题。 （2）人物、亭台、楼阁、山石、花鸟、河流、瀑布等景致雕琢细腻精准，深浮雕、浅浮雕、透雕等技法运用恰当
牌子	（1）矩形牌子形制规整，长、宽、厚比例适中；随形牌子形制自然流畅，充分体现美感。 （2）牌头与牌身比例协调，纹饰、样式及比例与之匹配。 （3）玉牌内容吉祥，构图合理，诗文、题款与构图协调呼应	（1）矩形牌子方整规正，比例协调；随形牌子顺畅自然。 （2）雕刻深度适中，与牌片厚度相匹配。 （3）边框平顺，花头比例适中，纹饰精细
盆景	（1）景致的造型要主题突出、疏密有致、层次分明，盆景的设计与用盆比例协调，具有良好的稳定性。 （2）多种材质的组合匹配性强、交相呼应	（1）写实风格的玉石盆景中的花卉，叶片、枝干雕刻精细生动。 （2）写意手法雕刻的花卉，叶片及枝干意境表述准确。 （3）花盆雕琢符合器皿类的工艺要求
插屏	（1）插屏的大小与底座匹配，风格统一。 （2）插屏图案设计适于浮雕。 （3）组合式插屏相互之间有一致性和关联性	（1）玉石插屏的形状规整，厚度适中，雕刻繁简适度，工艺精细，正背面雕琢内容与工艺协调。 （2）多片玉板组合的玉石插牌拼接精准，规格一致，插牌底座与玉牌大小匹配，风格协调

续表

造型	设计	雕琢工艺要求
屏风	（1）屏风与框架有良好的匹配性。 （2）屏风的图案设计适合雕刻。 （3）组合式的屏风玉质用材及图案设计要有一致性和关联性	（1）玉石屏风的形状规整，厚度适中，浮雕、阴刻雕、透雕的雕刻尺度与屏风的规制匹配，雕琢繁简适度，工艺精细，正背面雕刻琢磨内容与工艺协调。 （2）多片玉板组合的玉石屏风要拼接精准，规格一致，屏风边框底座与玉板大小匹配，风格协调

图 5-32 白玉雕羊首流瓜棱式铜镶珐琅提梁壶（清乾隆）
（图片来源：摄于故宫博物院）

图 5-33 青玉兽面壶
（刘忠荣，1983）
（图片来源：摄于中国工艺美术馆）

图 5-34 白玉错金五福蝠捧寿双链瓶
（马进贵、姜柏乐、黄国富作品）

图 5-35 碧玉缠枝纹饰花觚
（图片来源：王金高提供）

图 5-36 糖色白玉观音摆件
（图片来源：国家岩矿化石标本资源共享平台）

图 5-37 白玉雕件"毛泽东十三陵水库劳动"（潘秉衡，1960）
（图片来源：摄于北京工艺美术馆）

a 雕件　　　　b 头饰小孔的局部放大图

图 5-38 白玉观音佛中佛雕件（常世琪作品）

图 5-39 碧玉"连年有余"雕件

图 5-40 白玉花鸟花瓶雕件
（图片来源：Metropolitan Museum of Art.CC0 许可协议）

图 5-41 青玉对鸡摆件
（图片来源：摄于中国工艺美术馆）

图 5-42 青玉辟邪摆件

图 5-43 洒金皮白玉"香山九老"山子（清乾隆）
（图片来源：摄于北京工艺美术馆）

图 5-44 碧玉"采玉图"山子（清）
（图片来源：摄于故宫博物院）

图 5-45 白玉阳文白衣大士神咒牌（常世琪作品）

图 5-46 白玉山水牌
（图片来源：王金高提供）

图 5-47 画珐琅盆玉石玉兰盆景（清）
（图片来源：摄于故宫博物院）

图 5-48　填漆八仙筒式盆碧玉万年青盆景（清）
（图片来源：摄于故宫博物院）

图 5-49　碧玉刻兰菊图插屏（清乾隆）
（图片来源：摄于故宫博物院）

图 5-50　白玉盂城驿插屏
（图片来源：王金高提供）

四、配件质量

和田玉制成成品后需要恰当的装潢，配以底座、配饰等配件，既可以美化和保护玉器主体，也能更好地衬托玉器主体、展现玉器的美。底座大多用木、石、金属等材质制作，以木质为多（图 5-51）。

评价底座的匹配情况应考虑 3 个方面：一是底座是玉雕制品的组成部分，其制作工艺及风格应与玉雕制品协调一致；二是结构符合力学原理，保证玉雕制品平衡稳定；三是底座应牢固耐久。

评价配饰的匹配情况应考虑：配饰与玉雕制品应协调一致，具有良好的关联性，工艺精细（图 5-52）。

综合上述方面，对配件的匹配性分为优、良、中、一般 4 个级别（表 5-5）。

图 5-51　白玉东方巨龙香薰（夏长馨，1958）
选用新疆和田羊脂白玉制作，两耳圆雕龙首，龙身套有玉环，盖上透雕蟠龙，大气凛然、气势恢宏，并精心设计亭廊式紫檀镶绿松石座托。
（图片来源：摄于北京工艺美术馆）

图 5-52　木槎葫芦架仙人玉石盆景（清）
（图片来源：摄于故宫博物院）

表 5-5　配件评级表（国家标准 GB/T 36127—2018）

级别	综合印象	配件的匹配性
优	相得益彰	设计精巧、制作精湛，与主体完美呼应，相得益彰；形制精美，艺术效果凸显；平稳大气，经久耐用
良	交相辉映	设计合理、制作精细；形制规整，与主体匹配呼应；耐久性尚佳，有一定艺术效果
中	平淡无奇	设计水准一般，制作完整，形制平淡，与主体的统一性欠佳，未能产生良好的艺术效果
一般	格格不入	设计水准低下，与主体不匹配，制作粗糙，耐久性欠佳

第六章
Chapter 6
和田玉的优化处理及仿子料的鉴别

我国古人研究玉石优化处理方法的历史悠久，据《玉纪》一书中记载，"更有宋宣和、政和间玉贾赝造，将新玉琢成器皿，以虹光草汁罨之，其色深透，红似鸡血"，可知早在宋代，工匠们就通过染色来改善玉石的外观。如今，优化处理技术发展日益迅速，经过优化处理的和田玉在外观上已经不易与天然和田玉区分，在玉石市场中鱼目混珠。

优化处理是珠宝玉石常见的一道工序，可以改善颜色、净度、耐久性等特性。根据我国国家标准《珠宝玉石 名称》（GB/T 16552—2017），和田玉优化处理有充填和染色两种方法，常见的优化方法有浸蜡，处理的方法有漂白充填处理、染色处理等，还有人工拼合。同时，随着收藏者对和田玉子料的需求日益增加，市场上还出现了许多经过特殊处理的子料仿制品。因此，掌握鉴别和田玉是否经过处理以及辨别和田玉子料及其仿制品尤为重要。

第一节
和田玉的浸蜡优化

浸蜡，是最传统的和田玉优化方法。需要浸蜡的玉料质地一般较粗、表面光洁度不强，通常的工艺是在和田玉的表面涂覆一层蜡，以此修饰玉石表面及近表面的微裂隙、抛光痕、小崩口、凹坑等瑕疵，起到改善表面光洁度和增强光泽的作用。浸蜡的主要原理是利用蜡的折射率（如石蜡折射率约为1.45）相比空气更接近和田玉的折射率，因而在视觉上使和田玉表面的瑕疵变得不明显，整体上显得更圆润光洁。

一、浸蜡优化方法

和田玉浸蜡常使用无色蜡、石蜡或其他工业用蜡，常见的浸蜡方式有两种：浸固态蜡和喷液态蜡。

（一）浸固态蜡

浸固态蜡分别有加热法和煮蜡法。

加热法：将洗净后的和田玉用烘干机、吹风机等设备加热表面，然后把固态蜡粉末均匀地撒在和田玉表面，再用软毛刷将蜡粉刷均匀，最后用棉布轻轻擦拭提亮。

煮蜡法：先加热融化固态蜡，再将和田玉放入融化的液蜡中浸煮，之后捞出、冷却、擦拭提亮（图6-1、图6-2）；也可用软毛刷蘸取少量融化的蜡液，均匀地涂抹在和田玉表面，冷却后擦拭提亮。

图6-1　加热融化固态蜡

图6-2　将和田玉成品放入融化的液蜡中浸煮

（二）喷液蜡

将洗净后的和田玉用吹风机吹干至温手的感觉，再用装有液态蜡的喷涂瓶直接均匀喷涂和田玉表面，而后通风干燥即可。与浸固态蜡相比，喷液态蜡具有操作简单、携带方便、喷涂快速、易干的特点。制作液态蜡时，需要把固态蜡溶解在有机溶剂里制成溶液，再将溶液封装于有压力的喷涂瓶中，使用时按压手柄喷出液态蜡，即可完成上蜡过程。

二、浸蜡和田玉的鉴定特征

不同于和田玉的主要组成矿物透闪石、阳起石等，蜡是一种有机物，因而可以利用有机物的特征来简单、有效地检测和田玉是否经过浸蜡。目前，最常用方法是通过放大检查、紫外荧光检测、热针测试、刮蜡、热水除蜡和红外光谱等进行检测。

(一)放大检查

放大观察浸蜡和田玉表面,可在凹坑或裂隙中观察到残存蜡状光泽的石蜡,与和田玉的油脂光泽存在差异。在高倍显微镜下有时可见凹坑、裂隙边缘因残留蜡而产生模糊的现象。

(二)紫外荧光检测

纯天然和田玉在紫外荧光灯下通常呈惰性,无荧光。蜡在紫外荧光灯下常具有荧光,浸蜡和田玉在浸蜡较多的部位常可见蓝白色荧光。

(三)热针测试

在浸蜡和田玉的缝隙部位往往残留有较多的石蜡,当热针接近时会出现石蜡熔化析出的现象。

(四)刮蜡

用指甲或刮片能在浸蜡和田玉的表面刮下蜡粉,也可以用竹签在玉雕成品凹角或内凹处刮出蜡粉。

(五)热水除蜡

将浸蜡和田玉放入热水中浸泡,由于石蜡的熔点较低(熔点为 47 ~ 64℃),取出晾干后,肉眼可见的石蜡已消除,和田玉会显现原本被石蜡掩盖的瑕疵,表面也不如浸泡前光滑。

(六)红外光谱检测

红外光谱的反射法是一种能可靠、快速、无损鉴定浸蜡和田玉的方法,可在 2800 ~ 2975 厘米$^{-1}$ 检测出蜡(—CH$_2$—CH$_3$)的特征吸收峰。

第二节
和田玉的漂白充填处理

和田玉的漂白充填处理是指先利用漂白技术去除和田玉表面的杂色和杂质,再用充填技术固化和田玉表面,从而达到改善表面颜色、净度和耐久性的一种人工处理方法。与传统的浸蜡不同，漂白、充填处理方法不仅破坏了玉石的结构，还存在着不稳定性——随着充填材料的老化，被处理过的和田玉会变干、变黄，因而漂白充填处理方法始终不被行业所接受。

一、漂白充填处理方法

和田玉漂白充填处理的方法目前仍处于探索性试验阶段，作者经过一系列实验验证，归纳总结出比较有效的流程：先利用酸碱之类的强腐蚀剂浸泡和田玉需要处理的部位，直到将表面的杂质包裹体或者杂色去除后，取出清洗烘干，再用有机胶充填以掩盖腐蚀痕迹并固化松散的结构，最后抛光即可。

漂白的过程不仅可以去除一些矿物杂质及杂色，还会腐蚀和田玉表面结构，使其脆性增大并造成结构疏松的现象（图6-3a、图6-3b）。因此需要选择高折射率的有机胶充填裂隙并固结其松散的结构（图6-3c），高折射率的有机胶可使充胶的表面与和田玉有相近的光泽。但有机胶一般硬度较低，且耐久性较差，随着时间的推移，会发生不可逆的老化，如变黄、裂开、失去黏性，进而影响漂白充填处理和田玉的外观和耐久性。

a 和田玉原料　　　b 漂白处理后　　　c 漂白、充填处理后

图6-3　和田玉经漂白、充填处理

值得注意的是，传统的漂白充填处理方法工艺简单，处理方法机械，难以准确定位酸蚀部位、控制酸洗范围，充填时也难以精确控制充填有机物的流动范围和充填范围。但近年来，准确的局部漂白充填的处理技术已经应用于和田玉并被用于商业经营，对于鉴定者和消费者而言需要更加关注。

二、鉴别特征

（一）放大检查

通过放大镜或宝石显微镜观察天然和田玉，可见其表面较为光洁，有时在表面或裂隙孔洞处可见矿物颗粒分布。而经过漂白处理后的和田玉，放大观察表面可见大量白斑、白棉分布（图6-4），表面不平整、起伏较大，可见大小数量不一的、不规则状的腐蚀凹坑（图6-5）、腐蚀沟等表面特征。漂白充填过的和田玉表面几乎见不到矿物颗粒的分布，这与透闪石矿物颗粒被酸腐蚀有关。

此外，有机胶的颜色虽与玉石主体颜色相近，但光泽及透明度略有不同（图6-6），由于按比例配制液体胶时需要机械搅拌，在这一过程中会带入空气且较难去除，因而充胶处可能发现有气泡现象（图6-7），这些气泡也是漂白充填和田玉的鉴定特征。

图6-4 漂白处理和田玉表面的白斑、白棉

图6-5 漂白处理和田玉表面的腐蚀凹坑

图6-6 充胶后和田玉边缘处可见透明有机胶渗入裂隙
（图片来源：宁振华提供）

图6-7 充胶后和田玉的表面可见球形气泡
（图片来源：宁振华提供）

(二) 紫外荧光

紫外荧光灯是一种能够快速鉴定和田玉是否经过处理的工具（图6-8）。漂白处理的和田玉在紫外荧光灯下发出强烈的蓝白色荧光，充填胶的和田玉同样发出蓝白色荧光，尤其是当环氧树脂充填较多时，荧光尤为强烈。而天然和田玉由于含有铁元素，因而无任何的荧光现象。

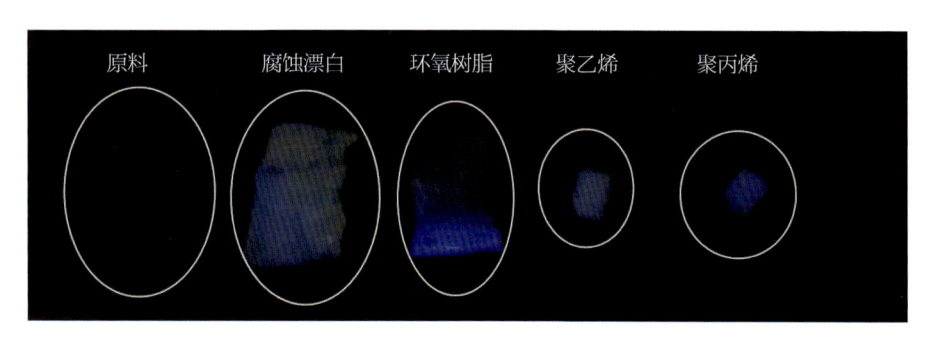

图6-8 经漂白及不同材料充填和田玉的紫外荧光现象
（测试单位：中国地质大学（北京）国家岩矿化石标本资源平台）

(三) 红外光谱

漂白充填处理和田玉中的有机胶可用红外光谱仪精确的检测出来。常用的充填材料为环氧树脂，其中含有苯环、环氧键等有机官能团，苯环具有3000～3020厘米$^{-1}$附近的强的吸收峰（图6-9），而未经漂白充填处理的和田玉一般不含该吸收峰，通过检测有无苯环的吸收峰可鉴别是否经过漂白充填处理。

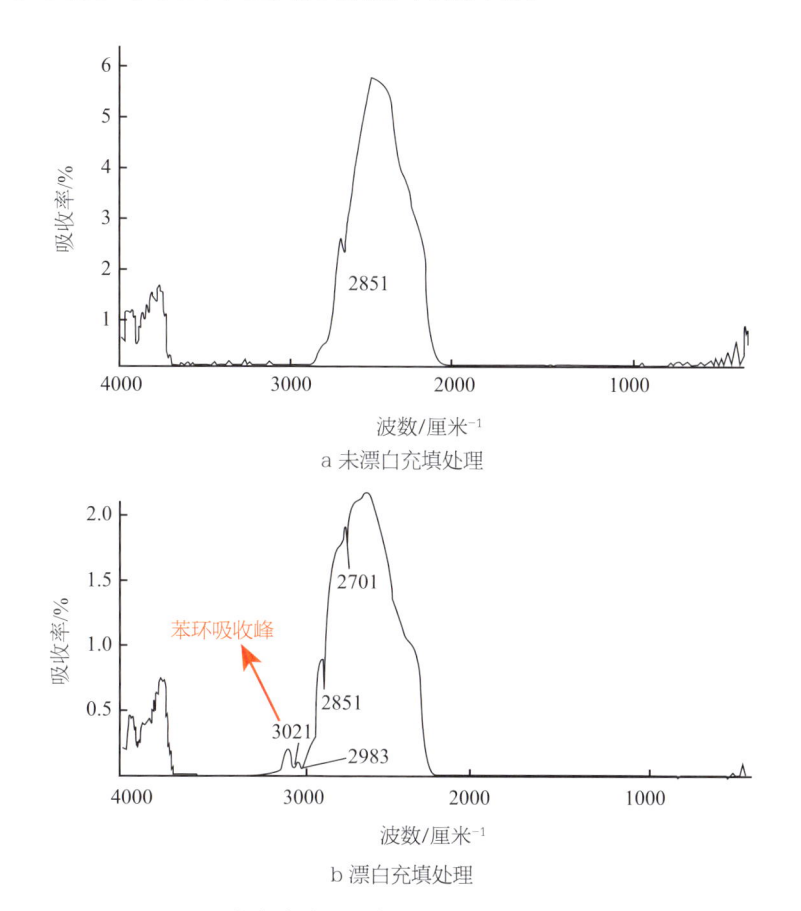

图6-9 漂白充填处理和未经处理和田玉的红外光谱对比
（据鲍勇，2012年修改）

第三节
和田玉仿子料及其鉴别特征

由于和田玉子料资源稀缺，市场上的仿子料层出不穷，且仿制水平不断提高。仿子料主要有3种类型：和田玉山料仿子料、天然相似品仿子料、人工材料仿子料等。天然相似品仿子料的材料主要是一些较低档的玉石，如石英岩、大理岩、蛇纹石玉等；人工材料主要是玻璃，这些材料经过切磨染色来仿和田玉子料。鉴别不同材料的仿子料相对容易，但是用和田玉山料来仿子料的鉴别有一定难度，需重点叙述其鉴别特征。

目前，市场上充斥的和田玉仿子料的技术包括：滚料磨圆处理（"磨光子"）、染色处理和拼合等方法。

一、仿子料"磨光子"及其鉴别特征

"磨光子"是指将和田玉山料的边角料切割成小块，放入装有卵石和水的滚筒、水泥搅拌机或球磨机中滚磨，犹如炒栗子般搅动，磨成外形与子料相似的卵石形，做出类似于天然子料的外部特征（例如磕碰痕），是一种常见的子料仿制品，尤其是用白玉山料做的"磨光子"与子料十分相似。

（一）仿子料"磨光子"的制作方法

仿子料的制作最主要的工序是磨圆处理，通常先将玉石原料放入滚筒或球磨机中（图6-10），加入磨料和水与玉石一起滚动摩擦，逐渐将玉石原料的棱、角磨圆磨钝（图6-11），使其呈现卵石状，最后再用砂轮打磨、抛光，有些还可以继续做假毛孔或假色皮。

（二）仿子料"磨光子"的鉴别特征

天然子料玉质细腻，轮廓弧线过渡自然（图6-12）。"磨光子"整体外形多呈卵

图 6-10 滚料磨圆处理使用的球磨机
（图片来源：杨忠全提供）

图 6-11 可见棱角磨圆的"磨光子"
（图片来源：杨忠全提供）

石状，磨圆较好者表面光洁度高于天然子料，有时可见新鲜裂痕，磨圆较差者可见棱面，弧面过渡不自然，可见人工切磨痕迹，甚至出现由许多小平面组成的弯曲面（图 6-13）。

天然子料表面通常不会过于平坦，放大可见轻微的起伏，大多呈自然等高线状（图 6-14），而"磨光子"表面无自然起伏，且存在大量被磨料撞击、刻划出的擦痕和尖锐凹坑（图 6-15）。天然子料表面的凹坑——俗称"汗毛孔"（图 6-16），其分布不规则，形状、大小各不相同，坑内外光泽一致，而"磨光子"的表面凹坑是机械形成，即用石砂、金刚砂等喷砂处理而成的人工"毛孔"，因而凹坑大小几乎相等、形状相近，分布较集中，且坑内外光洁度明显不一致（图 6-17）。但随着仿制水平的提高，有些假"毛孔"肉眼几乎无法分辨。因此，除了依靠肉眼和 10 倍放大镜来辨别，还需要用更高倍显微镜和先进设备来观察。

图 6-12 天然白玉子料轮廓线过渡自然

图 6-13 "磨光子"可见棱面和过渡不自然的弧面

图 6-14 天然子料表面自然起伏

图 6-15 仿子料表面无起伏且多尖锐凹坑

图 6-16 天然子料表面的"汗毛孔"

图 6-17 仿子料的表面可见凹坑内外光洁度不一致

二、染色皮及其鉴别特征

染色处理是一种常见的处理方法，在山料、仿子料或皮色较差的天然子料表面进行整体或局部人工染色仿皮色，以达到仿制出美观的子料皮色。

主要染色处理方法有高温加热染色、酸碱腐蚀染色、二次染色等，染色后的色皮艳丽多彩，常见枫叶红色、糖红色、淡红色、枣红色、梨黄色、黑色、褐色等。

（一）染色处理方法

1. 高温加热染色

热处理和田玉的原理是对需要染色的和田玉表面区域进行高温加热，设置加热的温度值和时间，使其表面产生微裂纹，而后再添加染料渗入表层的微裂纹，最终做成一件局部带皮色的仿子料。该方法固色效果好，染料不容易脱色。

2. 酸碱腐蚀染色

使用强腐蚀性酸或碱溶液对和田玉表面进行腐蚀，破坏和田玉表面的结构和形貌，形成较多不规则的腐蚀裂隙，最后再进行染色。这种处理方法，使染料能轻易地吸附在和田玉表层，不易褪色。

3. 染料直接染色

普通染料直接染色也被称为"刷皮"，是指用刷具蘸染料在玉料表面染色。此方法操作简单，但染料只在表面，不会向皮内渗透，可以直接见到涂刷痕迹，容易脱落褪色。近年来，常用一种具有强附着性的新型染料，将玉料直接浸泡一段时间，染料会附着在和田玉表面（图 6-18），部分染料沿着绺裂进入。这种新型染料因附着性强，相较于普通染料不易脱落掉色，迷惑性较强，需要进行仔细观察和鉴定。

4. 子料二次染色

子料二次染色是指对本身有皮色的子料，皮的颜色或分布不完美，经过染色后可以明显改善皮的颜色（图6-19）。这些玉石本身具有子料的特征，又带有一定颜色，因而二次染色的子料极具迷惑性，需要仔细观察与鉴定。

图6-18 强附着性染料染色仿带皮色子料
（图片来源：杨忠全提供）

图6-19 子料二次染色
（图片来源：杨忠全提供）

（二）染色皮的鉴定特征

1. 肉眼及放大观察

天然的和田玉子料在河床中经过千百万年的冲刷和磨砺，在质地松软的部位浸染颜色，在有裂隙的位置深入风化痕迹，皮色十分自然。这种天然皮色的形成十分缓慢，而且，是在大气循环、风化及水解等因素的共同作用下分阶段形成的。因此，天然和田玉子料的皮色由深入浅，具有层次感，过渡自然（图6-20）。子料皮色通常颜色不单一（图6-21），分布和走向不规则，常呈自然展开的根系状（图6-22）。浸染颜色不局限于同一个层面，有时可见褐色呈松花状、水草状浸入，具有典型的"水草纹"外观特征（图6-23）。

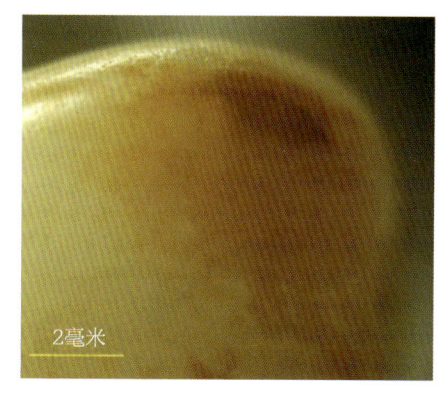

图6-20 子料皮色过渡自然且有层次感

图6-21 子料表皮多种颜色（黄、红、黑色）

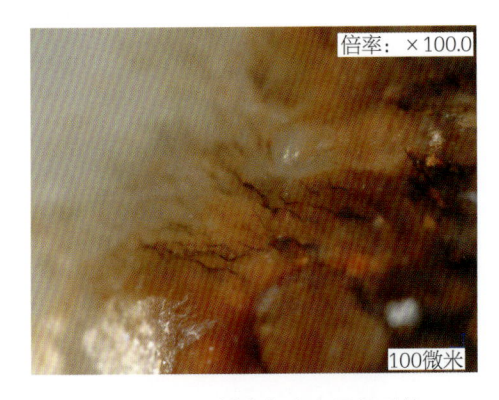

图 6-22 子料皮色分布呈根系状　　　　　　图 6-23 子料中的"水草纹"

经过人工磨光、染色的仿子料，肉眼可见染色皮色均匀，颜色鲜艳却不自然，多浮于表面（图 6-24、图 6-25）。质地颗粒较粗的部位更容易吸收和附着染料，颜色比其他部位皮色深，有时局部可见染料脱落。放大观察可见同一件玉石上的皮色相对单一、死板，部分色调过于鲜艳，常见的形状为平直的刀砍状、带状（图 6-26）、片状，或呈模糊的絮状、团块状等（图 6-27）。机械的滚磨导致仿子料近表面的凹坑与裂隙易在相同的方向上发育，因此染料富集形成的皮色大多成群出现，其分布也常见一组平行或两组以某个角度相交的走向，且都位于近表面较浅的一个层面中（图 6-28、图 6-29）。

图 6-24 染色处理仿子料颜色浓艳却不自然

图 6-25 染色处理仿子料颜色鲜艳却不自然

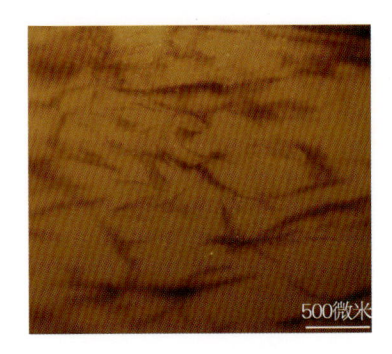

图 6-26 染色处理仿子料上呈带状的皮色

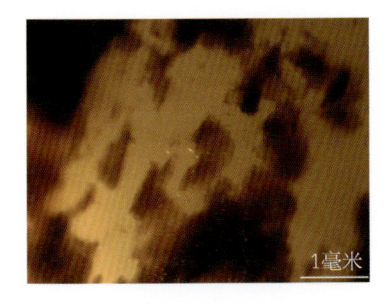

图 6-27 染色处理仿子料上呈团块状的皮色

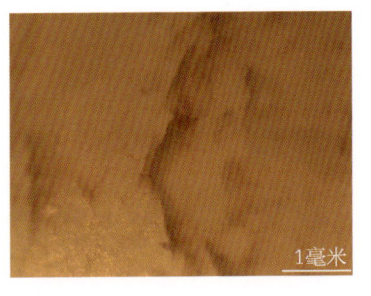

图 6-28 染色处理仿子料可见染料沿大致平行的裂隙成群分布

图 6-29 染色处理仿子料可见染料沿某个角度相交的裂隙集中分布

2. 紫外荧光观察

天然和田玉子料通常无紫外荧光，绝大多数染料具有荧光（图6-30），所以观察到和田玉皮色部分发荧光时，极可能是染色皮色。

a 自然光　　　　　　　　　　　b 紫外荧光

图6-30　染色和田玉可见荧光
（图片来源：张勇、陆太进等，2013）

3. 溶剂擦拭

部分染色皮中的染料可被某些化学试剂溶解，使用棉签蘸取丙酮、四氯化碳或二甲苯等化学试剂擦拭染色部位，棉签上可见染料附着，玉石会出现褪色的情况，而用棉签擦拭天然子料后则无此现象。

4. 谱学分析

天然的子料在自然风化过程中与土壤、大气等接触发生物理化学变化，导致皮色的多样性，如黄色、红色等均是铁质矿物所致色。而染色处理使用的染料，配方多样、成分复杂，不仅含有致色化合物，还有溶剂等，与天然致色矿物有较大差异。因此，可通过红外光谱、激光拉曼光谱、能谱仪等对比分析判断是否经过染色处理。例如使用激光拉曼光谱分析，天然子料和田玉可见闪石类矿物的特征峰1060厘米$^{-1}$、672厘米$^{-1}$和223厘米$^{-1}$（图6-31），经过染色处理的仿子料则会出现染剂的谱峰，且整体荧光背景明显增强（图6-32）。

三、拼合仿子料及其鉴别特征

拼合仿子料是指由两块（或以上）和田玉或者其他材料（其中一种为和田玉）经人

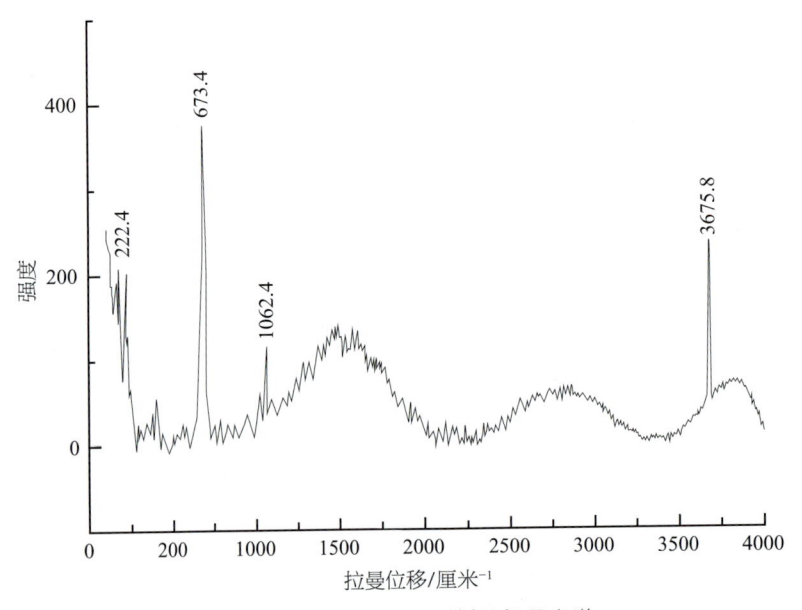

图 6-31 天然和田玉子料的拉曼光谱

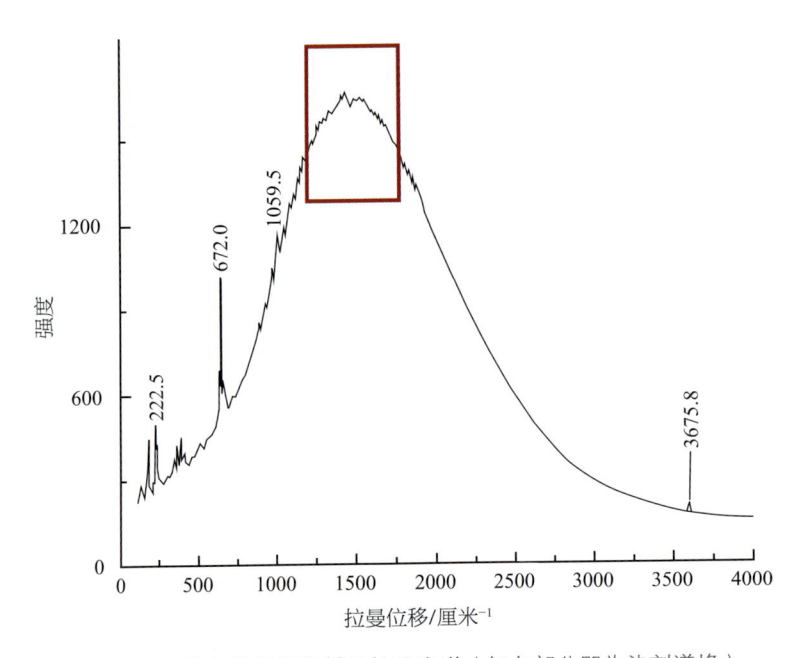

图 6-32 染色处理仿子料的拉曼光谱（红色部分即为染剂谱峰）

工拼合而成，呈现整块和田玉的外观，通常用来冒充和田玉子料。人工拼合既可用于和田玉原石造假，也可用于已切磨好的成品的造假。

（一）常见拼合方法

1. 和田玉与和田玉的拼合

通常选用一块较大的和田玉为主体，再选择另一种颜色的和田玉作为皮来进行拼合。如将一糖玉薄片贴于白玉表面，仿制红色、橙色的带皮子料，而后再进行俏色巧雕（图6-33），使成品美观耐看自然。市场上还常见一些开窗的"子料"，露出小面积很白的"窗口"，其他整体则是"皮"，实际是在质量较差的和田玉子料或山料仿子料上人工粘贴了白玉片或白玉块。

2. 和田玉与其他材料的拼合

常能见到将一块较大的和田玉与蛇纹石玉、大理石、石英岩、玻璃等其他材料进行拼合。目前，国内珠宝市场上，最为常见的是将质地较好的白玉拼接到蛇纹石玉中。用和田玉拼合的蛇纹石玉一般颜色较深，如深色黄色、红色或黑色（图6-34）。

图6-33　白玉与糖玉拼合仿带皮子料拼合处颜色分界截然无过渡
（图片来源：马可提供）

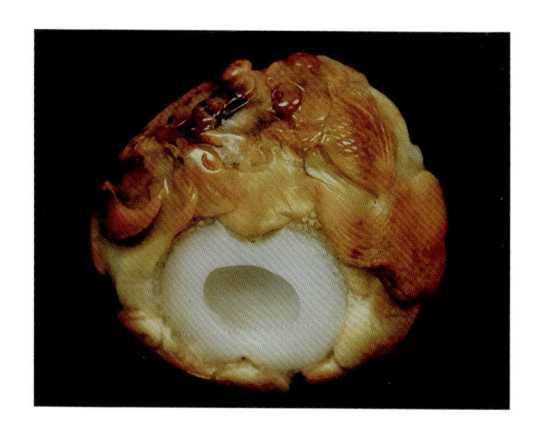

图6-34　白玉与蛇纹石玉拼合成品
（图片来源：冯晓燕等，2013）

（二）拼合玉石仿子料的鉴别特征

1. 放大观察

放大观察拼合和田玉，可见拼接处的颜色深浅过渡较为生硬、不自然，而且见有明显的分界线和拼合缝（图6-35），有时可见粘贴时带入的圆形气泡、气孔，而天然子料

图6-35　拼合和田玉衔接处明显的分界线和拼合缝
（图片来源：藏玉提供）

皮与内部玉石的颜色过渡自然顺畅。

2. 硬度测试

对于一些工艺粗劣的拼合和田玉，拼接处黏胶较软，用细针扎试可见到拼接处与两侧部位的硬度不同。

3. 刮蜡

为了掩盖拼合和田玉的拼合缝，会用较多的蜡充填掩盖拼接缝隙，因此用竹签刮去充填于拼合缝中的蜡，可见到出露明显的拼合缝。

4. 紫外荧光观察

拼合和田玉的黏合胶在紫外荧光灯下会呈现蓝白色荧光。

5. 仪器检测

拼合和田玉可由其他玉石或人造材料与和田玉拼合，利用折射仪、红外光谱仪、拉曼光谱仪等能有效地对拼合的材料和粘贴的有机胶进行鉴定。

第四节

人工沁色仿古玉

我国使用玉器的历史悠久，和田玉作为中国玉器史上的重要角色，在古玉中具有不可替代的地位。近年来，出土和流传下来的和田玉古玉器得到了有效保存和保护，国际古玉市场拍卖价格连年攀升，珍品更是难得。

质、形、工、沁是古玉鉴定的四大要素。古玉上的沁色绚丽缤纷、变化多端，不仅具有一定的文化意趣和欣赏价值，而且对于古玉的鉴别、评估具有重要意义。古人制玉时认为，玉石表面天然形成的皮色和沁色都是杂质，因而雕琢时会将其去掉，而我们现在看到的年代久远的古玉器大部分为成器后沁入的沁色。由于玉器长久的埋在地下，受到外部物理化学环境的影响，玉质本身会发生一定的变化，土壤中的各致色物质也会慢慢侵入古玉内部，从而产生各种各样的沁色。

据记载，古代也有人工沁色仿古玉，主要方法有烤色、新老提油法、火烧法、琥珀烫、羊玉狗玉、叩锈等，其中有些方法沿用至今。现代人工沁色仿古玉手法与传统方式有所不同，多综合采用各种物理、化学方法来模拟在自然条件下形成的沁色，主要有酸、碱腐蚀法和热处理法等，造成古玉鱼龙混杂、真伪难辨的局面，给古玉的鉴定及征集带来了困扰。较为可行的方法是将玉器的形制、纹样、工艺、玉质等综合起来考察，依据出土的科学标准或参考相同时代其他器物，进行分析研究，方能得到符合客观实际的结论。

一、古玉的沁色

（一）出土古玉器的沁色

根据出土古玉产生沁色颜色的不同，可以分为（紫）红色沁（图6-36）、绿色沁（铜沁）、黄色沁（图6-37）、青色沁（图6-38）、白色沁（图6-39）、黑色沁（水银沁）（图6-40）、花沁（多种颜色）（图6-41）等类型。关于古玉沁色之说，从明代曹昭《格古要论》到清代陈性《玉纪》、刘大同《古玉辨》、刘心缶《玉纪补》、李凤公《玉纪正误》及民国时期刘子芬《古玉考》等都有所论述，所论沁色不下80种。

图6-36 红沁双夔龙形佩（战国）
（图片来源：摄于中国国家博物馆）

图6-37 黄色沁三角形饰件（春秋战国）
（图片来源：摄于中国国家博物馆）

图6-38 青色沁玉圭（战国）
（图片来源：摄于中国国家博物馆）

图6-39 白色沁玉璧（战国）
（图片来源：摄于中国国家博物馆）

图6-40 黑沁玉璧（战国）
（图片来源：摄于中国国家博物馆）

图6-41 花沁（蛤蟆皮沁）四孔刀（新石器时代）
（图片来源：摄于中国国家博物馆）

研究表明，玉器受沁的速度要视其玉质本身以及坑内环境而定。玉质好，受沁就慢；玉质差，受沁就快。干坑、水坑受沁较慢，湿坑、坑内物品腐烂厉害的，受沁较快也较严重。民间直到现在依旧认为沁色是鉴定古玉的重要依据，因而人为做沁色的工艺屡见不鲜。

（二）传世古玉器的沁色

传世古玉器在经过人们的长时间盘玩后也会产生沁色，被称为"包浆"和"牛毛纹"。这是因为人体产生的有机物质在盘玩过程中对玉石产生了作用，并在玉器表面包上了一层油脂，俗称"包浆"。同时，人体周围环境中的物质也会随着时间深入玉器的纹理，在其表面分布有血丝一般的沁色，若隐若现，俗称"牛毛纹"。包浆和牛毛纹也是我们鉴别传世古玉器的两个要素。

二、古代人工沁色仿古玉方法及其鉴别

（一）烤色

烤色技术主要用于仿制古玉和掩饰瑕疵两个方面。仿制古玉烤色是为了仿造土沁，经过烤色的仿古玉，如果在雕工、造型上无明显破绽，是很难正确鉴别的，其颜色常会被误认为真的沁色。

烤色的色泽一般过于橘黄或过于乌黑，表面发亮。烤色遇绺缝就沁入其中，表现为外部黄色或黑色，与之对应的内部则没有颜色；烤色往往着色于玉器的个别侧面，并且一般在雕刻突出的平面，而雕刻的深凹部位则难以烤上颜色，据此也可以鉴别土沁的真伪。

（二）新老提油法

清末的刘大同在《古玉辨》的辨伪一节中记载了宋代用虹光草汁染制"老提油"仿古玉之法："伪造古玉之法，虹光之草，似茜草，出西宁深山中，汗能染玉，再加脑砂（瑙砂）少许，燃以竹枝烤之，红光自出，此法名曰老提油，今已不多见矣。"老提油法是选用天然植物染料经物理加热后进行染色，由于使用植物染料加上温和的上色手法，使得玉器内部结构破坏程度较小，最终成品玉质较油润，颜色鲜明夺目。《古玉辨》中还记载了当时常用的"新提油"染色法："比来玉工，每以极坏夹石之玉染造，欲红，则入红木屑中煨之，其石性处即红，欲黑，则入乌木屑中煨之，其石性处即黑，谓之新提油。初仅苏州为之，近则遍处皆是矣。"新提油法是从清代中晚期一直延续至今的染色技术，被染成品质地粗糙、表面干燥无光泽，颜色突兀、不自然，最容易沿玉器绺缝、

纹理沁入，甚至还会呈丝状、网状浮现表面。

（三）火烧法

火烧法又称"煨头"，用以制作白色沁。《古玉辨》中详细记录了此种方法："凡玉经火，其色即变为白，形同石灰，犹之石见火"和"世之造鸡骨白、象牙白者，以炭火煨之，趁灰未冷时，用水泼于其上，取出宛如古玉之受地火矣。"意思是，采用火烧加热、突然冷却的方法处理玉器，其颜色就会变白，形如石灰，用来仿造古玉中的"鸡骨白"。由于高温加热，玉器表面有火烧的细裂纹，同时加热过度会产生较深的粗裂，质地显得疏松。另外，此法产生的白色沁常发灰、发黄，有的可见未烧透的痕迹。目前，流传较多的仿良渚玉器即用此法。

（四）琥珀烫法

清代学者徐寿基在《玉谱类编》中描述了使用琥珀制作人工沁色的方法，"有名琥珀烫，则用车轮旋转之法，使玉与琥珀相揉擦，如火热，琥珀之液则流入玉理"。以琥珀为染料，通过车轮旋转，使琥珀与玉摩擦加热，琥珀加热融化后渗入玉的绺缝。

（五）狗玉和羊玉

据《玉纪补》中记载："狗玉，杀狗不使出血，乘热纳玉器于其腹中，缝固，埋之通衢，数年取出，则玉上自有土花血斑，以伪土古。"人们杀狗置玉于腹中，缝合后埋于地下，数年后取出，表皮可见红色血斑和黄色土花。也有人将玉石缝制于活羊的腿中，长年累月以其鲜血浸润玉石，最终产生红褐色表皮。这种方法制作的仿古玉，玉质会显得枯涩干燥，血丝不自然，时间长了会褪色。

（六）叩锈

据《古玉辨》中记载，将玉器均匀拌上铁屑，然后用热醋淬浸，放置十几天后埋入潮湿的地下。数月后取出，玉器表面会受铁锈所浸染，并出现"橘皮纹"，纹中铁锈呈深红色并且留有土斑，如同古玉。但这种铁锈色分布不自然，时间久了沁色和土斑便会消退。

三、现代人工沁色仿古玉方法及其鉴别

传统的人工沁色方法费工费时，利益驱使着作伪者研究出工序简单、耗时短的人工沁色方法。20 世纪 90 年代起，现代技术被引入仿古玉的处理方法中，强酸、强碱和高温高压等应用，使得仿古玉制作水平大幅提高。如强酸腐蚀法，可先用强酸快速腐蚀处理和田玉表面，再加染料进行染色处理，以达到改变颜色的目的；又如热处理法，通过

加热到900℃以上，和田玉会发生矿物相变，结构和外观颜色都发生变化，玉料加热淬水后就会产生像牛毛、血管一般的细小裂纹——业内俗称"牛毛纹"。

  对人工沁色仿和田古玉的鉴定可以通过常规仪器和大型仪器检测。一般来讲，真正的沁色是经长期缓慢过程形成的，所以沁色自然，沁入玉理，深浅过渡有序，与玉本色浑然一体。假沁色则因为是短时间人力所为，颜色突兀，多浮于表面，即使沁入玉理也只是分布于裂隙周围，显得生硬，与玉本色结合不契合。此外，还要结合玉器的材质、器形、纹饰、雕刻工艺、铭款、伤残等方面特征以及考古、历史等学科知识，来综合判断是否为古代玉器还是人工处理玉器，有测试条件的还可以利用现代大型仪器进行年代学分析等。

第七章
Chapter 7
和田玉的鉴定特征及相似品鉴别

中国人使用和田玉已有8000余年的历史，文人雅士对其有深刻的认识和精妙的概括，如《玉纪》中描述"其玉体如凝脂，精光内蕴，质厚温润，脉理坚密，声音洪亮"。简短的一句描述凝练了古人对和田玉内外特性的认识。现代宝石学对和田玉物理性质的观察、测试和研究得出与其描述一致的结论，并揭示了古人对和田玉描述所深藏的科学内涵，为我们精准鉴定和田玉以及区分其相似品提供了科学依据。

第一节
和田玉的主要鉴定特征

一、光学性质

（一）颜色

和田玉的颜色有白色、灰白色、浅至深的青色、绿色、黄色、糖色、灰黑色、黑色、翠绿色等，其色调、颜色分布及组合多种多样（详见本书第四章第三节）。和田玉主要组成矿物透闪石成分中随着铁对镁的类质同象替代程度不同引起深浅不同的青色或绿色，铁含量越高（有时以阳起石为主），青色或绿色越深。由铁阳起石为主要组成矿物的和田玉几乎呈黑青（绿）—黑色。与翡翠等玉石相比，和田玉的颜色具有均匀柔和的特点。

（二）光泽

和田玉的光泽强度等级属于玻璃光泽，由于入射光在玉石内部组成的细小透闪石产生漫反射，使其呈现不同程度的油脂光泽（图7-1）。一般而言，和田玉子料比山料更具典型的油脂光泽。

（三）透明度

和田玉多呈微透明至不透明（图7-2）。

图 7-1　和田玉的油脂光泽　　图 7-2　和田玉透射光下呈半透明

（四）折射率

和田玉的折射率为 1.606 ~ 1.632（+0.009，-0.006），点测法为 1.60 ~ 1.61。

（五）光性特征

和田玉为非均质集合体。

（六）吸收光谱

和田玉极少见吸收线，可在 500 纳米、498 纳米和 460 纳米有模糊的吸收线或吸收带，在 509 纳米有一条吸收线，某些和田玉在 689 纳米有双吸收线。

（七）发光性

和田玉在紫外灯下为荧光惰性。

（八）特殊光学性质

一般未见，有时可具有猫眼效应，如碧玉猫眼。

二、力学性质

（一）摩氏硬度

和田玉的摩氏硬度为 6.0 ~ 6.5。和田玉的后期蚀变会影响其硬度，如蛇纹石化、绿泥石化会降低其硬度。

（二）密度

和田玉的密度为 2.95（+0.15，-0.05）克/厘米^3。随内部次要矿物的种类、含量以及矿物间致密程度不同，密度会发生一定的变化。

（三）解理

透闪石单晶具有两组完全解理，作为透闪石集合体的和田玉通常不见解理面，较粗颗粒或较疏松部位可见丝状解理面闪光。

（四）断口

和田玉通常呈参差状断口。

（五）韧度

和田玉的韧度极高，仅次于黑金刚石，是常见宝玉石品种中韧度最高的珠宝玉石。这是因为和田玉的矿物组成颗粒非常细小，结构极其致密，具有很强的抗击打能力，不易破碎，而且耐磨，是进行雕刻创作的优质玉石材料。

三、放大检查

和田玉放大检查可见毛毡状结构，白色絮状物、黑色固体包体等。

（一）结构特征

矿物结构是指组成矿物的结晶程度、颗粒大小、形态以及彼此间的相互关系等（详见本书第三章第二节）。和田玉的组成矿物颗粒十分细小，其结构致密均匀，一般通过肉眼、10倍放大镜及宝石显微镜难以观察到矿物颗粒。偏光显微镜下可见透闪石矿物呈纤维状、针状、叶片状，透闪石颗粒排列以毛毡状交织结构（显微隐晶质结构）为典型结构（图7-3），和田玉的这种特征的毛毡状结构是其有别于其他玉石品种的结构。

a 偏光显微镜下 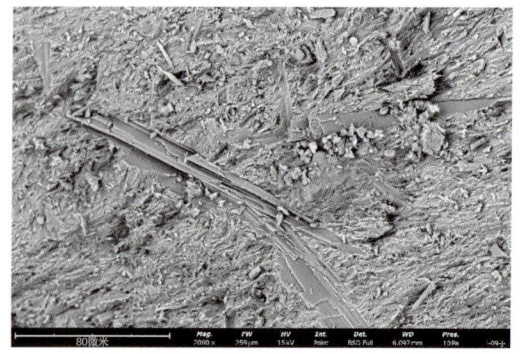　　　　　　　　b 扫描电镜下

图 7-3　和田玉的毛毡状交织结构

和田玉中常可见到"水线"（图7-4），"水线"的透明度略高于主体，呈线状或脉状，主要是由定向平行排列透闪石组成（图7-5）。

图 7-4 和田玉中呈脉状的"水线"
（图片来源：杨淮牟提供）

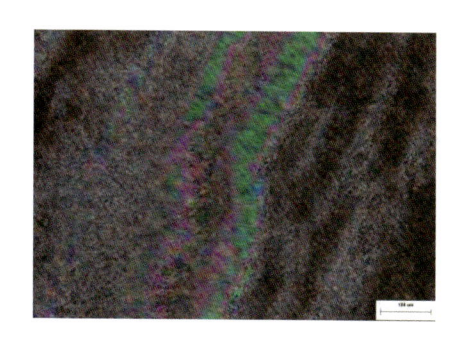

图 7-5 "水线"部分的纤维状透闪石垂直脉壁呈平行紧密排列
（图片来源：张勇提供）

（二）杂质矿物

和田玉中杂质矿物的种类、颜色及分布也是和田玉的主要鉴别特征。

杂质矿物种类主要有碳酸盐、透辉石、石英、长石、蛇纹石、绿泥石、滑石、磁黄铁矿、铬铁矿、褐铁矿、石墨等，这些杂质矿物以白色、黄色、绿色、褐色、黑色等斑点存在于玉石中。

四、红外光谱

中红外指纹区具 Si—O 等基团振动所致的特征红外吸收谱带，官能团区具 OH 振动所致的特征红外吸收谱带，吸收峰位主要表现在 1040 厘米$^{-1}$、997 厘米$^{-1}$、919 厘米$^{-1}$、760 厘米$^{-1}$、682 厘米$^{-1}$、544 厘米$^{-1}$、512 厘米$^{-1}$、464 厘米$^{-1}$（图 7-6）。

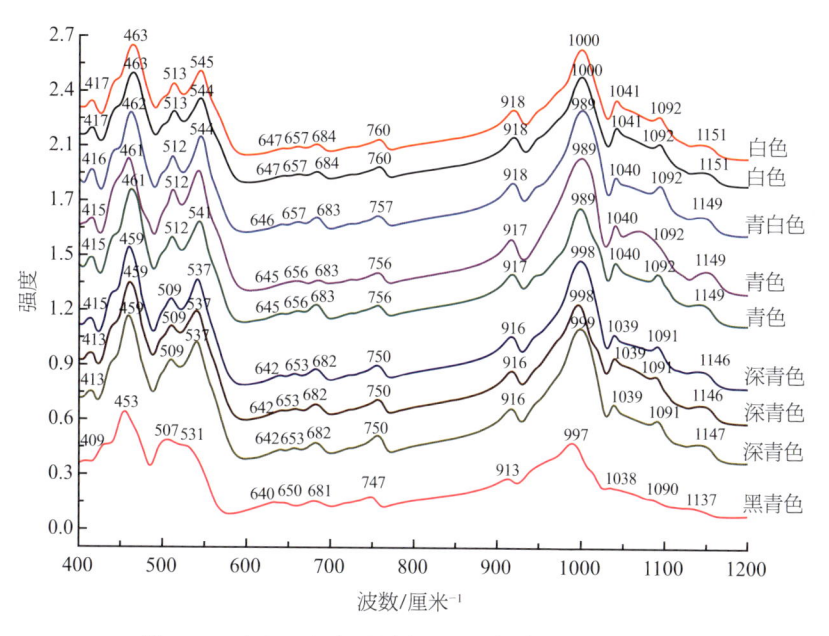

图 7-6 白色至青色系列和田玉反射法红外反射光谱
（测试单位：国家岩矿化石标本资源共享平台实验室）

第二节

和田玉相似品及其鉴别特征

目前,在珠宝玉石市场上,和田玉相似品较多,包括石英质玉、大理石(俗称"汉白玉")、蛇纹石玉、白色翡翠、玻璃等,它们在外观上与和田玉颇为相似,常常鱼目混珠,容易混淆。但其实从颜色、相对密度、硬度、折射率、结构等方面就能很容易鉴别其相似品(表7-1)。此外,还可以用红外光谱、拉曼光谱等检测技术来进行更精准的定量鉴定分析,同时可以确定是否经过优化处理。

表 7-1 和田玉及其相似品的鉴别特征

品种名称	相似颜色	密度(克/厘米^3)	摩氏硬度	折射率	其他鉴定特征
和田玉	白色、青色、黄色、绿色、黑色	2.90 ~ 3.10	6.0 ~ 6.5	1.60 ~ 1.61(点测)	颜色均匀,油脂光泽,半透明到不透明,毛毡状纤维交织结构,质地细腻
石英质玉(隐晶质)	白色、黄色、绿色	2.55 ~ 2.71	6.5 ~ 7.0	1.53 ~ 1.54(点测)	颜色均匀,玻璃光泽居多,透明度较好,结构细腻,玛瑙具特征的条带状构造
石英质玉(显晶质)	白色	2.64 ~ 2.71	6.5 ~ 7.0	1.54(点测)	颜色多为不均匀,玻璃光泽,可见油脂光泽,粒状结构
大理石	白色、黄色	2.65 ~ 2.75	3.0	1.486 ~ 1.658	颜色均匀,玻璃至油脂光泽,解理面闪光,粒状或纤维状结构,条带或层状构造,遇稀盐酸起泡
蛇纹石玉	绿色、黄色、黄绿色、白色	2.57(+0.23, -0.13)	2.5 ~ 6.0	1.56 ~ 1.57(点测)	颜色均匀,蜡状光泽,透明度较好,可见黑色矿物包体,白色条纹
翡翠	白色、绿色、黑色	3.25 ~ 3.40	6.5 ~ 7.0	1.66(点测),墨翠为1.67	颜色不均匀,玻璃光泽,有"翠性",纤维状—柱粒状变晶结构
玻璃	各种颜色	2.20 ~ 4.50(可变)	5.0 ~ 6.0	1.47 ~ 1.70(可变)	颜色均匀,玻璃光泽,可见气泡、流动旋涡构造,模压的压痕,贝壳状断口

一、石英质玉

石英质玉是最常见的一类玉石，与和田玉最为相似。石英质玉主要组成矿物为石英，可含有赤铁矿、褐铁矿、云母等而呈现许多种颜色，但其总体的鉴定特征与石英的基本性质相一致。石英质玉分为隐晶质和显晶质，与和田玉相似的隐晶质石英质玉主要有玉髓、玛瑙等，显晶质石英质玉主要有白色石英岩玉。

（一）基本特征

1. 矿物组成及其化学成分

石英质玉的组成矿物主要为石英，可含有云母类矿物及赤铁矿、针铁矿等。化学组成主要是二氧化硅，另外可含少量的钙、镁、铁、锰、镍、铝、钛、钒等元素。

2. 物理性质

颜色：可见各种颜色。

光泽：玻璃光泽，有时可见油脂光泽。

透明度：透明至不透明。

折射率：1.53 ~ 1.54，点测法常为1.54。

密度：2.55 ~ 2.71 克/厘米^3。

摩氏硬度：6.5 ~ 7.0。

3. 放大检查

隐晶质石英质玉结构细腻，显晶质石英质玉为粒状结构，可含赤铁矿、针铁矿、云母等矿物包裹体。

（二）与和田玉的主要区别

1. 白色玉髓和白色玛瑙

白色玉髓和白色玛瑙在外观上与和田玉中的白玉十分相似，其折射率和相对密度值均比和田玉低，透明度较高（图7-7），具有玻璃光泽，油润性较差。白色玛瑙具有特征的条带状构造（图7-8），呈现透明度和细腻度差异性带状相间分布，而白玉几乎不见条带状构造。

2. 石英岩玉

白色石英岩玉（俗称"京白玉"）与和田玉中的白玉外观十分相似（图7-9），绿色石英岩玉与和田玉中的碧玉比较相似（图7-10~图7-12），它们之间容易混淆。但石英岩玉的折射率与相对密度均低于和田玉，显晶质粒状石英颗粒粗大，可见明显粒状结

构，由于其脆性较大，在加工时容易出现破损，在其成品的抛光表面上常见有破碎崩口和点状闪光。

图 7-7　晶莹剔透的白色玉髓手镯

图 7-8　白色玛瑙手镯
（图片来源：国家岩矿化石标本资源共享平台）

图 7-9　白色石英岩玉原石
（图片来源：国家岩矿化石标本资源共享平台）

图 7-10　绿色石英岩玉原石
（图片来源：国家岩矿化石标本资源共享平台）

图 7-11　绿色石英岩玉镯心
（图片来源：国家岩矿化石标本资源共享平台）

图 7-12　绿色石英岩玉香炉
（图片来源：国家岩矿化石标本资源共享平台）

3. 绿玉髓

绿玉髓（如"澳玉"等）在外观上与和田玉中的碧玉比较相似（图 7-13），其相对密度与折射率均明显低于碧玉。绿玉髓整体颜色均匀、鲜艳明亮（图 7-14），一般杂质少，部分品种的绿玉髓放大观察可见绿色点状致色矿物。碧玉的绿色通常相对比较深沉，色调较暗，为深绿色、墨绿色。此外，部分碧玉肉眼可见黑色不透明的铬铁矿，呈斑点状分布于碧玉中。

4. 黄玉髓

黄玉髓（如"黄龙玉"等）的外观与和田玉中的黄玉很相似（图 7-15），其相对密度与折射率均明显低于黄玉。黄玉髓的颜色分布较均匀，常见黄色条带状色带、色斑等（图 7-16），而黄玉几乎不见条带状色带及色斑。此外，黄玉通常具有明显的油性和温润性。

图 7-13 绿玉髓原石
（图片来源：国家岩矿化石标本资源共享平台）

图 7-14 绿玉髓葫芦雕件
（图片来源：国家岩矿化石标本资源共享平台）

图 7-15 黄玉髓手串
（图片来源：王梦提供）

5. 黑色玛瑙

黑色玛瑙的外观与和田玉中的墨玉很相似（图 7-17、图 7-18），但其相对密度与折射率均明显低于墨玉。黑色玛瑙在透射光下可见特征的条带状构造，而墨玉在强光下透光性较差，不见条带状构造，抛光面的反光强。

图 7-16 黄龙玉"平步青云"摆件

图 7-17 黑色玛瑙球
（图片来源：国家岩矿化石标本资源共享平台）

图 7-18 黑色玛瑙手串
（图片来源：国家岩矿化石标本资源共享平台）

二、大理石

大理石是一种常见的碳酸盐类玉石（图 7-19、图 7-20），早已广泛使用于建筑和装饰材料，市场上常称白色的大理石为"汉白玉"。业内俗称的"阿富汗玉"也是大理石（图 7-21），质地细腻、洁白油润，与和田玉中的白玉很相似。由于主要组成矿物为方解石，其鉴定特征与方解石基本性质相一致。

图 7-19 汉白玉原石
（图片来源：国家岩矿化石标本
资源共享平台）

图 7-20 汉白玉摆件

图 7-21 具有条带状构造的
阿富汗玉碗

（一）基本特征

1. 矿物组成及其化学成分

大理石的主要组成矿物为方解石，可含白云石、菱镁矿、蛇纹石、绿泥石等。化学组成主要是碳酸钙，可含有镁、铁、锰等元素。

图 7-22 黄色大理石"观音驯兽"雕件
（图片来源：国家岩矿化石标本资源共享平台）

2. 物理性质

颜色：常见白色、黄色（图 7-22）、黑色等，以及各种花纹和颜色。

光泽：玻璃光泽至油脂光泽。

透明度：半透明至不透明。

折射率：1.486～1.658。

密度：2.70（±0.05）克/厘米^3。

摩氏硬度：3.0。

3. 放大检查

大理石呈粒状结构或纤维状结构，可见方解石解理面闪光，条带或层纹状构造。

4. 其他

大理石遇稀盐酸起泡。

（二）与和田玉的主要区别

白色大理石外观上很容易与和田玉中的白玉相混淆，但其密度明显小于和田玉。白色大理石常可见到粒状结构和独特的层状、条带状构造。在其成品表面、棱角、珠子打孔处放大观察，可见破口、划痕和解理面闪光。大理石摩氏硬度低，可用铁制小刀在其不明显部位轻微刻划出痕迹。

大理石的化学成分为碳酸钙，容易与盐酸发生快速反应，产生二氧化碳气泡，并留下腐蚀痕迹而使表面失去光泽。而白玉遇盐酸不见任何反应。值得注意的是，滴酸鉴定方法属于破坏性试验，应慎用在隐蔽部位。

三、蛇纹石玉

蛇纹石玉（岫玉）是我国传统的玉种，早在一万年多年前，古人就有使用蛇纹石玉的传统，由于其质地细腻、分布广泛、使用普遍等因素，常与和田玉（尤其在古玉中）相混淆。蛇纹石玉的主要组成矿物为蛇纹石，其鉴定特征与蛇纹石基本性质相一致。

（一）基本特征

1. 矿物组成及其化学成分

蛇纹石玉的主要组成矿物是蛇纹石，次要矿物有方解石、白云石、滑石、透闪石、菱镁矿、绿泥石等。蛇纹石是层状含水的镁硅酸盐（Mg，Fe）$_6$[Si$_4$O$_{10}$]（OH）$_8$，镁可被铁、镍、锰、铝等置换，有时还可有铜、铬的混入。

2. 物理性质

颜色：常见绿色（图7-23）、黄绿色（图7-24）、黄色、黑色以及多种颜色混色。

光泽：多为蜡状光泽。

透明度：常为半透明至微透明。

折射率：点测法常为1.56～1.57。

密度：2.57（+0.23，-0.13）克／厘米^3。

摩氏硬度：纯蛇纹石玉的摩氏硬度较低，一般为3.0～3.5，受其他组成矿物的影响，硬度变化于2.5～6.0，当透闪石、石英等含量增高时，硬度加大。

3. 放大检查

蛇纹石玉呈叶片状、纤维状结构，可见黑色磁铁矿、灰白色方解石等矿物包体，以及白色条纹或团块。

（二）与和田玉的主要区别

白色岫玉外观上与白玉十分相似（图7-25），黄绿色岫玉外观上与和田玉中的黄口料也十分相似（图7-26、图7-27）。但其相对密度与折射率均明显低于和田玉，大部分岫玉的透明度都高于和田玉。岫玉可见独特的由灰、白、黑、黄绿等多种颜色间杂的现象（图7-28），构成不均匀的、斑驳的色斑、团块分布在其表面，而和田玉的颜色比

较单一。岫玉硬度较低，用铁制小刀可在其不明显部位轻微刻划出痕迹，该方法属于微损测试，适用于原石的鉴定。

此外，部分岫玉中可见白色絮状物、粒状包裹体，或者不规则形状的黑色包裹体，以及具有金属光泽的黄铁矿等硫化物。

图 7-23　绿色岫玉原石
（图片来源：国家岩矿化石标本资源共享平台）

图 7-24　黄绿色岫玉原石
（图片来源：国家岩矿化石标本资源共享平台）

图 7-25　白色岫玉雕件
（图片来源：国家岩矿化石标本资源共享平台）

图 7-26　绿色岫玉玲珑套球

图 7-27　绿色岫玉奔鹿雕件
（图片来源：国家岩矿化石标本资源共享平台）

图 7-28　颜色间杂的岫玉恐龙雕件
（图片来源：国家岩矿化石标本资源共享平台）

四、翡翠

翡翠在明代后期才传入我国，在清代达到顶峰，直至现在仍是深受国民喜爱的玉石。翡翠颜色艳丽多彩，质地细腻坚韧，其中白色翡翠与和田玉中的白玉、墨翠或黑色翡翠与和田玉中的墨玉在外观上较为相似。

（一）基本特征

1. 矿物组成及其化学成分

翡翠主要由硬玉或由硬玉及钠钙质辉石（绿辉石）、钠质辉石（钠铬辉石）组成，可含少量角闪石、长石、铬铁矿等矿物。主要矿物化学成分为硅酸铝钠；可含有铬、铁、钙、镁、锰、钒、钛等元素。

2. 物理性质

颜色：各种颜色，分布不均匀。

光泽：玻璃光泽。

透明度：常为半透明到不透明。

折射率：1.666 ~ 1.690（+0.020，-0.010），点测法常为 1.66，墨翠为 1.67。

密度：3.34（+0.06，-0.09）克/厘米^3。

摩氏硬度：6.5 ~ 7.0。

吸收光谱：可见 437 纳米特征吸收线，铬致色的绿色翡翠还可见 630 纳米、660 纳米和 690 纳米的特征吸收线。

3. 放大检查

翡翠放大检查可见纤维—柱粒状变晶结构，翡翠具有解理面闪光——"翠性"。

（二）与和田玉的主要区别

1. 白色翡翠

白色翡翠容易与和田玉中的白玉相混淆（图 7-29、图 7-30），但翡翠的折射率和相对密度均大于和田玉。白色翡翠组成成分单一，由较纯的硬玉矿物组成，抛光表面为强玻璃光泽，还可见到起伏不平却光滑的"微波纹"（图 7-31）。质地一般不如和田玉细腻，如果翡翠结构粗大，可以见到解理面闪光，即"翠性"（图 7-32）。

2. 墨翠和黑色翡翠

墨翠和黑色翡翠在外观上与和田玉中的墨玉相似。墨翠反射光下呈黑绿色—黑色，

图 7-29 白色翡翠观音吊坠　　　　图 7-30 白色翡翠手镯

图 7-31 翡翠抛光表面的微波纹 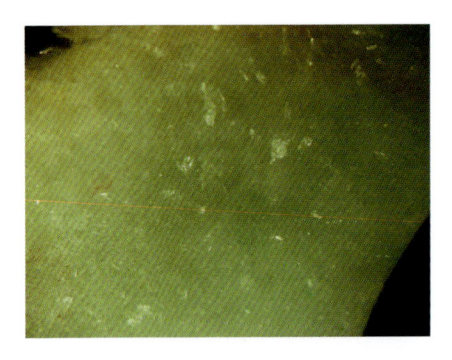　　　　　图 7-32 翡翠表面解理面闪光（"翠性"）

强透射光下呈绿色—墨绿色（图 7-33），有时表面可见白色斑点，呈强玻璃光泽。黑色翡翠在反射光及强透射光下均呈深灰至灰黑色，如"乌鸡种"翡翠（图 7-34），是由石墨、角闪石等深色矿物致色。墨玉颜色以黑色为主，因其内部含有石墨而呈现黑色，黑色可呈条带状、团块状、云雾状或点状分布，整体颜色不均匀且不透明，油脂光泽，结构细腻，折射率和相对密度均小于墨翠或黑色翡翠。

a 反射光　　　　a 透射光

图 7-33 墨翠吊坠　　　　　图 7-34 "乌鸡种"翡翠手镯

五、玻璃

玻璃属于人造材料，是从熔融状态下冷却而未结晶的无机物质，其颜色、形状、相对密度都可以人为控制，所以玻璃的颜色很多，物理性质也有一个宽泛的变化范围，可以仿制不同品种的和田玉。仿制和田玉主要有普通玻璃、传统脱玻化玻璃、新型微晶化玻璃等。

（一）基本特征

1. 化学成分

玻璃的化学成分主要为二氧化硅，可含有钠、铁、铝、镁、钴、铅、稀土元素等。

2. 物理性质

颜色：可见各种颜色。

光泽：玻璃光泽。

折射率：1.47～1.70（含稀土元素的玻璃±1.80）。

密度：2.20～4.50克/厘米^3。

摩氏硬度：5.0～6.0。

紫外荧光：由弱至强，因颜色不同而异，一般短波强于长波。

3. 放大检查

玻璃放大检查可见气泡、表面洞穴、拉长的空管、流动纹理等。

（二）与和田玉的主要区别

玻璃总体上具有人工材料的特征：模压制造的玻璃可能有模压的压痕，玻璃可能会有冷却收缩所造成的凹陷面，玻璃内部可能会含有球形、拉长形气泡以及流动旋涡构造、不规则的交错色带等，在破口处、珠子打孔处具有贝壳状断口等特征。值得注意的是，现在的仿制工艺能够在玻璃中做出"水线"的结构，有一定的蒙蔽性。此外，玻璃的成分组成变化较大，有硅酸盐玻璃、硼酸盐玻璃、磷酸盐玻璃等，通过红外光谱或拉曼光谱能够准确将玻璃鉴定。

1. 普通玻璃

普通玻璃是最常见的和田玉仿制品，仿制颜色主要有乳白色（图7-35）、绿色、青色等，半透明至不透明，呈玻璃光泽，常含有大小不等的气泡（图7-36），贝壳状断口，

图7-35　普通玻璃仿和田玉
（图片来源：国家岩矿化石标本资源共享平台）

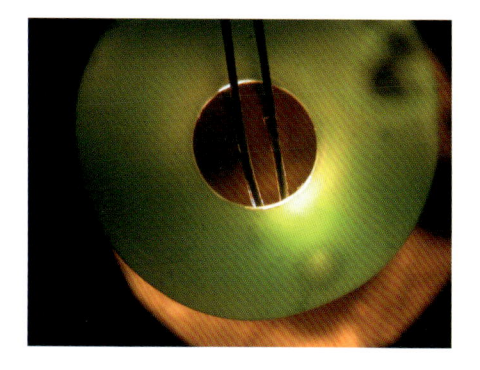

图7-36　玻璃中可见气泡

折射率 1.51 左右，密度 2.5 克／厘米^3 左右，均明显低于和田玉，呈弱至强荧光。

2. 传统脱玻化玻璃

传统脱玻化玻璃可仿制和田玉的各种颜色，如白、绿、青、黄等颜色，显微镜下明显可见脱玻化（重结晶）结构，半透明至不透明，气泡较少。

3. 新型微晶化玻璃

新型微晶化玻璃为一种较新的仿制品，主要呈白色，颜色和白玉非常相似，有时成品上还会做假"毛孔"，染上假皮色以仿制和田玉子料，蒙蔽性较大。

第八章
Chapter 8
和田玉的加工工艺与流派

和田玉玉器在我国的使用历史有 8000 余年之久,《礼记·学记》有"玉不琢,不成器"之说,一块璞玉只有经过巧匠的奇妙构思和细致琢磨,才能成为精美绝伦的艺术珍品。历代玉雕大师用智慧和勤劳,将玉石自然之美与历史文化、民族特色融为一体,出神入化,浑然天成,为后人留下旷世之作。

随着科学技术和智能化技术的迅速崛起,和田玉的加工设备及工具有了很大改进,古典文化被注入了新思想,各大流派的风格也不断交汇。玉雕技术发展至今,已成为一门工艺流程完善、技法种类繁多的中国艺术,也是世界历史长廊中不可多得的文化遗产之一。

第一节

和田玉的加工工序与设备

一、古代和田玉加工工序及设备

我国古代的制玉技法,起源于石器制作。和田玉的加工工艺一直是师徒传承,而不行于文字,最早记录古玉作工的典籍是《周礼·考工记》,然而此书并未过多描述琢玉之法。明代科学家宋应星(1587—约 1666 年)在《天工开物》中写道:"凡玉初剖时,冶铁为圆盘,以盆水盛砂,足踏圆盘使转,添砂剖玉,逐忽划断……有泉流出精粹如面,借以攻玉,永无耗折。既解之后,别施精巧工夫……凡镂刻绝细处,难施锥刃者,以蟾蜍添画而后锲之。"该著作较为详细地描述了当时的制玉流程。至清末,玉器加工已经形成一套记载完整的体系,由原始打制到简单琢磨,再到精雕细刻,玉雕工艺逐步发展成熟,清代的李澄渊在 1891 年绘制的《玉作图说》中,系统地描绘了当时玉石作坊的加工工序和使用设备,将制玉流程分解为捣砂研浆、开玉、扎砣、冲砣、磨砣、掏膛、上花、打钻、透花、打眼、木砣、皮砣等。

（一）捣砂研浆——制备磨料

《诗经》中既有"如切如磋，如琢如磨"的攻玉之法，又有"它山之石，可以攻玉"的解玉之策。古时制玉的砣硬度较低，不足以琢磨和田玉，因此需要借助"解玉砂"来削磨玉石。"解玉砂"即磨料，史料上明确出现有关解玉砂的记载始于北宋，在南宋的《百宝总珍集》（佚名）中最早记载了解玉砂的功能和形态，其中有"邢砂"一项："碾玉邢砂出河北，水晶玛瑙及诸工……此砂出河北邢州（今河北邢台），贩到此间。"此后，金代、元代、明代均有对解玉砂形态和产状的描述。《玉作图说》中则这样记载（图 8-1a）："攻玉器具虽多，大都不能施其器本性之能力，不过助石砂之能力耳。传云，黑、红、黄等石砂产于直隶获鹿县，云南等处亦有之。形似甚碎砟子，必须用杵臼捣砟如米糁，再以极细筛子筛之，然后量其砂之粗细漂去其浆，将净砂浸水以适用。磨光宜研极细腻黄砂去浆浸水以适用。"近代地质学家章鸿钊在 1921 年出版的地质著作《石雅》中，进一步总结分析了当时常用解玉砂的类型、成分与特性等："今都市常用者有二：一曰红砂，其色赤褐，出直隶邢台县，验之即石榴子石也，玉人常用以治玉。二曰紫砂，其色青暗，出直隶灵寿县与平山县，验之即刚玉也。""试以等级言之，矿石之至坚者，莫如金刚，故其数为十。刚玉次金刚一等，其数九，翡翠其数七……故紫砂得治之；石榴子石其数亦七……玉则其数六有半，故红砂得治玉焉。"玉工把采集来的砂加工成符合琢玉要求的粒度，之后再放到器皿中沉淀，最后按照粒度大小筛选分类，这便是捣砂、研浆的过程。

（二）开玉、扎砣——切割分解

切割和田玉原石，需要使用弓或锯等工具配合解玉砂来完成（图 8-1b）。古时常用竹板弯成弓形，用铁丝拧成麻花状制成弓弦，玉工根据待切玉料的尺寸选择不同型号的弓。开玉时通常会在玉石上方悬挂一个容器，水和解玉砂经容器底部孔洞滴在璞玉上，弓弦带动解玉砂不断摩擦玉石，最终将其分割。

当原石被分成小块之后，需使用"扎砣"进一步分解（图 8-1c）。古人把以脚蹬为动力，采用轮磨法制作玉器的专用设备称为"水凳"，各种类型的砣具安装在水凳上才能运转。操作时，玉工一手托拿玉料，另一手将水和解玉砂浇在其上，与此同时，双脚轮流踏着蹬板，靠绳子牵动木轴带动卧杆旋转，从而带动砣片切削玉料，直至将其切削成需要的尺寸。

（三）冲砣、磨砣——初步打磨

"冲砣"由宽钢圈和厚竹枝制成，它可以把玉料的棱角磨成圆滑的弧面，这一过程相当于粗磨、做坯（图 8-1d）。经过这个步骤，玉料也大致成形了。随后使用磨砣在毛坯上磨出细节。磨砣的厚度一般为6~9毫米，与扎砣相比更加薄而锐利，因此可将和田玉的表面磨得更加平整（图8-1e）。

（四）掏膛、上花、打钻、透花、打眼——精雕细琢

玉料打磨成形后，需要进一步加工，即雕刻琢磨，此阶段是玉料从璞玉到成品变化最大的一步，复杂且重要。常见的工艺方法有掏膛、上花、打钻、透花、打眼等。

1. 掏膛

掏膛即去掉玉料中间部分使其中空（图8-1f）。如碗、杯、瓶、鼻烟壶、笔筒等和田玉器皿，都要进行掏膛工序。常用的工具是"钢卷筒"，其做法是将铁片卷成管状，其上有可以存放少量解玉砂的透沟（凹槽），以铁轴辅架于旋车上，采用碾磨方法在玉器上钻出一个眼，当钻管（即钢卷筒）进入玉料后，膛内会留有一根玉柱，用小锤轻震钢卷筒使玉柱脱离玉料，即可截取出来；如果掏膛的是口小腹大的器皿，则需用弯曲的扁锥头配合水、解玉砂将内部的玉料一点点磨除，即《玉作图说》所描述："至若玉器口小而堂宜大者，则再用扁锥头有弯者就水细砂以掏其堂。"

2. 上花

在玉料上琢磨花纹或图案，被称为上花（图8-1g）。上花使用的砣具形似钉子，可与铁轴随意组合，砣的头部是很锋利的小圆盘，根据器皿形状和纹样的需求，选择适宜大小的砣进行琢磨。

3. 打钻

镂空前需要在玉料上打孔，这个孔叫作"花眼"（图8-1h）。玉工左手握住玉器加以固定，右手来回拉动弯弓，轧杆在弓弦的带动下旋转，杆尖所嵌的钻头配合解玉砂不断摩擦玉料，从而钻出圆孔。为了提高工作效率，会在横杆上悬挂重物，增加向下的压力。

4. 透花

透花即给玉料进行镂空，此过程用到的工具为"锼弓"（图8-1i）。透花时，需先用木拿（一种木制的支架）固定玉器和锼弓的位置，之后将锼弓上的铁丝穿入花眼，随解玉砂沿着之前画好的线条不断摩擦玉石，从而制作出镂空的效果。

5. 打眼

打眼与打钻原理相同，使用的工具叫作"绷弓"，适用于不能用手扶拿的小型玉器，如烟壶、扳指、烟袋嘴等（图8-1j）。打眼时需要使用一个20~30厘米长的竹筒，筒内盛清水，水中有数个大小形状不同的带槽木块，用于固定玉料。玉工手持铁盅将钻头稳定，同时拉动绷弓使钻头随之转动。

（五）木砣、皮砣——抛光上亮

和田玉以其温润如油脂的光泽闻名于世，为了展现这一特色，抛光是必不可少的工序。古代抛光玉器，需先使用"木砣"配以最细的解玉砂将玉料磨平，当遇到小型玉器或精细花纹（图8-1k），无法使用常规木砣时，通常使用干葫芦片制成的小砣进行抛磨。而后使用牛皮制成的"皮砣"摩擦玉石表面，其线条会更加平滑，表面更加光亮（图8-11）。自此，一件精美的和田玉制品就完成了。

a 捣砂研浆

b 开玉图

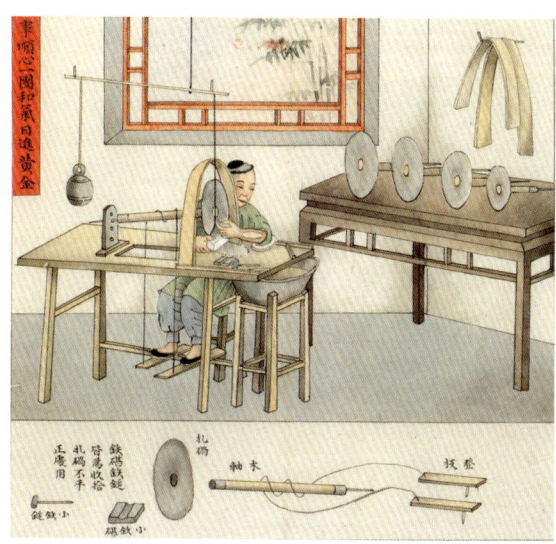

c 扎砣图

d 冲砣图

图8-1 古代玉石加工工序图——《玉作图说》（李澄渊，1891）

e 磨砣图

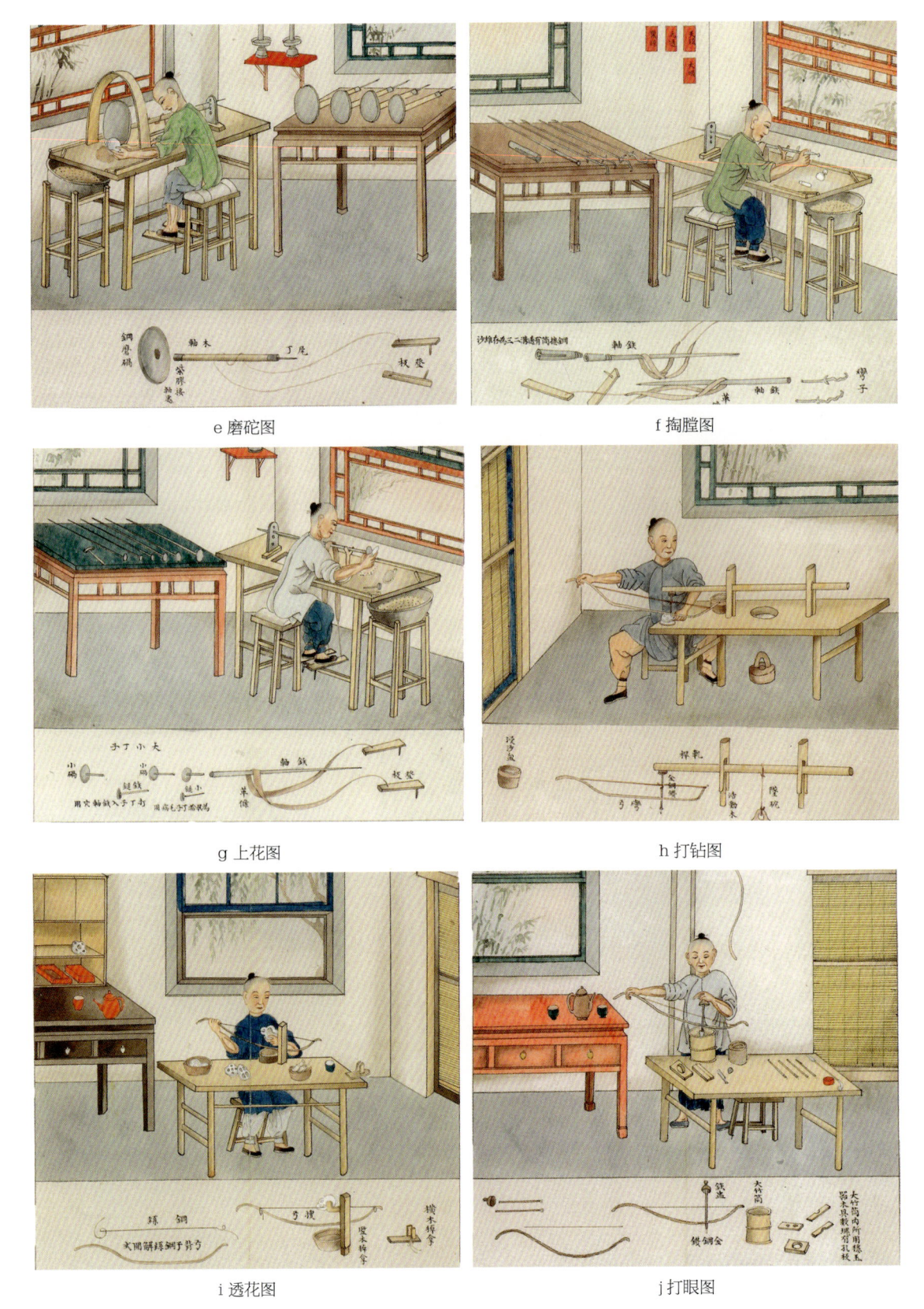

f 掏膛图

g 上花图

h 打钻图

i 透花图

j 打眼图

续图 8-1　古代玉石加工工序图——《玉作图说》(李澄渊，1891)

k 木砣图　　　　　　　　　　　　　　　l 皮砣图

续图 8-1　古代玉石加工工序图——《玉作图说》（李澄渊，1891）

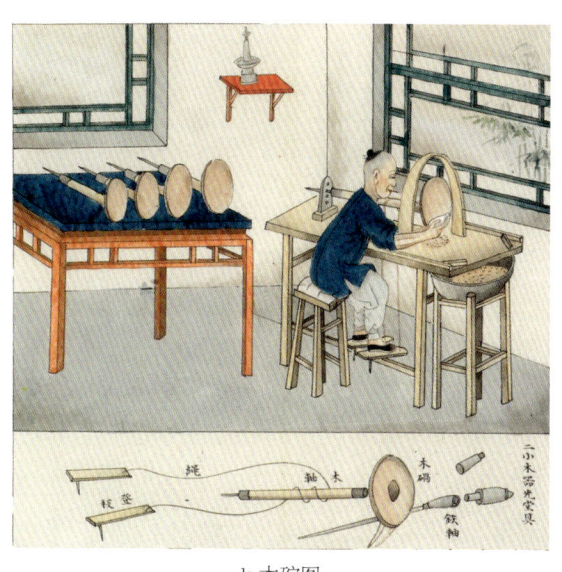

二、现代和田玉加工设备及工序

古人的智慧孕育了深厚的玉石文化，也诞生了大量优秀的作品，然而由于工具和设备的落后，许多玉器的制作耗时很长，玉雕行业发展缓慢。中华人民共和国成立后，电动马达逐渐取代了双脚踏板，古老的水凳也被先进的电动琢玉机所替代。这是玉雕史上加工工具的一次飞跃，大大提高了工作效率，从此，玉器制作不再是繁重的体力劳动，女性也可以参与其中。不仅如此，工艺的提高促进了创作思想的放飞，很多玉雕师的巧妙构思得以实现。

（一）现代和田玉加工设备

1. 玉料切割设备

对玉料进行基础分割作业的设备主要有油切机、大型开料机（图 8-2）、中型切台、小型切台、切条机、切块机等。特别在数字化、智能化普及的当今，更是有了封闭式玉石微切机（俗称线切机）（图 8-3）等全自动数控设备，加强了设备的便利、安全属性，提高了玉石加工的效率和水平，相比传统工艺更是减少了原料损耗。

2. 玉器雕刻设备

现代玉石雕刻的设备主要有台式机（横机）、吊机、电磨机、牙机，由人工控制设备来进行雕刻作业。

图 8-2 玉石开料机　　　　　　　　　　　　图 8-3 封闭式玉料微切机

　　台式机又称横机（图 8-4），由传统设备水凳演变而来，以电力驱动代替传统的脚蹬手磨。其特点为设备整体体积大，装卸磨头时较麻烦，且需手动调节转速。但由于这类机型可安装多种规格的磨片与磨头，独立完成从出坯到细琢的绝大部分工序，故时至今日也是利用率最高的一类专业设备。

　　吊机又称吊磨机、软轴钻（图 8-5），其基本结构为一台电机、一根长软轴、一个固定磨头卡头和一组脚踏调速开关。与传统台式机相比，吊机是便于移动的轻型设备，且长软轴能够弥补固定式磨头不够灵活的缺点，帮助人们完成任意角度的加工作业。但吊机相对功率一般，转速较慢，且通常只能使用较小直径的磨头。

图 8-4 台式机（横机）　　　　　　　　　　图 8-5 吊机

　　电磨机（图 8-6）为一种手持式小型玉雕设备，便于携带，装卸磨头操作简便，转

速可调节。然而，更换磨头时需手动校准，且启动时作用力大，需要有经验的操作者稳定把握。这一设备更适用于大型山子类雕件的加工。

牙机（图8-7）并非传统玉雕设备，而是琢玉人为提高玉雕精细度而"借用"的牙科医疗设备，灵活度极好，小巧便携，采用卡头式装卸磨头，无须校准，转速可调节，主要应用于精细雕琢工序中。

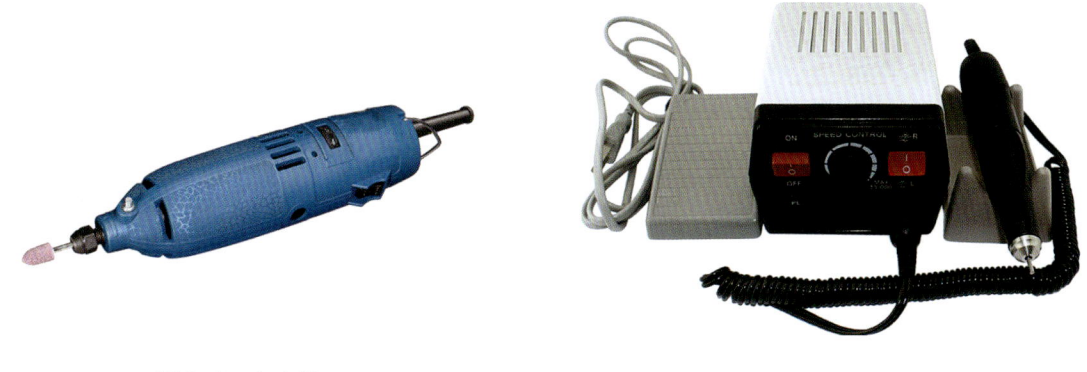

图8-6　电磨机　　　　　　　　　图8-7　牙机

3. 超声波雕刻机和数控玉雕机

上文所提及的设备大大提高了玉雕效率，但仍需全程手动控制，以完成玉雕的整体轮廓、造型和细节的雕刻。近年来，科技发展使得机雕技术逐渐成熟，超声波雕刻机、数控雕刻机这类机雕设备几乎能够"包揽"整个雕刻过程，机雕的玉石制品在市场上也愈发普遍，多为小型花牌、挂件、屏风等造型，产品图案精美、造型规整，加工时间短，可批量生产。

超声波雕刻机（图8-8、图8-9）的原理实质上为模造，使用高碳钢制模具（图8-10），采用高硬度的碳化硅制作磨料，通过机器带动模具在玉件表面以超声波的频率来回振动摩擦，从而达到快速自动雕刻的目的。此方法加工速度很快，制作出的雕件比例、轮廓也有较高精准度，但对于如发丝、指甲等雕件的细节仍无法做到精确处理，因此成品整体观感上略显粗糙、不够精致。考虑到超声波雕刻的原理和成品特点，该方式通常用于质量一般的玉料（图8-11）。

数控玉雕机（图8-12）是另一种现代雕刻设备，综合应用了计算机、自动控制、自动检测等精密器械加工技术，使用特殊的刻刀，按照电脑所设计的图形（图8-13）自动雕刻。在程序控制下，玉雕机的刻针前后左右反复移动，因此用放大镜观察未抛光的玉件表面，有时可看到整齐排列的线点，特征有别于手工玉雕作品。与超声波雕刻机相比，数控玉雕机精细度更高且操作形式更自由，不拘泥于模具的形状，可对中低档玉石进行批量生产，雕刻速度较超声波雕刻机慢些。

图 8-8 超声波雕刻机

图 8-9 超声波雕刻机加工过程

图 8-10 超声波雕刻机的加工模具

图 8-11 加工半成品

图 8-12 数控玉雕机
（图片来源：广州玉鼎科技有限公司提供）

图 8-13 数控玉雕机雕刻使用的三维灰度图及成品

机雕是现代智造发展下的产物，加工效率高、劳动成本低，成品具有规格统一的特点，有时为了兼顾成本和造型细节，人们会选择先使用机械设备加工，再手工修整。但目前机雕尚不能完全像手工雕刻一样因料施艺，无法取代高水平手工雕琢的神韵和灵动感。

4. 玉器抛光设备

玉器抛光作业依情况不同，采用的抛光设备也大不相同。

常用的抛光设备结构并不复杂，能安装各类抛光工具（木砣、刷砣、毛毡轮等）的打磨设备或雕刻机均可用于抛光作业，通过机械设备高速转动带动各类工具配合抛光剂摩擦玉器表面，完成对玉器的抛光工作。整个过程需要玉雕师手持操作，不断调整角度，观察效果，以求达到良好效果。

当遇到和田玉器成品价值较低、数量过多的情况时，人们往往选择大批量抛光的作业方式，称作"摇光"。摇光设备有滚筒式抛光机和震动式抛光机两类。

滚筒式抛光机（图8-14）的主要部分是一个可转动的圆筒，圆筒密闭或有螺旋盖；为防止噪声过大，滚筒内部可有橡皮层或木板层作为缓冲层。滚筒抛光机转速不宜过快，否则离心力过大，玉件反而在滚筒中不能相互滑动。

震动式抛光机简称"震机"（图8-15），启动时震动马达会产生强大机动力，通过震动弹簧带动震动盘中的抛光粉等物质产生上下翻转、由内向外翻转、螺旋型翻转3种方式的运动，玉件在运动过程中产生摩擦，最终达到抛光效果。

图8-14　滚筒式抛光机　　　　图8-15　震动式抛光机

（二）现代和田玉加工配件工具

"手巧不如家什妙"，在和田玉加工中，能否巧妙熟练地使用工具，决定了雕琢的效果。

雕刻玉器的常见工具为砣具，最早由石制，故名"砣"，后也可用木、皮革、铜、铁制成。砣的形状有很多种，按用途可分为铡砣、錾砣、勾砣、轧砣、钉砣、冲砣等，此外，还有很多专用的砣，如制作玉碗玉杯要用的碗砣、掏玉器内膛要用的膛砣（表8-1）。普通金属砣有制作方便、耐用的特点，使用时需配合磨料。现代的砣大多由古代演化而来，因此下文将统一介绍，不再分别赘述。

现代玉雕行业中，混合镀有金刚砂的砣已经被广泛使用（图8-16）。这种砣是由人造金刚砂粉末和银粉、锡粉、石墨按一定比例混合，再烧结在普通金属砣上而成。其形状和功能并无太大改变，无须配合磨料使用，给玉雕者带来方便，也大大提高了工作效率。

抛光玉器的工具多呈轮状、盘状、鼓轮状，在设备带动下以轮磨方式进行抛光，与雕刻工具最大的区别便在于材质。典型的抛光工具配件有胶砣、木砣、皮砣、葫芦砣（风干后的葫芦硬壳制成）、毡轮、布轮、刷轮、皮条、蜡抛光盘、锡面抛光盘等。

表 8-1　砣的类型与用途

类型	用途	示意图
铡砣	铡砣为圆片状，周围有锋利的刃，相当于圆形锯片，通常用于玉雕的开料和出坯阶段，可实现摽、抠、划工艺。"摽"是切去棱角。"抠"是从两个角度歪线切割，剐取中间的部位。"划"是切和抠的反复运用。有些铡砣中心有孔，可用螺丝与玉雕机转轴相连；有些铡砣无孔，需要用紫胶黏在转轴顶端上	
錾砣	錾砣相当于小型铡砣，也是圆形片状，直径通常小于120毫米，灵活小巧，可多角度进行切割。錾砣主要用于出坯之后，通过对玉料的进一步削磨，基本可以完成和田玉的粗雕工序	
勾砣	勾砣比錾砣更小，砣口边部有数种变化，薄口者用于勾线、起线，厚口者用于顶、搂。勾砣可将细小的部分琢磨得更加清晰，如花纹、头发、眼睛、羽毛等造型。"勾"是刻划出线条；"搂"是用圆盘边缘进行磨削，使雕刻形象的结构出现深浅不同的变化；"顶"是用圆盘平面进行磨削，可以使地纹更加平整。此外，叠挖、翻卷等工艺均需要使用勾砣，可用来制作花瓣、衣边的效果	
轧砣	轧砣用于平整玉器表面，其磨头变化多样，根据砣口平直程度可分为齐口（砣口平直成直角）和快口（砣口小于90°），根据顶端形状，可分为圆柱状、圆锥状、圆台状、枣核状等。由于种类很多，用途极为广泛，主要用于进一步加细造型，如琢磨人物五官或手指等，或将錾砣加工后的锯痕磨平。此外，轧砣还可以实现推搬、叠挖、顶撞等工艺，使得玉器表面光洁、造型准确	
膛砣	膛砣是专门用于冲磨掏空器皿的内膛的工具，主要分为"串锤"和"弯子"两类，前者多为立体的铁质圆球状，后者一般用粗细铁条制作而成，根据掏膛需要调整弯曲角度	
钉砣	钉砣行内也称"钉子冒"或"喇叭口"，功能较多，它的快口既能切割又能碾磨，平面部分还可以用于顶撞或向内掏搂。钉砣常用于勾出更细致的纹饰，如人物的头发以及鸟羽龙鳞等，是作品的提神之笔	
冲砣	"冲"，即较大面积的磨削。冲砣为圆环状铁质工具，由于形状与玉器内膛相符，且有很多规格，也经常被用于敞口玉器掏膛	
磨砣	由厚度2~6毫米的钢板制成，大小如铡砣，上面有车镟好的圆凹槽	

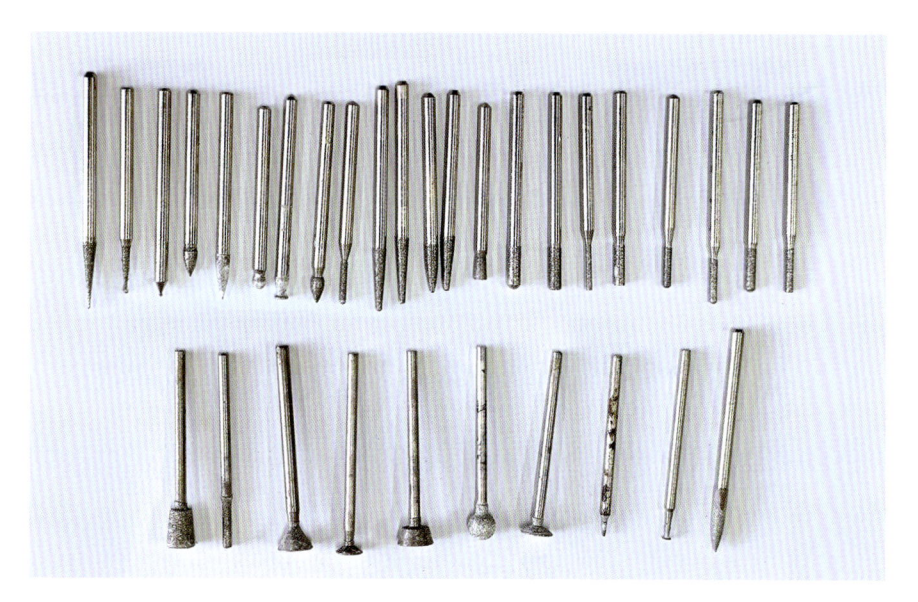

图 8-16　金属砣具实物

除各类设备的工具配件外，加工中的辅助材料也必不可少，如磨料和抛光粉。磨料起切削作用，古代用的磨料常为天然材料，有石英砂、石榴石砂、刚玉砂等，如今主要采用人工合成的磨料，如碳化硅粉、碳化硼粉、钻石粉等。抛光粉通常由氧化铈、氧化铝、氧化硅、氧化铁、氧化锆、氧化铬等组分构成。

（三）现代和田玉加工工序

"师古而不泥古"的理念引领当代玉器加工的传承与创新。近现代和田玉的加工沿用了部分古代的治玉流程和原理，按加工顺序，已将加工工艺优化为相玉、设计、雕琢、抛光四道工序。

1. 相玉

相玉又称审料，即雕琢前观察玉料的外形、颜色、玉质、绺裂等状况，仔细揣摩，方可合理使用。玉雕艺人总结出的"一相抵九工"的感悟，道出了相玉的重要性。相玉是玉雕实践的精髓，既可以节省工时，还可以避免玉料的浪费，以达到物尽其用。相玉过程中，既可以根据对玉料的仔细观察确定工艺题材，也可以根据成熟的设计图，寻找适宜的玉料，这一步看似简单却十分考验"功力"。经验丰富的玉匠可以选择合适的位置分解玉料，使最终的和田玉作品效果突出、引人注目。

2. 设计

设计指玉雕设计师把选料时的构思绘在纸上或和田玉原料上，是一个由虚转实的过程，也是雕刻过程的关键所在。和田玉的雕琢不同于一般批量化产品生产，每件玉料都有自身的独特性，所以设计也需要因材因玉而异，并且要贯穿玉器制作的始终。

和田玉的设计通常包含造型设计和工艺设计两个步骤。

（1）造型设计

造型设计要根据玉料特点画出设计图稿，或在玉料上描绘出图形，从而发挥出原材料的特点（图8-17）。好的造型设计通常有如下几个方面的要求。

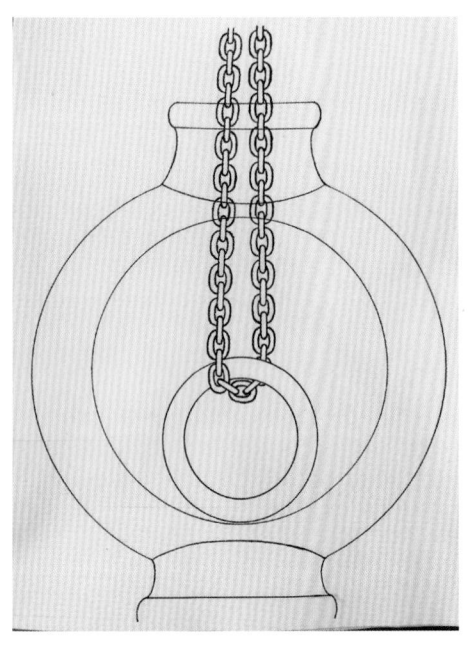

图 8-17　造型设计图稿
（图片来源：王金高提供）

一是用料干净，行内把纯色的玉石中夹杂的不和谐颜色称为"脏"，把玉石的裂纹叫作"绺"。为了整体的美观，在设计时须遵循"挖脏遮绺"的理念，尽可能地掩盖住玉料本身的瑕疵。

二是合理用料，做到好材优用，把玉料最美的部分放在最显眼的位置，并尽可能最大限度地用足玉料，突出其本身的特点。有时一块玉料甚至可以设计出多件作品。

三是量料取材，根据玉料的色泽和质地，施以最恰当的工艺。如果玉料质量好，可依据颜色、大小和形状直接确定加工方向。正方体宜用于器皿造型，三角柱宜用于鸟类题材，长方体宜用于人物造型等。如果玉料的缺点明显，可通过去皮、去脏、切开等方法，细心观察，从而达到化瑕为瑜、废料巧用的目的。

四是美化造型，即形象逼真生动、流畅美观，造型上不仅要有明确的主题，还要尽量做到画面主次分明、动静结合、疏密得当，有层次感及透视感。

再者，和田玉造型设计中颜色的运用也非常重要，通常遵循"单色尽美""多色找俏"的原则。白玉作品注重洁白和润美，造型面要求圆润，因此多用于制作器皿，或者仕女、佛像、仙鹤等象征美好情操的造型。对于青玉作品，颜色浅淡的可用于薄胎造型，颜色浓重的常制成具有动态的兽类造型。墨玉则需要根据不同情况进行造型设计，全墨和田玉多用于器皿，聚墨多用于俏色。

（2）工艺设计

工艺设计是指和田玉加工时，设计师在玉料上用墨画出标记，指示玉工进行雕刻（图8-18）。通常造型设计在确定后很难改变，而工艺设计却需要随时调整修改。工艺设计非常考验设计师的能力，因为在雕刻的过程中，可能会出现很多意想不到的情况，如玉工雕刻失误、玉料出现之前没有发现的瑕疵和杂质等，只有设计者与制作者默契配合，才能使和田玉作品精益求精。

巧色、俏色、分色等是工艺设计中的常用代表性技法，此3种技法有相通之处，但侧重点不同，有层层递进之势（图8-19）。巧色指合理运用玉质的颜色，巧妙地与雕琢造型结合。俏色重在利用雕刻凸显玉料上特别的颜色，使其运用自然、灵动，成为整个造型的亮点。著名玉雕大师潘秉衡（1912—1970）曾说过："俏色要宁少勿多，俏要俏到点子上，一点为绝，二点为俏，三点为花。"分色，则是在俏色基础上将不同颜色部分严格区分开来，保证层次分明，十分考验玉雕师的技艺和对玉料的了解程度。色彩方面的设计应注意顺色取材，尽量将巧色、俏色、分色部分安排在作品的主要位置，充分巧妙地利用玉料的特点，使其质、色、形均与题材内容相吻合。

图 8-18　工艺设计
（图片来源：王金高提供）

图 8-19　俏色巧雕的工艺设计
（图片来源：李军正提供）

3. 雕琢

唐代史学家吴兢在《贞观政要·政体》中记载了唐太宗对魏征说的一段话："玉虽有美质，在于石间，不值良工琢磨，与瓦砾不别；若遇良工，即为万代之宝。"可见雕刻对于玉器的价值具有重要影响。和田玉的加工技巧千变万化，归根结底是琢和磨。

雕琢流程一般分为两步，粗雕和细琢。

（1）粗雕

在粗绘之后，按照设计的方案，加工者对玉石原料进行粗雕，也称"打胚"，即初步完成玉雕作品的基本造型与外观轮廓（图8-20）。这一步非常重要，因为玉石雕刻是一个不可逆的过程，一旦成形，便只能按照实际情况继续完成。玉雕师在长期实践中总结出了许多经验，主要有见面留棱、以方易圆、打虚留实、先浅后深、颈短臂高等技巧。

（2）细琢

完成打胚后需要将局部的细密造型绘于粗胚之上再进行精细雕琢，从而使作品表现的花鸟鱼虫、人物山水等主题更加生动逼真（图8-21）。细琢工艺是全部玉雕流程中最为复杂和重要的环节，同时也是决定整个玉雕作品精美程度的关键。

图 8-20 粗雕"打胚"过程
（图片来源：王金高提供）

图 8-21 细琢过程
（图片来源：王金高提供）

4. 抛光

和田玉原料经过上述工艺流程后虽然有了形状和线条，但只能算是半成品。俗话说"三分雕刻七分磨"，抛光作为最后一道工序非常重要，好的抛光效果能够充分展示玉器的材质美、工艺美。根据抛光时手工介入的程度，大体可将抛光方式分为手抛和机抛两类。

（1）手抛

手抛多用于雕刻工艺较好、价值较高的玉器或素身玉器，毛、毡、皮革、棉布、木材、橡胶、砂棒等都可作为抛光的工具。皮革材质的工具可抛出强光，布轮、毛毡等材质的工具可抛出柔光。手抛时首先需将玉件表面修饰平整，直至看不到明显擦痕，接着用各类磨具细致修好，之后用圆砂纸或砂棒（由粗砂至细砂）进行打磨，再用沾有抛光剂的圆布轮进行大面积抛光，最后用毡磨头抹上抛光剂进行细部抛光，也可以用橡胶磨头直接抛光。

手抛作业方式又可细分为纯手工抛光（图8-22）与机械设备辅助手工抛光（图8-23），两者区别在于加工中是否借助了机械设备代替手工擦磨，然而本质上，这两种抛光方式都需要玉雕师全程手工介入。纯手工抛光需花费更多工时，会使玉器整体看起来更自然，光泽更柔和，通过采用适宜的工具、控制抛光力度，可抛出亚光的感觉。机械辅助抛光效率较高，节省人力，施力均匀，可抛出更强光泽。在实际的抛光作业中，往往是机械辅助抛光与纯手工抛光视情况而交替运用。

图8-22　纯手工抛光　　　　　　　图8-23　机械设备辅助手工抛光
（图片来源：王金高提供）

（2）机抛

当玉件体积较小，材料档次较低，且对成品形状、大小无特定要求时，采用的机抛方式又称摇光，它是一种能批量抛光玉件的处理方式。具体操作内容是将玉件、抛光剂和水加入滚筒或震动盘中，启动设备，玉件便会在滚动或震动中相互摩擦，抛光原理同

图 8-24　震动式抛光机抛光过程

河中卵石的形成类似（图 8-24）。除抛光剂外，实际操作中还会随玉件加入"助磨剂"，"助磨剂"可以是钉子、四方小木块、片状木块、废橡皮条等物体，为的是避免玉件之间直接撞击。摇光加工时间通常为 3～5 天，时间与经济成本更低，缺点是玉件间的摩擦无规律性，容易磨损棱角，细节及缝隙处常留有粗糙、明显的雕刻痕迹，且成品通常光泽过强，失去了原本的温润质感。

针对诸如大型山子、大型造像等大型玉器的机抛方式则较为特殊，可将玉器固定于平台上，用高速旋转的升降磨轮掠过玉件表面以达到抛光效果。部分玉石加工从业者也会发明新的机抛方式，如采用高压喷头喷出混有抛光粉的气流，通过对玉件的全方位冲击达到抛光效果。

第二节
和田玉的加工技法

一、和田玉常用雕琢技法

和田玉的加工技法千变万化，玉雕大师以玉为纸、以琢代书，一琢一磨，方寸之间展现的是中华玉雕文化的历史沉淀。从玉器的形状构思，到画面的设计，再到雕刻技法的选择，每一步都需要谨慎考虑。一件和田玉器在加工过程中往往要融合和使用多种技法，常见的玉器加工技法有阴刻、阳刻、浮雕、圆雕、透雕、内雕、薄胎、活环、嵌宝等。

（一）线刻

1. 阴刻

阴刻是指从玉石表面向下刻画线条或块面，表现内容低于玉石平面，以刻出作品形象的雕刻类型（图8-25）。阴刻线条大多以书法和白描为基础，该工艺看似简单，但操作难度较大，因为用勾砣打磨时，刀痕中间深两边浅，需要玉雕者缓慢平稳的移动，不断刻划，才可形成均匀完整的线条。

2. 阳刻

阳刻指为凸起形状，将笔画显示平面物体之上的立体线条（图8-26）。玉雕中的阳刻又称"减地平凸"（"地"指玉器表面下凹部分的平面）的方法让线条凸起来。进行雕刻时，先用勾砣在玉器表面勾出需要凸起部分的轮廓，再把线外的部分平磨掉一层，使纹样高出地子，形成凸起的花纹。阳刻法要求将大面积的地子磨得平整光滑，如有某一处雕得过深，其他部分也要保持与之齐平。因而，从保持雕刻均匀的角度上讲，阳刻工艺要比阴刻更难。

无论是对阴刻线条凹凿还是对阳刻底部肌理处理，都是各类雕刻技法的基础，最能展示和田玉制作者的基本功。

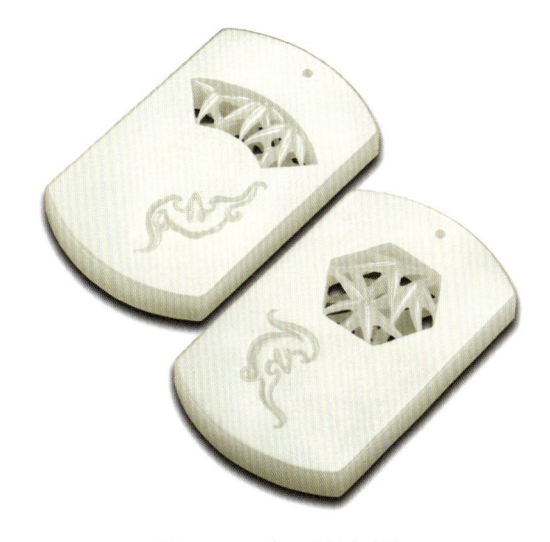

图8-25　白玉阴刻对牌

图8-26　墨玉阳刻牌
（图片来源：刘丽娜提供）

(二) 浮雕

浮雕是一种在玉石表面进行雕琢，以凹凸形式表现艺术形象的雕刻类型，根据凹凸深浅程度，可分为深浮雕、浅浮雕。浮雕是介于圆雕和绘画之间的艺术表现形式，线条不拘泥于形式，深浅凸凹不一，用压缩的办法来处理对象，靠透视等因素来营造立体逼真的三维效果，主要用于素活（指无装饰图案的玉器）、炉、瓶熏、器皿之中。

浅浮雕类似于绘画，其深度一般不超过2毫米，以线和面结合的方法增强画面的立体感，对勾线要求严谨，画面整体凹凸起伏变化较小，立体感较弱（图8-27）。深浮雕又称高浮雕，接近圆雕，雕刻深度大，层次交叉多，雕刻画面凹凸起伏变化大，明暗对比强烈，立体感强（图8-28）。

图8-27　黄玉浮雕"高瞻远瞩"挂牌
（图片来源：王金高提供）

图8-28　碧玉浮雕"亭亭玉立"挂牌
（图片来源：王金高提供）

浮雕的图案主要有两大类：一类是各种传统的纹样，如回形纹、雷纹、勾云纹等；另一类是写实图案，如花鸟虫兽、山水人物、龙凤瑞兽、吉祥图案等。各式纹样的配合运用，能使作品更加古朴庄严、富丽轻巧。

(三) 圆雕

圆雕又称立体雕，是一种将玉石原料在三维空间进行雕琢的雕刻类型。圆雕没有浮雕所谓的正侧面，前后左右各面均须雕出，器如实物，可以从各个角度观赏，只是比例略有差异（图8-29）。中国玉雕讲究写意、神似，使用圆雕技法往往不拘于形式，作品多样，常见的类型是陈设玉器、小件玉坠（图8-30）等，充分利用了玉石原料的各个面位，丰富了玉雕作品的欣赏层次和画面范围。

图 8-29　白玉圆雕童子雕件
（图片来源：摄于天雅古玩城）

图 8-30　青花子料圆雕麒麟雕件
（图片来源：刘丽娜提供）

（四）透雕

透雕又称镂空雕，是一种将玉石原料镂空雕琢，贯通玉雕制品的雕刻类型。通常采取钻孔穿透碾磨法，即先在片状玉料上钻出小孔，再沿小孔修出需要的形状。透雕可使所雕图案的轮廓更加鲜明，显示玉件玲珑剔透的效果（图 8-31）。

a 全貌

b 局部

图 8-31　碧玉透雕香熏球
（图片来源：常量提供）

利用透雕技法可以巧妙去除和田玉原料的杂质和绺裂，有助于提高玉器的品质。然而，透雕作品的层次比较复杂，花纹图案线条互相交错，雕琢和抛光难度大。因此，在雕刻技法的运用中须合理使用透雕，不可过分追求镂空技法。

（五）内雕

内雕技法是指在玉石上雕琢内外多层图案景物，通常有两层或三层，层层分别雕琢，业内称之为"绝活"。和田玉的韧性很大，适宜采用内雕技法，在制作成品时经常施以细工，使其形准、规矩、利落、流畅。由于工具条件所限和玉雕工艺尚不娴熟，内雕技艺从民国时期至中华人民共和国成立初期都一直空白。近年来，内雕技法虽逐渐成熟，得到广泛关注，但受限于工艺复杂、雕琢难度高，该技法制成的玉雕作品仍比较少见。图 8-32 是将内雕与活环链技法结合雕刻而成的活环内链瓶，在瓶膛中完成了链环的造型与雕刻，体现当代玉雕技艺的精进、创新。

a 外部　　　　　　　　　　b 内部链环示意图

图 8-32　青玉活环内链瓶
（图片来源：王金高提供）

（六）薄胎

薄胎玉器指容器壁厚度极薄，甚至透光的玉器。清代乾隆皇帝曾写过一首诗来描绘薄胎玉器的精美和轻巧："薄遏片刻铢，轻于举鸿毛。在手疑无物，定睛知有形。"

薄胎工艺源自古代痕都斯坦工艺，简而言之，就是将玉器的壁做得极薄且厚度均一，达到半透明的效果。薄胎玉器一般为炉、瓶（图 8-33）、觚、碗（图 8-34）等器皿，造型规正、大气。制作时用料十分讲究，常选用白玉或青白玉，颜色均匀无杂色，且质地必须非常致密，不能松散或有裂，以避免在加工过程中由于机器震动导致玉料破碎。薄胎玉器玉壁最薄处的厚度仅有一二毫米，掏膛时一定要耐心仔细，以免碎裂。

图 8-33　白玉薄胎瓶

图 8-34　白玉薄胎碗
（图片来源：杨林提供）

薄胎玉器表面有素面或有浮雕图案，在薄胎上琢磨复杂的纹饰十分困难，故成品工艺价值极高。

（七）活环链

活环链指将玉料削琢成相连的活动环索，从而延伸玉料的跨度，是"活环"和"玉链"工艺的统称。活环是指玉器的耳部或肩部有兽首或花头衔一可活动的玉环，玉链是指玉器上有由多个相互衔接的小玉环组成的链条（图 8-35）。活环玉链工艺亦称"链子活"，在炉、瓶、塔、熏、片、锁、坠等玉雕物件上均有出现。其工艺精巧，堪称绝技，可与立雕、镂空雕玉器结合，锦上添花，使作品灵动剔透，更富艺术感染力。

活环链的制作分为刺条、起股、掐节、掏环、脱环、修整几个步骤。凡带有环链的作品，都需要先雕琢环链，再制作其他部位。活环链工艺既难又险，不但要准确地安排环链的位置，做到"取其材而不离其体"，还必须保证每节圈环完整无缺，环环相扣、圈圈相连，稍有差池则前功尽弃。成品的圈环要求每一节大小一致、厚薄均匀，作品中有双链时，则两链要长短对等、方向一致（图 8-36）。和田玉的韧性大、价值高，与一些脆性较大的玉石相比，更适合也更值得做活环链。活环链工艺还可以提高原材料的利用率，增大作品的体量、丰富作品画面，使作品造型体现小中见大、静中有动的效果。

图 8-35　白玉"福寿如意"链瓶
（焦一鸣、刘海、王鑫高作品）

图 8-36　白玉活环链瓶
（图片来源：摄于兰德纵贯文化发展公司）

二、金镶玉与错金嵌宝技法

（一）金镶玉

金镶玉是我国传统手工艺之一，广泛应用在首饰、摆件等器物的装饰中，2008年北京奥运会金镶玉奖牌的创作更是让这一工艺广为人知。该工艺通常使用焊接、浇筑、模压、錾花等方法制作贵金属纹饰图案，再用镶嵌的方式与玉石结合，从而起到装饰的作用。采用金镶玉工艺制作的吊坠、挂件等饰物在市场上较为常见（图8-37），有些工艺品则以玉为主，少量金饰在玉石周围或内部作为陪衬，烘托玉质之美（图8-38）。该工艺除了对玉石进行装饰，还应用于织物、皮革、大型铜造像、大型壁画等工艺、艺术创作中。

（二）错金嵌宝

错金嵌宝指在玉器上轧入金银丝或镶嵌宝石的金属细工装饰技法，这两种工艺可分开或结合使用。部分学者认为，该工艺源自商周时代的"金银错"工艺，又称"镂金"或"镂银"，在唐代叫作"填丝"。轧金银丝的方法是先在器物表面上绘出精美图案，并依图案之形錾出槽沟，然后用更小的砣把槽沟底部扩大，将纯金或纯银拉成细丝或压成薄片嵌入图案中，再用小锤敲实，金银受力变形，与玉器逐渐贴合，最后把表面打磨平整，金银丝就被嵌入到玉器中。镶嵌宝石的工艺原理与之相同，也是利用金属可塑的性质将宝石嵌入玉器中。

图 8-37　金镶碧玉吊坠

图 8-38　金镶白玉"八宝"果盒
（图片来源：王金高提供）

嵌宝工艺所表现的图案与和田玉的基底通常会形成强烈鲜明的色泽对比，金属光泽与油脂光泽的对比，宝石色与玉色的对比，都使图案更为突出也更富有表现力（图8-39、图 8-40）。

图 8-39　白玉错金镶宝石碗
（图片来源：摄于故宫博物院）

图 8-40　白玉错金嵌宝"花好月圆"盒（潘秉衡作品）
（图片来源：摄于北京工艺美术博物馆）

有诗云"雕琢复雕琢，片玉万黄金"（《题郑宁夫玉轩诗卷》南宋·戴复古），工艺精良的玉器一直都被人们视作珍贵的宝物和财富的象征。玉石加工的技法虽有门类之分，但制作过程中却很难完全分开使用，只有仔细观察并结合玉料本身的特点，根据经验活用、巧用各类工艺技法，才能雕刻出一件完美的和田玉作品。

三、和田玉常用修复技法

和田玉虽然硬度较高且韧性极强,但在佩戴、展示、运输等过程中难免会出现碰撞损伤的情况,历代玉雕师在实践中不断尝试修复玉器的方法,可以总结为以下4个方面。

(一)原位黏合

玉器断裂时,可以用强力高效的特殊黏合剂将其黏结,操作时需先将断面清洗擦拭干净,之后将黏合剂均匀涂抹其上,按照断裂位置黏结,用力按压,并可用胶带固定防止错位,断口处多余的黏合剂可用丙酮擦除(图8-41)。

图8-41 和田玉原位黏合修复
(图片来源:刘丽娜提供)

(二)缺处添补

如果和田玉挂件、摆件由于磕碰出现缺损,可使用添补的方法进行修复。通常使用的材料是合成树脂掺滑石粉,涂于缺失部位,以塑刻方式修饰。为了使修补部位的颜色尽可能接近周围玉器的颜色,可在填料中加入与修复玉器同种、同色原料研磨成的粉末,如白玉、青玉、碧玉等。

(三)镶金修复

镶金修复是一种传统的玉器修复工艺,例如损伤断裂的和田玉手镯,可以在断裂处包一段金箍(图8-42),也可在金属部分雕出美丽的花纹(图8-43)或镶嵌宝石以作装饰,来掩盖缺陷。

（四）重新创作

根据玉器损坏的具体情况，玉雕师可在原有的造型基础上进行重新创作。如果破损较小，通常使用"去高补低""去肥补瘦"等加工技法，对玉器进行小面积修饰调整，使其整体外观协调、比例得当。如果一件玉器被破损成两块至多块，可以分别对每一块进行琢磨加工，使其变成独立又相互关联的小件，化残缺为完整。

图 8-42　镶金修复白玉手镯　　　　图 8-43　错金镶嵌修复白玉戒指
（图片来源：刘丽娜提供）

第三节
和田玉的工艺流派

一、古代北工南工

清代乾隆时期，传统玉雕工艺达到顶峰，南北方文化的差异使得当时玉雕工艺呈现"北雄南秀"的景象。按地域分布看，北工以北京为中心，广义上也包括西北和东北地区；南工以苏州、扬州为中心，广义上指江浙一带。

北工始于元代，盛于明清。北工习惯于在玉石上留出较大面积，以刀法简练著称，形成"疏可跑马、细不透风"的特点，风格豪放粗犷、古朴庄重、典雅大方。南工讲究章法，不惜工料精雕细琢，工艺细腻巧妙，特别表现在玉器摆件上，以"山子雕"和"链子活"技艺著称于世，风格俊俏飘逸、儒雅秀丽、浑厚圆润。

二、当代四大流派

中华人民共和国成立后,北京、天津、广东、江苏、上海、甘肃、河南、辽宁、新疆等地相继成立玉雕厂,几千年的玉雕技艺再次得到复兴和发扬。随着社会经济文化的发展,南北工逐渐演化成当代的四大玉雕流派——北派、扬派(扬派、苏派)、海派、南派。从地域上看,四大流派分布均匀,从北方到南方皆有,且均居于中国经济最繁荣的地带。各玉雕流派在继承前代的经验技艺的同时,又开拓创新,将这项传统工艺发扬光大。

(一)北派

1952年以前,北京玉雕业的经营方式主要是前店后厂或作坊的形式,玉器的生产销售被控制在如魁盛斋、华珍号等几个较大的作坊手中。1953年3月,北京第一玉器生产合作社正式成立,之后的两年内北京地区又陆续成立了6个玉器生产合作社。北京玉器厂于1958年成立,是当时全国规模最大、产品种类最多的一家集体所有制玉器生产企业。

北派玉雕由北工发展演进而来,风格也延续了北工刀法简练、粗犷豪放的特点。近代代表人物有"北玉四杰",包括擅长制作薄胎玉器和轧金银丝嵌宝工艺的潘秉衡(图8-44),以雕刻观音、仕女等人物像闻名的何荣,以圆雕花卉植物见长的刘德瀛,组织四大国宝玉雕设计制作的王树森(图8-45)。当代北派玉雕代表人物有蔚长海、宋世义、郭石林、姜文斌、宋建国等,所制作的玉器题材广泛,从巨制到小件,从浮雕到圆雕,从风景到人物,从传统到现代,无不涉足,雍容华贵之余,以深厚的文化底蕴见长。

图8-44 白玉薄胎炉(潘秉衡作品)
(图片来源:摄于北京工艺美术博物馆)

图8-45 白玉人物雕"河清有日"(王树森作品)
(图片来源:摄于北京工艺美术博物馆)

（二）扬派（扬派、苏派）

扬派玉雕，泛指江苏扬州、苏州一带的玉雕艺术，有些学者也将此地区的玉雕分为扬派、苏派两个派系。扬州和苏州具有悠久的历史，交通便利、经济富庶、自然环境优美，为玉雕艺术的形成与成长创造了有利条件。扬派玉雕在经历了漫长的发展之后，逐渐形成了独到的艺术特点和地方风格，题材从人物、花鸟山水到神佛瑞兽等不一而足，类别从挂件到瓶炉及至山子不胜枚举。现代扬派的玉雕师在继承吸收传统工艺特点的同时，不断开拓创新、勤谨实践，将多种加工技法融于一体，"因材施艺、量料取材"，不仅延续了南方传统玉雕的细腻圆润、灵秀精巧，又融入了北方玉雕的格局开阔、雄壮气派，已然有了"雄秀兼并"的气势。

现代扬派的代表人物有擅长山子雕雕刻的顾永骏（图8-46），擅长人物雕刻的薛春梅，擅长白菜雕刻的江春源，擅长炉瓶器皿雕刻的高毅进（图8-47）等。这些玉雕大师们博采众长，推陈出新，兼收并蓄，共同演绎了扬派玉雕艺术的新风貌。

图8-46　白玉"放鹤图"山子（顾永骏作品）

图8-47　青玉"双耳卣"（高毅进、杨光作品）

（三）海派

海派玉雕发源于19世纪末，分布在以上海为中心的长江三角洲地区，在近现代及当代玉雕艺术中有很强的影响力。当时，苏州、扬州及其周边地区的玉器制品都通过上海口岸向外输出，因此为上海玉雕业的发展提供了契机。如著名的玉雕大师王金洵、万源斋、傅长华、尤洪祥，人物、动物雕刻大师杨恒玉、胡鸿生、顾咸池等，都在上海特定的文化氛围中，吸收了新的文化营养，大显身手，"海派"玉雕应运而生。

海派玉雕的基本特征可用概括为"古今相承、南北相容、中西合璧、兼容并蓄"，既将扬派、苏派、南派以及宫廷玉雕的工艺风格融汇其中，又沿袭了中国明清时期的玉雕精华。只要被认为是美的艺术，它都会将其吸收变化，如中国画、雕塑、书法、篆刻、各类民间艺术、西方绘画艺术等。除了工艺精湛之外，海派玉雕更加强调"设计元素"，题材多元，艺术感染力强。在海派风格中，器皿主要以仿青铜器为主，工艺精细、造型严谨，造型丰满柔秀、生动传神，玉器雕琢细腻、庄重古雅，处处体现着"精而不过、巧而不俗、细而不匠、简而不繁"的工艺特色。

20世纪60年代后，海派玉雕发展迅速。80年代的上海地区玉雕从业人员超过2000人，代表人物有"炉瓶宗师"孙天然、孙天仪，"三绝艺人"魏正荣，"南玉一怪"刘纪松和"飞兽大师"董天基等。自90年代起，随着改革开放的发展，又涌现一批具有代表性的玉雕大师，如吴德昇（图8-48）、于泾、颜桂明、翟倚卫（原名翟念卫）（图8-49）、崔磊（图8-50）、易少勇（图8-51）等。

图8-48　白玉"达摩"雕件（吴德昇作品）

图8-49　白玉"倩影"雕件（翟念卫作品）

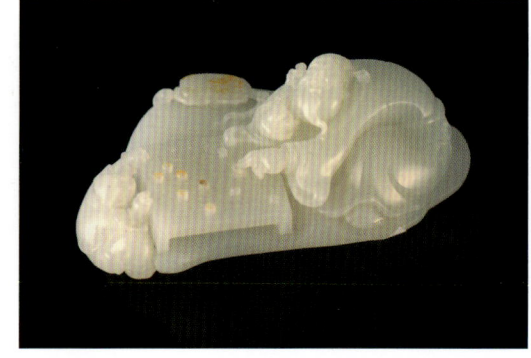

图8-50　白玉"步步为赢"雕件（崔磊作品）

图8-51　白玉牌"玉骨含香"（易少勇作品）

（四）南派

当代玉雕行业内，还活跃着一群南派，不像北派那般以古朴为美，亦不似扬派那般以秀丽称雅，而是以镂空为奇。当代南派玉雕分布在广东、福建一带，长期受到竹、木、牙、角雕工艺和东南亚周边文化影响，在镂空、内雕等雕琢技艺上独树一帜。通雕座件、镂雕玉球等都是南派玉雕的绝活，造型丰富，玲珑传神，具有独特的艺术风格。南派玉雕以其极致的工艺水平，震撼着观者的视觉神经。当代南派玉雕的代表人物有高兆华、高光烈等。

三、各流派的交流融合

玉雕的各个流派均有其基因传承性，不同流派的风格彰显了不同的地域文化特色。但如今，各流派出现了审美特点相互包容、风格相互渗透融合的趋势。究其原因，一是由于科技发展，信息时代让人们的眼界和思维空间都得到了很大的提升；二是改革开放后管理体制改变，玉雕人才的流动促进了各区域美学观念和加工工艺的融合碰撞；三是活跃的珠宝市场需求，让各地的玉器可以快速流通，从而加快了地区间的交流。

玉雕是吸收人类与大自然美好的艺术，历久弥新。近年来，我国的繁荣发展为玉雕行业的发展提供了新的契机，也注入了新的活力，百花齐放、百家争鸣的局面沛然而兴。要想实现玉雕工艺的传承就必须把握传统玉雕工艺的精髓，将其置于时代发展的脉络之中，在相互参照和相互砥砺中，以新的思维、新的技术、新的观念审视和引导当代玉雕工艺的传承与发展，从而萌发新的艺术生机。

第九章
Chapter 9
和田玉的成品类型及其文化寓意

和田玉的开采与使用由来已久，其玉文化源远流长，故成品种类格外丰富，且纹饰多样，寓意美好，历经时间锤炼，至今仍熠熠生辉。现代的和田玉成品更是在继承传统、学习古代玉器中形制、纹饰和吉祥图案精髓的基础上，利用现代高超的玉雕工艺，走出了新时代的创作和发展道路。

第一节

和田玉首饰

一、和田玉手饰

（一）手镯

手镯又称手环，故时称为"钏"，是佩戴在手臂上的环状饰品（图9-1）。西周时期，钏是行军时的一种打击乐器，《周礼·地官封人》中有"以金钏击鼓"的记载，之后才逐

图9-1　白玉镶金、宝石臂钏（莫卧儿王朝）
（图片来源：Metropolitan Museum of Art，Wikimedia Commons，CC0许可协议）

渐发展为装饰品，即手镯。中国人喜爱并佩戴玉镯已有数千年的历史。玉镯高贵典雅、温润有方，能够衬托佩戴者的气质，且受传统玉文化影响，人们相信玉镯作为贴身之物有辟邪、纳祥、护身保健的作用。

和田玉的颜色和质地使和田玉手镯体现独特美感，低调而不掩气质，温润而更显端方。即便是和田玉中颜色稍鲜艳的，也绝不艳俗，而是有温和的光华流转其中，令人赏心悦目。至今，和田玉手镯仍是市场上最受欢迎的首饰，依据形状、纹饰、工艺3个方面进行分类。

1. 依据形状分类

手镯的形状包括圈口轮廓和条杆横截面形状两部分，素面或雕花手镯按其圈口轮廓分为圆形手镯（圆镯）和椭圆形手镯（贵妃镯），再根据条杆横截面形状进一步分为正圆形、扁圆形、长方形手镯等。因此，组合起来一般有以下几种。

（1）圆形手镯（圆镯）

圆形圈口圆形条杆（图9-2），简称"圆圈圆条"，内圆、外圆、环圆，寓意"圆圆满满、福寿安康"，故又称"福镯"。

圆形圈口扁圆形条杆（图9-3），简称"圆圈扁条"，圈口内侧平滑，外侧呈凸起的外弧形，简称"内平外圆"，外圆弧形拱起，形若如马鞍，取"鞍"的谐音"安"，故又称"平安镯"。

图9-2　圆圈圆条手镯

圆形圈口方形条杆（图9-4），简称"圆圈方条"，既具有西方简洁的立体风格，又蕴含中华传统文化"天圆地方"的观念，寓意处事平和、四平八稳，又称"平和镯"。

（2）椭圆形手镯（贵妃镯）

椭圆形圈口的镯子统称"贵妃镯"，相传古代四大美人之一杨贵妃为彰显自己与众不同，特地让玉石匠人为其制作椭圆形玉镯，并下令天下人不得仿制，因此这款手镯称为"贵妃镯"。主要有3种基本类型：椭圆形圈口圆形条杆（椭圆圈圆条）（图9-5）、椭圆形圈口扁圆形条杆（椭圆圈扁条）（图9-6）和椭圆圈口方形条杆（椭圆圈方条）（图9-7）。

除上面几种类型手镯外，还有条杆细至直径只有一般手镯条杆直径的1/2～1/3（图9-8），俗称"美人镯"（或称"叮当镯"），十分适合手腕纤细的女性佩戴，颇有"环佩叮当"的轻盈飘逸之感。

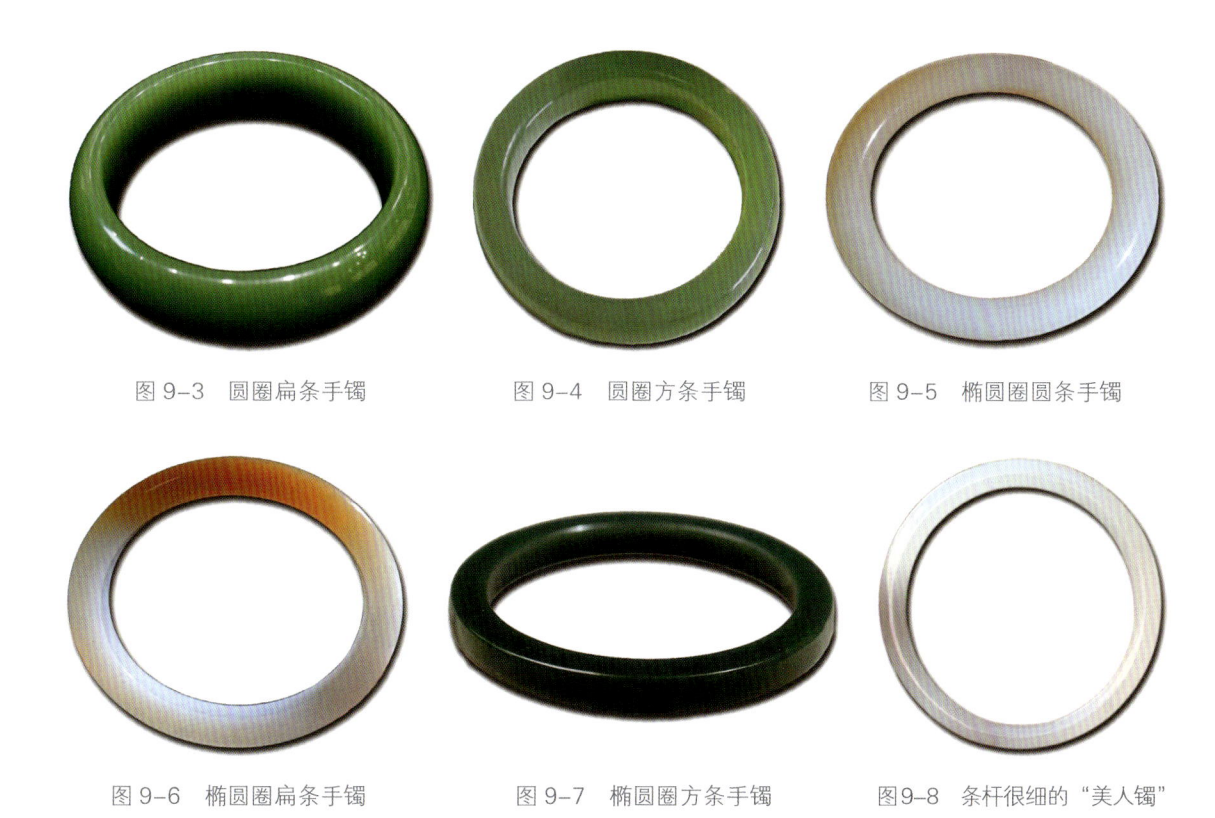

图 9-3 圆圈扁条手镯　　　　图 9-4 圆圈方条手镯　　　　图 9-5 椭圆圈圆条手镯

图 9-6 椭圆圈扁条手镯　　　图 9-7 椭圆圈方条手镯　　　图 9-8 条杆很细的"美人镯"

2. 依据工艺分类

依照工艺分类，可将手镯大体分为素镯、雕花镯和镶嵌镯。

素镯是在和田玉原石板料上"掏"出手镯，手镯平整、表面光滑，无任何纹饰，为最传统、最常见的制镯工艺。

雕花手镯是指表面有纹饰的手镯。依照纹饰，雕花镯有竹节形镯（图9-9）、龙凤镯（图9-10）、表面雕花镯（图9-11）、刻字镯、错金镶嵌镯（图9-12）、螺纹形镯（俗称麻花镯）（图9-13）等。

图 9-9 竹节形镯

图 9-10 龙凤镯　　　　　　图 9-11 表面雕花镯　　　　图 9-12 错金镶嵌镯

图 9-13　麻花镯（左）与麻花镯套组（右）
（图片来源：王金高提供）

镶嵌镯是指用贵金属镶嵌和田玉制成的手镯。款式可简约（图 9-14）可繁复（图 9-15），意在将玉石和金属的美感通过不同的设计方式有机结合起来。另外，还有一种手镯会在中段用金属包裹镶嵌并设计出不同纹样，为手镯添加装饰（图 9-16），有时也起到巧妙掩盖绺裂、断裂、杂色的作用。

图 9-14　简约的碧玉镶嵌手镯　　图 9-15　繁复的碧玉镶嵌手镯　　图 9-16　中段包裹金饰的白玉手镯

（二）手串

玉手串，是将玉珠用线绳串成的腕饰，由朝珠演变而来，属于传统首饰式样。和田玉手串可以作为一般的装饰，也可以作为佛珠串，常见的珠子数有十八颗、十四颗、十二颗等。所用玉珠可以是圆珠（图 9-17）、桶珠（图 9-18）、随形子料（图 9-19）、小型雕件（图 9-20）等。

图 9-17　墨玉错金圆珠手串　　　　　　图 9-18　白玉桶珠手串

图 9-19　随形白玉子料手串　　　　　图 9-20　碧玉雕件手串

（三）手链

用贵金属镶嵌和田玉手链是一种现代的首饰创作，其款式变化多样，不拘一格。如果说和田玉手镯具有典雅大气、古朴厚重的风格，那么，款式新颖的和田玉手链则更加都市化、多元化和个性化，具有别样的风情和视觉效果（图9-21、图9-22）。

图 9-21　白玉镶嵌手链　　　　　图 9-22　翠青玉葫芦镶嵌手链

（四）戒指

戒指，最初并不以装饰品的形式出现，叫法也只是因形而生的"环"。自东汉、魏晋南北朝起，受外来文化影响，戒指渐渐与装饰、定情信物、婚俗相联系。

现代社会中，戒指不仅是爱情婚姻的信物，也是彰显个人魅力的一种时尚饰品。戒指缤纷多样的款式使其已由单纯的信物发展成一种流行的首饰，在不同的场合佩戴合适的款式尤为重要，主要有镶嵌型戒指和素身戒指两种类型。

1. 镶嵌型戒指

镶嵌型戒指是目前市场上最常见的一种，也是样式最多的一种戒指。

戒面的基本形状有椭圆形（图9-23a）、圆形（图9-23b）、水滴形（图9-23c）、方形（图9-23d）、月形（图9-23e）、马眼形（图9-23f）、葫芦形（图9-23g）、平安扣形（图9-23h）等，以弧面最为适宜，有时还起到凸显特殊光学效应的作用（图9-23i）。镶嵌型的和田玉戒指常将素身戒面作为主石镶嵌在贵金属上，偶有配石，但款式宜从简，因为和田玉本身光泽温润、朴素大方，若配石使用过艳、过亮、过杂反而会产生不协调感，失去韵味。

2. 素身戒指

素身戒指的造型与和田玉手镯类似，多为一块和田玉原料掏出的素圈，为保证佩戴时与手指贴合，此类戒指的横截面基本为半圆形。有些素身戒指还会做凸雕、雕花处理，使戒指样式更丰富（图9-24）。

a 椭圆形　　　　b 圆形　　　　c 水滴形

d 方形　　　　e 月形　　　　f 马眼形

g 葫芦形　　　　h 平安扣形　　　　i 椭圆形（碧玉猫眼）

图9-23　和田玉镶嵌型戒面

图 9-24　和田玉素身戒指

（五）扳指

扳指，又称"搬指"或"班指"，基本形制为可套于大拇指上的圆管形，男士佩戴居多。妇好墓出土了迄今所知最早的玉扳指（图 9-25），下端平，上端如马蹄状，可套入大拇指。高端下部有一凹槽，可以扣弓弦。正面装饰有精美的双线阳刻兽形纹饰。

扳指原是古人射箭时戴在右手大拇指上勾弦的用具，是满族男子入关前必备之物。入关以后，扳指的实用性逐渐丧失，但由于清代历朝皇帝的喜爱，扳指向以装饰为主的方向发展，因而出现了较多的玉质扳指，成为身份地位的标志，一般用料考究。如今，扳指为一种复古风首饰（图 9-26、图 9-27）。

图 9-25　玉扳指（商代　殷墟妇好墓出土）
（图片来源：摄于首都博物馆妇好墓特展）

图 9-26　碧玉错金扳指

图 9-27　白玉雕花扳指

二、和田玉颈饰

在生存条件恶劣的远古时代，人们就已把动物的牙齿做成项饰，作为展现实力和炫

耀捕获的胜利的标志。在考古发现中，常见到战国时代前的精美项饰，之后便鲜有项链作为佩饰出现，直到隋代贵族李静训墓出土了随葬的项链，从其风格、制作工艺及所用材料可以大致推断该项链原产于巴基斯坦或阿富汗地区，由此可以推测，项链在中国的流传与异域文化传入中原有着非常直接的联系。一直到清代，项饰才开始普遍为人佩戴，如朝珠、璎珞圈等，发展至今，已成为一种重要饰品。

项饰对于衬托脸部及颈部的特征和烘托人的整体气质有着极为重要的作用，可成为首饰佩戴的点睛之笔。项饰的种类大体有镶嵌与未镶嵌两大类，其中镶嵌的和田玉项饰设计变化多样，未镶嵌的和田玉项饰包括珠链、单独雕刻的挂牌（坠）及与中国结艺搭配的组合图案挂坠。

（一）珠链

珠链与手串同为朝珠演变而来，而朝珠的历史又可以追溯到佛教的念珠，故称"佛珠"。佛珠是早期盛行于蒙古和西藏密宗喇嘛教徒使用的一种宗教物品。清代每逢皇帝皇后生日或重大典礼，喇嘛进贡佛珠已经成为一种固定的礼俗。清代皇室贵族十分喜爱由高僧作法祈福的佛珠，久而久之，佩戴佛珠成了一种风气。后来经过改良，佛珠成了宫廷服饰特有的配饰，称为"朝珠"，每串有108颗珠子，意寓12月、24节气、72候为一年的说法，总数刚好为108。还有一种解释即是承袭佛教"人生有108种烦恼"的说法——旧时佛寺每日朝暮各撞钟108次，称为"醒百八烦恼"。皇帝和大臣在不同的场合佩戴不同的朝珠，所使用的材料与佩戴者的身份等级密切相关。

和田玉珠链的每颗珠子通常要求大小一致，颜色和谐，质地趋同（图9-28）。切磨成珠链需耗费较多玉料，因此一条质量上乘的和田玉珠链着实可遇不可求。有时，珠链也可作为配饰与其他饰品进行搭配。和田玉爱好者也喜欢将形态相似的子料随形原石穿成珠链佩戴（图9-29），以追求"返璞归真"的意境。

图9-28　碧玉猫眼珠链　　　　　　图9-29　随形白玉子料珠链

(二) 项坠

1. 雕琢项坠

和田玉雕件项坠题材丰富，理论上各种传统吉祥图案、创新艺术图案都可以出现。常见的式样有佛、观音、祥瑞动植物、长命锁、貔貅等（图9-30~图9-33）。

图9-30　糖白玉弥勒佛挂件　　图9-31　白玉观音菩萨挂件　　图9-32　俏糖色白玉"连年有余"挂件　　图9-33　白玉长命锁挂件

2. 素身项坠

圆形素身怀古、平安扣和玉环来源于古代玉璧。玉璧是一种扁平状有穿孔的圆形玉器，为"六器"之一，是古代重要的祭器和礼器。《周礼》有"以苍璧礼天"的记载，后逐渐作为配饰流行。

怀古、平安扣和玉环外形轮廓呈圆形，内部中央有圆孔，横截面有平有凸，是按照中央圆孔的直径大小进行分类的。怀古的中央孔径最小（图9-34）；平安扣的中央孔径中等（图9-35），一般占直径的1/3；玉环的中央孔径最大（图9-36）。

怀古、平安扣和玉环的外圆象征广阔天地，内圆象征内心平安。平安扣的形状又很像古时的铜钱。民间传说古铜钱能辟邪保平安，可又不宜直接戴铜钱，所以玉器中出现了平安扣，既美观寓意又好，是非常经典的饰品款式。

图9-34　青玉怀古　　图9-35　金镶白玉平安扣　　图9-36　白玉玉环

第九章　和田玉的成品类型及其文化寓意

3. 金属镶嵌项坠

金属镶嵌和田玉项坠是当代流行的款式，设计讲求小巧精美，搭配适宜，体现了东方美与时尚感的最佳结合（图9-37、图9-38）。

图 9-37　金镶白玉项坠

图 9-38　金镶碧玉猫眼项坠

（三）玉牌

玉牌，又称"玉牌子""别子"，始于宋代，风行于明清时期。玉牌的题材丰富，在方寸上融合绘画、书法、神话传说、人文故事于一体。玉牌以方形的最为常见，明代方形玉牌常在其上方有镂雕的双夔龙纹，两面浮雕图案，图案一般凸起很浅，构图简练。

子冈牌是一类由明代名玉匠陆子冈创制的玉牌类型。陆子冈突破了传统琢玉技艺和题材，创造性地将中国文人擅长和钟爱的吟诗作赋、书法绘画巧妙地运用到玉雕中，推出了一面绘画、一面诗文，并以印章形式将"子冈"落款其上的长方形玉佩。"子冈佩"深得文人雅士喜爱，后期的仿制品非常多，尤其在乾隆期间仿制了大量的"子冈"款玉佩。至现代，制作有更多的方形玉牌，都被世人统称为"子冈牌"（图9-39）。

无事牌是光素无纹饰的玉

图 9-39　白玉子冈牌

牌（图 9-40、图 9-41），因"无饰"谐音"无事"而得名。佛学有"无即是有"一说，因此无事牌又被当作许愿牌，深受大众喜爱。

图 9-40　白玉无事牌

图 9-41　青玉无事牌

三、和田玉耳饰

关于耳饰的由来说法不一，有源于北方民族御寒的金属耳套说，也有用于医疗目的（例如治疗眼疾）一说，少数民族佩戴耳饰的历史则更为久远。

西汉刘熙的《释名·释首饰》记载，蛮夷部落首领曾立下规矩，令所有女子在耳垂穿孔，悬以耳珠，名曰"耳珰"，行走时耳珰随步履的摆动而叮当作响，以提醒佩戴者注意品行，不具装饰的用途。明代《留青日札》一书说："女子穿耳，戴以耳环，盖自古有之，乃贱者之事。"亦可见最初的耳饰并非有身份的女子之物。

随着朝代的更替，辽、金、元等北方少数民族入主中原，也把他们的文化融入中原。北方民族普遍喜欢佩戴耳环，甚至男子也流行这种习俗。这也是耳饰沿袭流传的重要原因。因此，宋代以后，穿耳戴环之风再度盛行。此时，人们无论贵贱尊卑皆佩戴耳饰，逐渐成了一种风气。清代，许多官宦富贵人家的女子都拥有几十副以上的耳坠饰物，造型、色彩多样，按不同的季节、场所与服装搭配佩戴。

耳饰分为耳钉（图 9-42）和耳坠（图 9-43），耳钉灵巧大方，耳坠动感十足，可彰显传统与时尚、简约与华丽，无不凸显主人的个性。随着佩戴者头部的摆动，举手投

足回眸顾盼，耳饰都会散发出灵动的气息。尤其是那些设计精良的和田玉耳饰珍品，其细腻内敛的色泽，与东方人的气质相得益彰。

图 9-42　和田玉耳钉

图 9-43　和田玉耳坠
（图片来源：王金高提供）

四、和田玉发饰

从目前出土的玉饰来看，远古先民普遍重视头部饰品，这可能与其在大自然的环境中，认为保护头部安全最重要的潜意识有关。头饰后来转化为礼俗的装饰，形成以"首"为重的礼俗特征。

古人重视发饰，男女皆佩戴，这与古人的发型有关。

古代男子头上戴冠，戴冠时，先把头发盘成髻，然后把冠圈套在发髻上，还要用笄、簪来固定发髻。冠饰是图腾的产物。"美"字可解释为"羊人为美"，是古人巫舞中以羊头为顶饰的会意表述。古人头上的冠饰主要是冠、冕、弁、帻等。前三种为贵族佩戴，帻为平民佩戴。冕是礼仪用冠，皇帝用的冕上前后垂有玉串，称为"旒"。玉冠饰主要有玉冕饰、玉发冠、玉发箍、玉翎管等。

古代妇女的发髻以高大为美，因此用来固定发髻的发饰大行其道，主要有笄、钗、簪、梳、步摇等。到了隋唐，贵妇人更加重视装饰，出现了贵金属与玉结合的发饰，即金镶玉发饰和银镶玉首饰，这种风气一直传承到明清时期。可以说，古代女子除了相貌，最注重对头发的修饰，发饰也是美发的必备品。玉发饰主要有玉簪、玉钗、玉梳、玉扁方、步摇嵌玉、华胜嵌玉等。

（一）玉簪

簪是古人用来簪发或连冠的发饰。簪始称为"笄"，早在新石器时期就出现有笄，商周时期则出现了玉笄。笄至少从春秋晚期改称为簪。

古代男女都使用笄。从周代起，女子十五岁前，头发通常梳成树丫或兽角状，称"丫髻"，流传至今，仍习惯口头称小女孩为"丫头"。古代女子年满十五岁行笄礼，即女子的成年仪式，用笄将头发绾起，谓之"及笄"。古代男子年满二十岁行冠礼，即男子的成年仪式，在头顶盘发戴冠，并用笄加以固定。行礼后，方可谈婚论嫁。

玉簪一般为圆锥状，由簪首和簪柄两部分组成（图9-44）。玉簪常有制作精美的簪头，梳理发髻后，佩戴在明显的位置上进行展示。汉武帝李夫人曾取玉簪搔头，因而玉簪有一俗称为"玉搔头"。

唐宋以后，玉簪十分流行。自唐代始，出现了一种簪头部分为玉制薄片状装饰、簪身为金银质的复合发簪。这类发簪因年代久远，如今所见只剩簪头，簪身已无存。清代时期，簪子是满族妇女梳发髻时必不可少的发饰，玉簪的使用更加普遍，样式丰富。

（二）玉钗

玉钗，是一种古代妇女使用的发饰。簪为单股，而钗为两股（图9-45）。钗因分作两股形似叉，又常以金玉制成，故名"钗"。古代妇女普遍使用钗，而男子仅用簪不用钗。

图9-44 白玉簪
（图片来源：王金高提供）

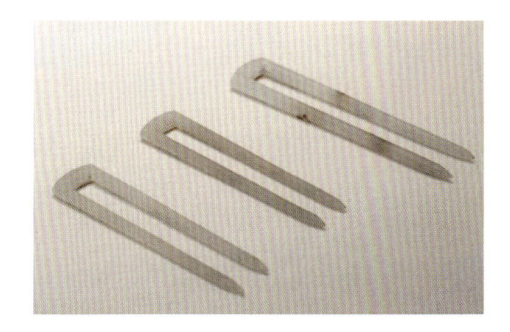

图9-45 白玉钗（隋）
（图片来源：摄于中国国家博物馆）

古时钗是爱情的象征，因为钗的两脚与钗头相连，不能失去其中一只而独存。钗的分合也与爱情分合相关，古代恋人或夫妻赠别时，女子将钗一分为二，一半自留，一半赠给对方，重见时再合在一起。因与挚爱分离，南宋诗人陆游写下流传千古的一阙《钗头凤》。

（三）玉梳

中国自古注重礼仪，人们对仪容十分重视，梳子是必备之物，尤其是妇女，经常梳不离身，渐渐形成插梳的风气。梳子的形制和插戴方式可以追溯到新石器时代，山西襄汾陶寺遗址出土有石梳和玉梳，这些梳子的出土位置全部在人骨头部，有的还紧贴头顶，可知插梳的习俗确实很久远。尤其是魏晋时期，妇女头上插梳之风流行起来，唐代更盛，出现了宽长半月形梳，有的玉梳整体由玉料制成，有的则以玉作梳柄（或名梳背），金属质作梳齿。此时，玉梳不再是梳头的用具，而是成为一种专门的玉发饰（图9-46）。

（四）玉扁方

扁方，清代始见，是满、汉女子梳"两把头""大拉翅"等发式时的重要头饰（图9-47）。其形制主要为扁平一字形，一端为半圆，另一端似卷轴，这种特殊样式的大簪由长簪演变而来，起固发和装饰效果。

图9-46 白玉梳
（图片来源：刘丽娜提供）

图9-47 碧玉扁方
（图片来源：摄于中国地质博物馆）

（五）玉发冠

发冠是古代男子用来束发的发饰，亦有表示官职、身份与礼仪之用。既可单独戴，也可罩于巾帽之内。发冠出现于五代，宋代较为流行，明代更为兴盛。

至今出土的明代玉发冠均来自贵族墓葬，说明只有官僚贵族才能使用玉发冠，庶人冠服则是不能用玉的。

五、和田玉腰佩

"君子无故,玉不去身。"佩玉成为古代人类社会不可缺少的礼俗。古人藏玉,除了把玩之外,还将玉佩于腰间。佩玉使人行为高雅,举止有度。古人腰间常佩冲牙合璜,行走时,相互碰撞,发出铿锵悦耳的声音。如果佩玉之人的行为举止过于夸张激烈,相撞之声则杂乱无章,以示警诫。君子佩玉的习俗一直延续到今天。虽然配饰的款型已有改变,但佩玉的寓意尚在,一直备受青睐(图9-48)。

图 9-48 和田玉腰佩
(图片来源:刘丽娜提供)

第二节

和田玉摆件

和田玉摆件的题材主要有山子、造像、动物、植物等,也有吉祥寓意的传统样式、组合图案题材。其他题材还有玉瓶、玉鼎、玉香炉、玉壶、玉插屏等,此类和田玉器物是由古代实用器演变而来,现今多以工艺品、收藏品形式出现,均可归为摆件类。

一、玉山子

玉山子是玉制的立体山水景观,其创作脱离了实用器的框架,利用和田玉原石自然的形态，因形赋形，从取景、布局到层次表现都深受中国山水画影响。玉山子始于宋代，盛行于清代，至今仍广受欢迎，其主题和构成元素更是广泛结合了中国传统文化。典型玉山子的构成元素主要有山石草木、险崖峭壁、苍松翠柏、亭台楼阁、长者童子、小桥流水、日月、祥云等。玉山子不同的构成元素有不同的文化寓意，如苍松寓意长青不老；翠柏寓意生机活力；梅花寓意坚毅忍耐、高洁谦虚；兰花寓意君子品格；竹寓意清高谦逊而有气节；菊花寓意不从流俗、不媚世好、卓然独立之君子；仙鹤比喻品德高尚的贤能之士，还有有对德高望重长寿老人的赞誉之意，寓意长寿；莲花寓意出淤泥而不染的纯洁品格。此外，也有玉山子表现经典神话或古代故事，如"女娲补天""大禹治水"等。乾隆皇帝曾称玉山子为"玉图书"。

大型玉山子一般高1米以上，场面壮观，气势恢宏。小型玉山子通常高十几厘米到几十厘米，小巧精美，常作为案头摆设。乾隆时期，国力强盛、玉料充足、技艺成熟，故有很多玉山子流传于世，其中，大型玉山子的重量可达千斤以上，其图案以山水为主，其间点缀人物、建筑、车船等，表现高低远近、上下前后不同层次的景物，层次分明，意境深远，具有极高的艺术观赏价值，最负盛名的有"大禹治水图玉山"（图9-49）、"会昌九老图玉山"（图9-50）和"秋山行旅图玉山"，并称故宫博物院馆藏的"三大玉山"。

"大禹治水图玉山"是中国古代最大的一件玉器作品，高224厘米、宽96厘米，约重5350千克，以宋画《大禹治水图》为蓝本，由宫廷造办处、如意馆设计，运往扬州琢制，后有玉匠将乾隆诗和款识提于其上。从运输玉料到成品运回故宫，大禹治水图玉山前后耗时长达十余年。此玉山琢磨有峭壁峥嵘、瀑布急涌、古木参天，聚集着凿山导水的劳动大军，奋力劳动。大禹治水图玉山代表了中国古代玉器制作的最高水平，取得了极高的艺术成就，无愧是中国玉器史中不可多得的一件艺术瑰宝。

"会昌九老图玉山"由扬州玉工制成于乾隆五十一年（1786年），为青玉制成，高145厘米，宽90厘米，重832千克，再现的是唐代会昌五年（845年），白居易、胡杲、吉旼、郑据、刘真、卢慎、张浑、狄兼谟、卢贞九位文人墨客隐居河南洛阳市龙门石窟附近的香山的生活情景。

雕刻师创作玉山子前需审料，做出合理设计，再采用多种雕刻技法（例如镂雕、圆雕、浮雕、线雕等）对每个物象进行精准的雕琢，力求做到整体意境深远、细节神韵到位。整个过程只有遵循"带绺施艺、相玉而琢、遮瑕扬瑜、变绺为趣、因势利导"的技艺规则才能将和田玉原料雕琢成蕴含浓郁人文气息和思想境界的玉山子，赋予其较高的欣赏价值和艺术价值（图9-51、图9-52）。

a 大禹治水图玉山（正面） 　　　　b 大禹治水图玉山（侧面）

c 大禹治水图玉山细节图

图 9-49　大禹治水图玉山（青白玉）（清乾隆）
（图片来源：摄于故宫博物院）

图 9-50　会昌九老图玉山
（图片来源：摄于故宫博物院）

图 9-51　墨玉山子
（图片来源：摄于兰德纵贯文化发展公司）

图 9-52　白玉山子
（图片来源：Metropolitan Museum of Art，Wikimedia Commons，CC0 许可协议）

二、传统神话与历史故事人物类

和田玉人物造像类玉雕主要有两大类，一是与传统神话故事相关的人物，二是来自现实生活中具有象征意义的人物。

以传统神话人物为题材的玉造像作品多用于供奉或收藏，以求祛邪恶、保平安，或表达对阖家团圆、福寿安康、财源广进等美好生活的憧憬。以优质的和田玉料，特别是洁净的白玉作为造像材料，能够体现创作者对虔诚、圣洁、吉祥等概念的表达。最为人们熟知的造像形象有如来佛祖、弥勒佛、观世音菩萨（图9-53）、十八罗汉、太上老君、寿星、麻姑、刘海、钟馗、女娲等。

除传统神话人物形象外，部分现实人物形象也可以作为造像题材，包括历史故事人物与象征性人物。历史故事人物是指有突出历史功绩或精彩历史故事而为人们所熟知的人物，如"武圣"关公（图9-54）、中国古代四大美女（图9-55）、庄周（图9-56）、老子等；象征性人物则是一类具有象征意义的人物形象，并非指具体的某个人，如有"多子多福"之意的童子像和象征柔美、圣洁、优雅的仕女像等。

图9-53 白玉观音像雕件（图片来源：摄于天雅古玩城） 　　图9-54 青玉关公像雕件 　　图9-55 白玉杨贵妃像雕件（王平作品） 　　图9-56 白玉"庄周梦蝶"雕件（崔磊作品）

三、祥瑞动物与植物类

祥瑞动物和植物均是玉雕摆件中的重要题材，这些题材源自远古时期人们对自然的敬畏、崇拜与悦纳，随时间发展逐渐演化出了不同的吉祥寓意。

动物题材生动灵巧，可包含神话动物，如龙、凤、貔貅、麒麟、饕餮、蟠螭等；也可包含真实动物，如鸟、鱼、蝉、蝶、蝙蝠、鹿、十二生肖动物等。

植物题材柔和秀美，可以是牡丹、梅花、桂花、莲、苍松这类祥花瑞草，也可以是苹果、白菜、石榴、桃这类带有世俗烟火气息的植物。

富有创意的玉雕工匠还会将动物、植物或动物与植物结合等题材体现在一件玉雕作品中，赋予特殊的吉祥含义，妙趣横生（图9-57~图9-60）。其中"花鸟"结合的题材格外丰富：梅花枝头上有两只喜鹊，双鹊寓意双喜，借"梅"与"眉"同音，称作"喜上眉梢""喜鹊登梅"或"双喜临门"；仙鹤和松树结合，松树被古人认为是"百木之长"，是长寿的象征，鹤遗世而独立，是有"仙气"之鸟，故称"松鹤延年"，有延年益寿或志节高尚之意；凤鸟衔花枝，即凤鸟衔瑞，象征长生或永生。此外，还有"三阳开泰"（三只羊）、"马上封侯"（一匹马，背上有一只蜜蜂和一只猴子）、"鱼跃龙门"等题材。

图9-57 青花瓷盆玉石梅花盆景（清）
（图片来源：摄于故宫博物院）

图9-58 黄玉雕象驮宝瓶（清）
（图片来源：摄于故宫博物院）

图9-59 青花玉"连年有余"雕件

图9-60 翠青玉"高风亮节"雕件

253

四、玉如意

中国的"如意"起源于瘙痒的爪杖（也称瘙杖），柄端作手指形，以示手所不能至，搔之可如意，因而得名"如意"，俗称"不求人"。后来演化为专门注重于吉祥含义而忽视使用功能的如意，由手指形演变成卷云形（图9-61）、灵芝形（图9-62）等形状，依其头部呈弯曲回头之状，而赋予"回头即如意"的寓意。

玉如意大约出现在东汉时期。到宋代，如意发展为室内陈设品，明代晚期更是成为文房不可或缺之物。清代因其寓意吉祥，成为大臣祝贺皇室寿辰的首选寿礼，常居礼单之首。清宫中常见以如意装点，帝王肖像画亦常见手执如意。

明清时期，如意发展到鼎盛时期，如意由各种珍贵材质制成，成为财权的象征。其中，由和田玉制成的玉如意，大的一尺以上，是纯粹的陈设珍玩，小的则可把玩，都是玩赏的珍品。

图 9-61　白玉卷云纹如意雕件　　　　图 9-62　碧玉灵芝如意雕件

五、玉器皿

玉器皿，是指用以盛装物品的玉器。玉器皿与其他玉器品种的区别在于要有一个"膛子"。主要类别包括玉酒具、玉餐具、玉茶具、玉香具等。玉器皿的制作对材料、工艺都有很高的要求，规矩、对称、庄重是其突出的优势。

由于用材较大且不易掏膛，玉器皿的制作发展缓慢，宋代以前，品种及数量都较少，最早见于商代，如玉簋。唐宋时期，随着玉器世俗化，玉器皿品种增加，出现了较多的玉杯、玉碗、玉瓶等。到了明代玉器皿才大量出现，其中较多的是仿古的玉炉、玉樽、玉觚。明代具有实用功能的玉器皿种类繁多，其中最具特色的是玉壶、玉杯和玉爵。到了清代，玉器皿的品种和数量均达到历史高峰。

玉器皿在古时兼具实用和陈设的功能，至现代已发展为一类重要的玉器作品，实用的功能被淡化，主要用于陈设，不仅能展现和田玉之美，还能展示玉匠的精湛工艺。

（一）玉瓶

玉瓶，是一种口小腹大的玉质器具（图9-63、图9-64），原主要用于盛酒。玉瓶通常有瓶盖，口可大于或等于颈，颈窄于肩，瓶腹凸出，可有圈足。玉瓶造型多样，常见的有圆瓶、方瓶、扁瓶、梅瓶、链条瓶、提梁瓶、鸡腿瓶、蒜头瓶、观音瓶等。可运用于玉瓶的玉雕工艺也十分丰富并可叠加使用，如薄胎、浮雕、嵌宝、活环链等。

图9-63 金银错镶宝石福寿瓶
（马进贵、袁广如作品）

图9-64 青玉插花对瓶
（图片来源：王金高提供）

（二）玉鼎

鼎最早是烹饪之器，远古时期制作鼎的主要材料为黏土烧制的陶，后来又有了用青铜铸造的铜鼎，自从青铜鼎出现后，它又成为祭祀神灵的一种重要礼器。在古代，鼎被视为传国重器、国家和权力的象征，"鼎"字也被赋予"显赫""尊贵""盛大"等寓意。鼎有三足的圆鼎和四足的方鼎。现今，由和田玉雕刻而成的玉鼎被用来陈设观赏、彰显尊贵的同时又赋予了玉鼎美学价值（图9-65）。

(三) 玉香炉

香炉是祭祀、宗教、民俗活动中必不可少的供具，也是香道中必备的器具。香器的种类繁多，香炉是其中最常见的一种。香炉有多种用途，熏衣、陈设、供奉神佛。香炉多为方形和圆形，方形的一般有四足（图9-66），圆形的一般有三足（图9-67、图9-68），放置时一足在前，两足在后。

玉香炉最早见于汉代，盛行于明清时期，广泛使用于宫廷、官员家中。随着玉香炉器型演变，明代出现了玉熏炉和玉熏。有镂空盖的香炉即为熏炉，熏炉变化形态，失掉炉的特点即为熏。

到了清代，玉熏成为宫廷或贵族达官居室中广泛使用的陈设品，纹饰以花草变化纹居多，所以又称作"花熏"。玉熏通常熏盖镂空，腹部有镂空和不镂空两种。若熏上下

图9-65　碧玉三足鼎
（图片来源：王金高提供）

图9-66　青玉鼎式兽面纹炉（明）
（图片来源：摄于故宫博物院）

图9-67　白玉三足九龙炉
（图片来源：王金高提供）

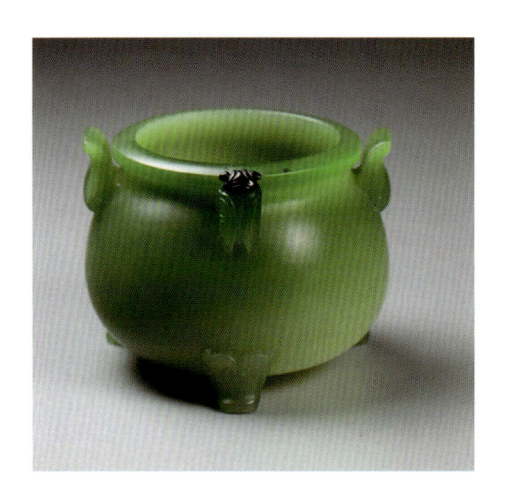

图9-68　碧玉禅意香炉
（图片来源：王金高提供）

两部分呈两碗相扣式，称碗式熏。

玉炉、瓶、盒三事兴于清代，一般为文房的成组用具。炉以燃香，盒储香料，瓶内可插铲香灰所用的铲、箸，亦可把这三件摆放在几案上作为陈设品。

古代玉香炉和玉熏既是香具，也是陈设品。至现代，玉熏已失去了熏香功能，主要用于陈设，是玉器皿中派生出来的重要类别。

（四）玉壶

玉壶，一种有把有嘴、用来盛放酒茶的玉器皿（图9-69、图9-70）。唐代诗人王昌龄的诗句"一片冰心在玉壶"传诵千古，可见玉壶还象征着高洁、澄澈的品性。明代玉执壶造型多样，有荷花式、竹节式、八方式等，清代玉执壶则有羊首壶、凤首壶、僧帽壶、瓜棱壶、多穆壶等造型。

图9-69 黄玉"苦尽甘来"壶
（图片来源：王金高提供）

图9-70 白玉"春山仙居"套壶
（图片来源：王金高提供）

（五）玉杯

玉杯，是一种饮酒、饮茶、饮水的玉质器具，器形与玉碗相似，但体型较小且腹较深（图9-71~图9-74）。玉杯最早出现在西汉时期，盛行于唐宋时期，到了明代，

图9-71 玉双凤耳杯（明）
（图片来源：摄于中国国家博物馆）

图9-72 青玉花形雕鸳鸯荷莲花耳杯
（图片来源：摄于中国国家博物馆）

玉杯的制作极其精美，杯外可装饰有复杂的镂雕装饰。清代玉杯样式繁多，且多配有杯托。

图 9-73　白玉杯（清）
（图片来源：摄于故宫博物院）

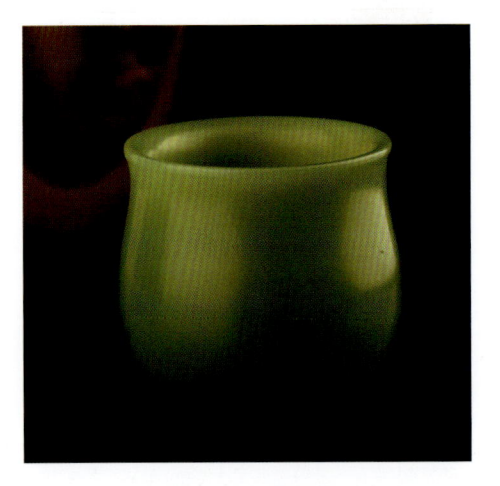

图 9-74　碧玉杯

（六）玉碗

玉碗，是玉质的饮食器皿（图 9-75）。古代玉碗样式丰富，有圆形碗、椭圆形碗、菊瓣形碗、高足碗、盖碗等。清宫玉碗华贵异常，碗外可刻有御制诗或雕开光图案，可用错金、描金或镶宝石的方法缀以图案。与玉碗相配的还有同为饮食器的玉勺、玉筷、玉盘等。

图 9-75　青玉碗
（图片来源：刘丽娜提供）

（七）玉花插

玉花插是用来插花的玉容器，同时其本身也是一件陈设观赏品（图 9-76、图 9-77）。花插有花尊、花瓶、花觚等造型，通常是口大腹深的容器。仿古玉觚除了是书房常见的陈设品，还常常兼用作花插，因而又被称为"花觚"。

图 9-76　黄玉雕佛手式花插（清）
（图片来源：摄于故宫博物院）

图 9-77　白玉雕佛手式花插（清）
（图片来源：Metropolitan Museum of Art，
Wikimedia Commons，CC0 许可协议）

（八）玉茶具

茶具，亦称"茶器"或"茗器"（图 9-78），西汉辞赋家王褒《僮约》的"烹茶尽具，酺已盖藏"可以说是中国最早提到"茶具"的史料。以和田玉制成茶具实则体现了茶文化与玉文化的完美结合。和田玉茶具古朴典雅，美观大方，茶水清香怡人，回味悠长，用此器具品茶，可谓感官与精神的双重享受。

图 9-78　青玉茶具套组

六、玉插屏

插屏是一种可组装的屏风，玉插屏一般为以玉制成的小型插屏，由玉屏心和木屏座组成，也可配有木边框（图9-79、图9-80）。玉插屏可放置在几案上或案台边，不仅具有挡风、分隔之功能，还具有装饰、美化、协调空间等作用。目前发现最早的玉插屏为汉代所制。明清时期制作的玉插屏，造型及工艺已极为精美，可在两面都浮雕图案，以古代典故、山水木石、亭台田舍、雅士佳人、吉祥图案等为主，成对的玉插屏则更为珍贵。

图9-79　翠青玉插屏　　　　　　图9-80　白玉插屏

第三节
和田玉文玩用具

和田玉文玩用具主要有玉手把件、玉印章、玉鼻烟壶、玉文具（图9-81）等。文玩用器具有收藏、摆放与赏玩的功用，同时也具有丰富的文化寓意。

图 9-81　玉制文具一组（清）
（图片来源：摄于故宫博物院）

一、玉手把件

一般来讲，能握在手中观赏把玩的都可称为"手把件"，形状并不受限。和田玉手把件有随形、雕件等，尺寸通常在 10 厘米内。手把件是从配饰发展而来的，元代就已有了玉石手把件，明清时期发展到较成熟的阶段，其多为王公贵族所喜爱，也流行于民间文玩爱好者之间。

手把件在当代仍广受文玩爱好者欢迎，特别是和田玉材质的手把件，从质色、触感、文化内涵、价值等任一方面着眼，都可谓是手把件佳选（图 9-82）。质色方面，和田玉颜色古朴、质地细腻，优质的和田玉呈油脂光泽，且长年累月用手摩挲后，手上的油脂可以浸入玉石内部的矿物颗粒间隙，为其"镀"上一层柔光，颇有"人养玉"的效果。触感方面，和田玉手把件触感温润，恰到好处的表面微糙感同抚触皮肤的感觉极为相似，很多文玩爱好者在把玩过程中能够体验到一种抚触带来的内心平和。再结合和田玉的文化内涵进行思考，更是有利于陶冶心性，即达到了"玉养人"的作用。玉在手，情在心，随心应手，亦能怡情养性。

图 9-82　和田玉子料手把件

二、玉印章（玉玺）

秦以前，无论官印还是私印都称"玺"。应劭在《汉官仪》中记载："玺，施也，信

也,古者尊卑共之。"秦始皇统一六国后,规定皇帝的印独称"玺",臣以下的称"印"或"章"。唐代,因"玺"与"死"字读音相近,玉玺上的钤文改"玺"为"宝",如"皇帝之玺"改为"皇帝之宝"(图9-83)。

清代,康熙时期用于国政的玉玺多达39枚,是历史上玉玺数量最多的时期(图9-84)。乾隆皇帝有25方御宝,依据不同的用途,使用不同的印章。25方御宝中,有6方为白玉、8方为青玉、6方为碧玉、3方为墨玉制成。

值得注意的是,印章在古代常用作佩饰。吴昌硕在《西泠印社记》中写道:"印之佩,见于六国,著于秦,盛于汉。"

图9-83 青玉"皇帝之宝"玉印(清)
(图片来源:摄于中国国家博物馆)

图9-84 青玉"大政殿宝"玉印(清)
(图片来源:摄于中国国家博物馆)

三、玉鼻烟壶

鼻烟壶为盛装鼻烟的容器。鼻烟壶随鼻烟的传入而兴起,其式样、工艺和质地逐渐多样化,集绘画、书法、诗词、彩绘于一身,含琢磨、雕刻、镶嵌、内画等多项工艺技术,是收藏品中重要的一类(图9-85、图9-86)。

图9-85 白玉活环链鼻烟壶
(图片来源:常世琪提供)

图9-86 白玉鼻烟壶
(图片来源:Metropolitan Museum of Art,Wikimedia Commons,CC0许可协议)

使用鼻烟壶主要在清代。清前期的作品以方、圆形为主，后期的作品形状多有变化。乾隆时期，鼻烟壶的制造技术有了很大的进步，主要表现在材质多样化，动物、瓜果造型的作品增多。和田玉鼻烟壶的优劣取决于材质本身，其纹饰、造型往往较为简洁。

四、玉文具

（一）玉笔杆

毛笔是中国传统书写绘画工具，是中国文房四宝之一。玉笔杆是以玉制作的毛笔笔杆，有的玉笔杆配有玉笔帽。玉笔杆可光素，也可有纹饰，多为浮雕（图9-87）。

（二）玉砚

砚，也称砚台，被古人誉为"文房四宝之首"（图9-87）。一块好砚，应具备发墨而不损笔，储墨而不易干等优点。玉砚始于汉代，西汉刘歆在《西京杂记》中记载："汉制天子玉几……以酒为书滴，取其不冰，以玉为砚，亦取其不冰。"宋米芾在《砚史》中记载："玉出光为砚，着墨不渗，甚发墨。"然而相对于砚石，和田玉的硬度较高，不易加工，其制作需要极高的技术，如处理不当往往会影响使用效果，因而经常被制成观赏砚。玉砚作为玉文具中的一个重要品种，具有辅助的使用功能，如可在其他砚上将墨磨好后倾入玉砚中使用。

（三）玉墨盒、玉印盒

墨盒是旧时人们用来装盛墨汁的文房用具，号称"文房至宝"（图9-87）。墨盒在早期极为少见，自清代起才逐渐盛行，且主要为铜制。清震钧在《天咫偶闻》中记载："墨盒盛行，端砚日贱，宋代旧坑，不逾十金，贾人也绝不识，士大夫案头，墨盒之外，砚台寥寥。"玉墨盒是玉雕匠人将玉文化融入文房雅趣中的玉雕创作。

印盒，又称印色池、印台，用于盛装印泥（图9-87）。玉印盒一般器形较小，并配有盒盖，有方形、圆形、椭圆形等各种样式，方形最常见。精美的玉印盒一般雕有浅浮雕纹饰，常为花卉或山水图案。

（四）玉臂搁

臂搁，又称秘阁、腕枕，写字时置于肘下，防止墨迹蹭污衣袖（图9-87）。中国传统毛笔书写格式为自右向左，使用臂搁，既能避免沾染墨迹，又能防止手臂上的汗水滴在纸上。另外，臂搁可以代替镇纸，压在纸上面，以免纸张被风掀起。

图 9-87　碧玉错银夔龙纹文具套组（马进贵、张振兴作品）
玉笔杆（左），玉臂搁（中上），玉砚台（中下），玉印盒（右上），玉墨盒（右下）

（五）玉镇纸

镇纸，又称书镇，以自重压住纸张或书册，使之保持平整（图9-88）。有学者认为，镇纸源于镇。魏晋以前，古人席地而坐，坐卧有席。为了防止起身落座时折卷席角，用镇压住席的四角，所以镇多四枚一组。床上帷帐的四角也常用镇来压住。至唐代，随着在纸绢上书写作画的兴起，镇的使用范围扩大，步入文房用品行列。至宋代，镇纸的使用已较为普遍。到明清时期，镇纸已成为文房书案上的重要实用器具。也有学者认为，由于古人常把小型青铜器、玉器放在案头上赏玩，因其具有一定的分量，也会顺手用来压纸或书，发展成为一种文房用具——镇纸。

因镇纸多为长方条形，也称为镇尺、压尺。有的镇尺上有动物造型或几何造型的钮，便于提携。

（六）玉笔洗

笔洗是文房四宝之外的一种文房用具，是用来盛水洗笔的器皿（图9-89）。玉笔洗

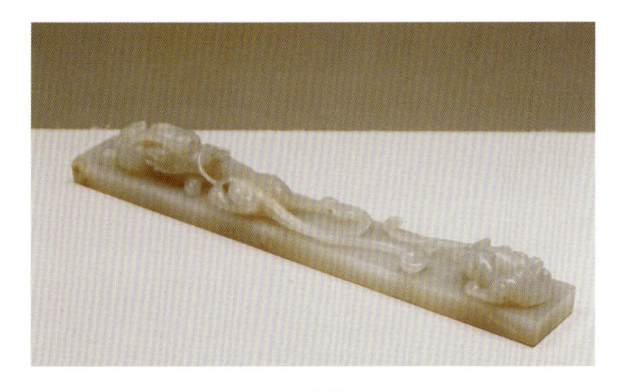

图 9-88　双龙纹镇纸（清）
（图片来源：摄于中国国家博物馆）

图 9-89　青玉笔洗

兼具实用和玩赏的功能，在敞口式小型容器的外观基础上，其特点是一洗一模样，形制多样，精美雅致。除了几何造型外，以模仿植物造型的玉笔洗最为多见，流行模仿花卉或果实。

（七）玉笔筒

笔筒用以插笔，是文房中必备的文具（图9-90、图9-91）。笔筒出现较晚，大致到了明代嘉靖、万历时期，文人的案头才设置有笔筒，一般造型简单，呈直筒形。因为玉笔筒的体积较大，制作费工耗时，一般在外壁上浮雕图画，因此也是重要的文房陈设玉器。

图9-90　碧玉笔筒

图9-91　青花子料玉笔筒
（图片来源：王金高提供）

（八）玉笔架

笔架，又称笔格，是在书写间歇时用来架置湿毛笔的文房用具。玉笔架题材广泛，常见的有山形（图9-92）、动植物形（图9-93）和人物形。山形笔架较为多见，因而又称笔山，笔山以三峰形最为常见，也有五座山峰的笔山，分别代表了三山和五岳。

图9-92　山形笔架（清）
（图片来源：摄于故宫博物院）

图9-93　莲藕形笔架（清）
（图片来源：摄于中国国家博物馆）

(九) 玉水丞

水丞，又称水中丞、水盂（图9-94），是研墨时用来注水的文具。水丞口小腹大，可储水，可配有一小匙，研墨时可用小匙将水提出，有嘴的水丞又称为"水注"（图9-95）。另一种形制较复杂的水丞称为"砚滴"，砚滴是在容器上部有一个滴注，将滴注提起可将水带出，便于控制水量。

图9-94　葫芦形水盂（清）
（图片来源：摄于中国国家博物馆）

图9-95　兽形水注（明）
（图片来源：摄于中国国家博物馆）

第四节
和田玉纪念题材作品

一、和田玉与北京奥运会

奥林匹克奖牌和会徽是主办国文化的展示窗口，在2008年北京奥运会上（第29届夏季奥林匹克运动会），奖牌与会徽被赋予了浓郁的中国传统玉文化色彩。和田玉这一中华文化符号结缘奥运，在举办奥运会的同时，弘扬了中华玉文化，让世界了解和田玉之美。

（一）奥运会奖牌

2008 年，北京奥运会奖牌采用"金镶玉"设计，正面使用国际奥委会统一规定的图案，即站立的胜利女神和希腊潘纳辛纳科竞技场全景形象；背面镶嵌玉璧，正中的金属上镌刻着北京奥运会会徽，形成一个金玉相间的玉佩造型。奖牌的设计灵感来自中国古代龙纹玉璧的造型，奖牌挂钩则由中国古代双龙蒲纹玉璜演变而成，与玉佩形成完美搭配。其中，设计方案要求金牌使用白玉、银牌使用青白玉、铜牌使用青玉。针对奖牌的等级进行玉质搭配，即在价值上体现了合理匹配，又在色彩上做到了相互协调。

将和田玉创造性地镶嵌于奥运会奖牌，是在奥运会中传达中华文化内涵的最佳途径。一块奥运会奖牌凝聚着运动员毕生的梦想，玉的坚韧及其蕴含的"玉德"文化充分表达了对奥林匹克运动员的敬意和礼赞。具有浓郁中国特色的"金玉合璧"奥运奖牌，是中西方文化结合的一次"中西合璧"，也是中华文明与奥林匹克运动的一次"金玉良缘"。

（二）奥运徽宝

2003 年 8 月，举世瞩目的 2008 年北京奥运会会徽发布仪式于北京天坛祈年殿举办，融合了传统与现代的奥运会徽"中国印——舞动的北京"横空出世。与此同时，由北京工美集团设计创作的"中国印——北京奥运徽宝"和田玉印成为会徽的载体印章。2008年北京奥运徽宝由优质和田玉青白玉制成，以清乾隆时期的"奉天之宝"为原型创作，其中一方已由国际奥委会永久收藏于瑞士洛桑的奥林匹克博物馆。

2019 年，在北京冬奥会申办成功四周年之际，由北京工美集团再次承接了 2022 年冬奥徽宝的创作任务，不同于 2008 年北京奥运徽宝的蟠龙钮造型，冬奥徽宝印钮以瑞凤为原型，经巧妙构思设计创作而成，且采用了和田玉中的白玉、青玉、碧玉 3 个种类的玉料，具有很高收藏价值。

中国历朝历代都十分重视御宝的"徵信"作用，视宝玺其为国家象征物。奥运徽宝以古代王朝玉玺为创作原型，是中国玉文化与现代奥林匹克精神完美结合的杰作，是古老却又充满生机与活力的中华玉文化与时俱进的历史见证，同样也是奥运会具有权威性的形象标志。

二、和田玉与上海世博会

从"君子佩玉"到"传国玉玺"之尊，8000 年的玉文明，与中华文明的形成、发展和繁荣相融合。2010 年上海世博会是人类文明融合的盛会，世博徽宝——"和玺"则是和田玉与世博会主题相结合的代表之作（图 9-96）。

"和玺"造型模仿秦汉瓦当,包含"一瓦成家"的寓意,与寓意相携同乐的世博会会徽意趣相应,并以"和谐"为设计理念,回应上海世博会"理解、沟通、欢聚、合作"的美好愿望,代表着天和、地和、人和。整个印章构型稳固,汉瓦、祥云、海浪、阳光等设计元素象征城市的生机盎然和生命的朝气蓬勃,高度契合"城市,让生活更美好"的世博会主题。

图 9-96 2010 年上海世博徽宝——和玺
(图片来源:摄于北京工艺美术博物馆)

第十章
Chapter 10
和田玉的收藏投资与市场

随着我国经济飞速发展，人民对美好生活的向往，珠宝首饰的需求量也不断增加，我国珠宝玉石产业快速发展壮大。目前，和田玉收藏与选购的来源已从曾经的单一渠道转化为如今的多渠道并存，不仅有国内珠宝知名品牌企业、珠宝玉石加工销售集散地、各地珠宝城、古玩玉器交易市场、国内外珠宝玉石展销会和拍卖会等传统购买渠道，还有各种迅速发展的网销渠道、交易平台等也让和田玉的交易更加快速便捷，而且从规模和数量上不断扩大，发展势头很好。

第一节
和田玉的物质性与文化性优势

自 20 世纪 80 年代以来，艺术品市场不断升温，艺术品投资也成为收益最好的投资项目之一。各类收藏节目的热播、收藏市场的繁荣，无不显示"全民收藏"时代的到来。在众多玉石品种中，和田玉经过了数千年开采和利用，以其独特的物质性与文化性优势，成为艺术品投资收藏市场上的名贵的经典品种。

一、和田玉的物质性优势

（一）美丽耐久

和田玉特有的温润质感和油脂光泽造就了其独树一帜的美，而稳定耐久的性质更是很多玉石无法与之相比的。和田玉典型的纤维交织结构使其成为韧性最大的玉石，较高的摩氏硬度使其不会轻易被磨损，钙镁硅酸盐的化学成分使其具有良好的稳定性。由于和田玉的特殊性质，许多埋藏于地下数千年甚至上万年的和田玉古玉，出土后光彩依旧，古朴美丽，即使表面有沁色，造型和纹饰依然保留清晰（图 10-1、图 10-2）。

（二）稀少保值

物以稀为贵，和田玉作为不可再生资源，储量逐年减少，优质的玉料更是一块难求。

图 10-1　犀角形玉杯（西汉）
（图片来源：摄于西汉南越王博物馆）

图 10-2　玉盒（西汉）
（图片来源：摄于西汉南越王博物馆）

受供求关系的影响，保值增值成为必然趋势，即便在珠宝市场行情低迷时，品质优良、工艺精美的和田玉价格仍不断攀升。至今，很多博物馆将和田玉作为馆藏珍品，社会家庭将其作为传家宝，起着传递财富和传承文化的作用。

（三）形制多样

和田玉玉料可雕琢性强，能够制成各类玉石制品，古时有玉瓶、玉盘、玉杯、玉香炉等实用器，也有玉冠、玉簪、玉朝珠、玉佩等首饰器，种类多样，兼美感与实用性为一体。发展至当代，和田玉器多用于陈设、收藏及制成首饰佩戴，特别是优质子料制成的小型玉件，造型玲珑，方便携带，价值不菲。和田玉的成品类型及其文化寓意已在本书第九章详细叙述。

（四）交易和金融属性

和田玉在我国和东南亚地区认可度高，群众基础好，市场广阔，交易性强，投资空间大，在玉石市场中专门的线上、线下都能进行合理交易。如需变现，可以通过拍卖交易，也可以作为抵押品在典当行等专业机构进行贷款或抵押。

二、和田玉的文化性优势

（一）历史性

我国的玉器具有 8000 余年历史，其发展史可以说是中华文明史的缩影，探讨史前古玉玉质及玉料来源对研究中国玉器起源与发展有着极其重要的意义。通过考古发掘，在我国史前文明如仰韶文化、红山文化、凌家滩文化、良渚文化、石家河文化、齐家文化等遗址中发现了相当多的玉石制品，其中，仰韶文化、齐家文化遗存的玉器经鉴定大部分为透闪石质玉，即和田玉。因此，相对其他种类玉石，和田玉承载的历史更悠久、文化更深远、影响力更广阔，和田玉成为历朝历代记录政治、经济、文化、社会以及各类事件的首选载体。

(二) 思想性

和田玉数千年的传承历史从未中断，在中华文化的血脉里，通过玉贯通着天地古今——作为神物，作为信仰，作为权力，作为德行，作为审美，顺着历史长河渐次铺展开来。崇玉、爱玉、赏玉的观念深入人心（图10-3、图10-4）。人们为玉赋予文化属性的同时，也利用其表达思想、承载愿景。在封建礼制中，玉器具有祭祀、丧葬、朝拜、交聘、军旅等礼仪功能，表达了古人"重礼"的观念。此外，玉器也是形美与意美相结合的作品，如"一片冰心在玉壶"中，王昌龄以"冰心"与"玉壶"（图10-5）彰显高洁傲岸的品格；"兰陵美酒郁金香，玉碗盛来琥珀光"诉说了李白以玉碗饮美酒（图10-6），愁郁一扫而空的愉悦心境。

图10-3　绞丝龙型玉佩（战国）
（图片来源：Metropolitan Museum of ArtWikimedia Commons, CC0许可协议）

图10-4　虎头金钩扣龙形玉佩
（图片来源：摄于西汉南越王博物馆）

图10-5　白玉壶
（图片来源：摄于天雅古玩城）

图10-6　金盖、托白玉碗（清乾隆）
（图片来源：摄于故宫博物院）

(三) 艺术性

玉石受到青睐，还带来了另一项文化产物——玉雕，这是兼具自然馈赠与人类巧思的艺术作品。从古至今的诸多能工巧匠以高超技术将玉料雕琢出各式形制，刻画出优美的纹饰，制成了精美绝伦的艺术品。随着和田玉原料的紧缺、市场的扩大、玉雕艺术家被广泛认可，玉雕艺术精品的价值成长性极高。如今，古代的旷世之作和当代玉雕艺术品均已进入艺术品投资市场，正在逐步建立其价值体系，富有艺术性的和田玉作品作为保值增值的绩优股，具有极高投资价值。

从历史渊源、艺术表现的文化性角度来看，玉石在诸多投资收藏品中独有千秋，民间也流传着"黄金有价玉无价"之说来形容玉石价值独特。和田玉作为中国"四大名玉"之一，更是如此。随着玉文化被广泛传播与认可，和田玉之美已深深潜入中国人的灵魂深处，内化于中国人的审美意识之中。

第二节
和田玉的收藏与投资

伴随着玉器市场的日趋壮大，人们的收藏与投资观念也逐渐成熟。和田玉的投资收藏优势在于其物质性与文化性价值，具体表现为玉料质量、构思设计、造型形象、雕琢工艺等方面，这些都是和田玉收藏投资的基本优势。关于和田玉的质量评价内容已在第五章叙述，在进行和田玉收藏投资时，应遵循一定的具体原则，才能达到良好预期。

一、质色优先

玉料质量优劣，关系到玉雕作品的成品效果和经济价值，因此投资收藏时，首先应关注玉石的质地和颜色，优质的和田玉应满足质地细腻、温润色正的特点。

（一）质细无瑕

和田玉的粒度和结构决定了质地是否细腻和润泽。优质的玉料通常颗粒细小、结合紧密，整体表现为典型的油脂光泽（图10-7），而劣质的玉料通常较为粗糙、疏松且缺乏明亮的光泽。此外，纯净无瑕的玉质也是玉雕创作最终追求的理想效果（图10-8），选购时要注意玉料的杂质、绺裂有没有被巧妙地去除或避开。

图 10-7　质地细腻的和田玉子料
（图片来源：摄于天雅古玩城）

图 10-8　白玉白菜雕件
（图片来源：摄于天雅古玩城）

（二）色正俏丽

和田玉的颜色不似翡翠般鲜艳夺目，而是有一种温婉含蓄的美。在收藏时，对于只有一种颜色的和田玉玉器要力求颜色纯正均匀，白玉以"羊脂白"为佳，黄玉以"蒸栗黄"为佳（图5-6），碧玉以"菠菜绿"为佳，墨玉需"黑如纯漆"等（图5-8）。对于由多种颜色组成的玉雕作品，如带皮色成品，则以鲜艳俏丽、丰富而不杂乱者为佳，玉雕师能把颜色运用得"巧""俏""绝"的也为佳作（图5-26）。

二、工巧意新

如果说优等的质地和颜色是一块美玉成为收藏品的基础，那么精良的雕工和巧妙的设计便是其成为投资收藏品的关键。随着电脑雕刻、超声波雕刻、滚筒抛光等技术的广泛应用，工艺稳定、批量生产的玉器在市场屡见不鲜，这类玉器作为产品已在市场中得到广泛的认可，但要"升级"为收藏品，优质的玉料与精美绝伦的工艺缺一不可（图10-9～图10-12）。值得收藏的玉器要求做工细致，即大面平顺、小地利落，遵循量料取材的原则，做到剜脏去绺，表面看不到明显瑕疵。抛光时应因材施艺，磨砂与光亮配合得当，过蜡均匀。此外，作品的整体效果也需力求完美，可以从以下几个方面进行考量。

（一）主题

玉石加工行业内有句俗语，叫"玉必有工，工必有意，意必吉祥"。玉器的思想价值是通过图案和造型来表达，是文化、精神、艺术、宗教、风俗、哲学等内涵的综合体现。因此，在投资收藏时，明确的主题和美好的寓意也是必须要考虑的。有些图案师承传统，迎合世人求吉祥、纳财、保佑等心理（图10-13）；有些主题与时俱进，展现了

图 10-9　金镶碧玉配翡翠、钻石摩托车摆件

图 10-10　青玉"红尘"雕件（黄福寿作品）
（图片来源：摄于兰德纵贯文化公司）

图 10-11　碧玉雕件
（图片来源：摄于兰德纵贯文化公司）

图 10-12　碧玉"春意"雕件
（图片来源：摄于 2020 年北京国际珠宝展）

当代社会的审美和艺术风格（图 10-14）。主题可以弘扬中华优秀传统文化、革命文化和社会主义先进文化以及世界人类文明的作品为佳（图 10-15）。

不可忽视的是，现在市场上出现了一些粗制滥造题材粗俗的作品，对于这类作品，

图 10-13　白玉莲叶与螃蟹纹饰玉佩（金）
（图片来源：Gary Todd, Wikimedia Commons, CC0 许可协议）

图 10-14　碧玉青蛙雕件
（图片来源：Walters Art Museum, Wikimedia Commons, CC BY-SA 3.0 许可协议）

图 10-15　碧玉"淮海战役"插盘（北京玉器厂作品）
（图片来源：摄于北京工艺美术博物馆）

第十章　和田玉的收藏投资与市场

275

应避免投资和收藏。

（二）造型

精美的玉雕作品需要经过玉雕师长时间的审料和琢磨，依料创作、顺形而为，最终达到浑然天成的效果，厚处不觉累赘，薄处亦不觉欠缺。值得收藏投资的玉器要求造型优美、自然、生动，构图应布局合理、比例适当，以疏密有致、层次分明、主题突出为佳（图10-16、图10-17）。

市场上有些玉雕作品未经过精心设计，导致造型比例失调，此类作品即便雕工精细，也显得极不自然，给人以草率收尾之感。

图10-16　青玉"老子出关"山子（清）
（图片来源：Metropolitan Museum of Art, Wikimedia Commons，CC0许可协议）

图10-17　碧玉猛犸象雕件（19世纪，俄国）
（图片来源：Metropolitan Museum of Art, Wikimedia Commons，CC0许可协议）

（三）配件

俗语道"好马配好鞍"，配件对于玉器整体效果的表现也是很重要的。若玉器配有木座，则要求木座比例与产品大小相配，连接处严实平稳。木座花纹清晰细致，与玉器主题相呼应，喷漆光亮，无堆漆、流漆、麻点（图10-18）。对于嵌金、银丝的木座，需检查压丝是否完好牢固（图10-19）。若玉器配有锦匣，要求美观大方，不塌盖走形，

图10-18　白玉子料"玉带铺首素面瓶"
（图片来源：王金高提供）

图10-19　花丝金镶碧玉"福禄万代"摆件
（图片来源：摄于中国工艺美术馆）

与玉器尺寸相符。

（四）名师名家及新秀之作

在玉雕行业蓬勃发展的今天，各地工艺大师层出不穷。他们深厚的艺术造诣、丰富的创作经验、开阔的设计思路、巧妙的作品创意、高超的雕琢工艺，使其作品备受推崇。雕刻大师的审美、习惯、形式、工艺等都会在其创造的作品中有所体现，彰显强烈的个性痕迹，这些个性化的独特风格也增加了玉器的艺术价值和收藏价值。名师名家的作品通常采用纯手工制作，数量较少，其后续潜力和升值空间不容小觑，因此可以成为收藏者投资的目标。然而，这并不代表只有大师的作品才具有收藏价值，业内不乏高手和玉雕新秀，在投资收藏时，要根据实际情况客观、综合地评价，仔细观察、用心揣摩，一切以作品为准。

三、产地与产状的把握

（一）产地的把握

众所周知，和田美玉扬名中外，产自和田地区的优质玉料，尤其是子料大多价格不菲，为很多收藏者所青睐。有些人甚至认为只有产于新疆和田地区的玉料才是正宗的、品质最好的，进而产生一定的误解，其实不然。

国家标准《珠宝玉石　名称》（GB/T 16552—2017）明确指出"和田玉"一词是"带有地名的天然玉石基本名称，不具有产地含义"，即和田玉主要矿物组成为透闪石，次要矿物为阳起石，可含少量方解石、透辉石、石墨等矿物的矿物集合体。我们应不以产地作为判断玉石质量的标准。2008年北京奥运会的金镶玉奖牌，让青海软玉进入了大众视野，之后价格也一路"飞涨"，虽然总体价格低于新疆出产的软玉，但仍有较高的收藏价值。产于俄罗斯的软玉在市场上也比较常见，有些优质俄料的价格已经超过新疆料，尤其是优质俄罗斯碧玉的升值潜力很大。因此，产地不是决定和田玉价值的唯一标准，关键是玉料的本身质量，只要玉石的质量上乘，不必过于在乎产地，应当"英雄不问出处"。

（二）产状的把握

追求子料，非子料不看，是不可取的。事实上，有些高品质的山料和山流水料，无论是玉色的白度还是玉质的细腻程度，都与优质子料不相上下。高品质的山料在市场上也可以较高价格流通，如著名的"九五于田料"（产自新疆于田县）。因此，在收藏投资时，对和田玉产状的把握需结合考虑其本身的质地与颜色。

四、古代与现代的把握

从石器时代开始，和田玉就被运用到人类的生产生活中，数千年来，华夏民族崇玉爱玉的精神深入人心，我国多个地区都有和田玉古玉的出土。有些收藏者认为，凡是古代的和田玉器，价值必然远高于当今的玉器，然而并非如此绝对。诚然，具有代表性、历史价值及研究价值的古玉器，即便沁色严重，它们的价值也必然远高于现今外形类似的玉器，但某些玉料和工艺一般且历史意义不大的古玉，价值并不大。因此，无论新老，有确切年代和出处记录更好，只要是和田玉精品都具备收藏、鉴赏、增值、保值的功能。

从传统工艺、特殊技法和俏色艺术的运用，到推陈出新、别具一格的创意，和田玉作品处处浸透着雕刻师的智慧和技艺。和田玉的收藏是一门学问，一位成熟的玉器收藏者，对玉器的评价和鉴赏应从多方面、多角度进行综合考量，而火眼金睛是需要从理论学习和长期的实践中练就而成的。多看、多学、多问，投资收藏和田玉就会从容得多，快乐得多。

五、和田玉的收藏投资潜力

（一）和田玉收藏投资的兴起

1995—2005年，我国和田玉产业兴起并逐渐壮大。由于玉料充裕、价位不高，再加上多数雕刻技师正处于启蒙阶段，创作欲望强，当时和田玉成品题材和风格呈现多样化，同期也涌现了一批玉雕大师。

2006—2018年，是我国和田玉市场快速发展的时期。随着生活水平的提高，人们对珠宝玉石收藏投资的热情也逐渐升温，2008年奥运会的金镶玉奖牌更是把和田玉的收藏投资推向了高潮。大量资金涌入艺术品市场，导致玉雕作品的类型也有较大调整，七八千元到几万元的玉雕饰品受众面很广，这类作品尺寸虽然略小，但精巧别致，玉质和工艺都较好，既有较好的欣赏性，又具有一定的投资价值。尤其是高品级和大件玉雕作品为很多投资商所钟爱，升值速度难以置信，形成空前的繁荣。各派玉雕风格百花齐放，玉雕大师常在作品上镌刻名号，形成独特标识，因此在现代玉器收藏市场上也逐渐形成一种"追名家"的趋势。

（二）和田玉收藏投资的现状

从2019年开始，国际金融环境有了很大变化，国内经济结构也有所调整。一方面，和田玉原料价格居高不下，再加上加工成本的提高，导致成品价格较高，器型创新也不足，制约了人们对玉件多样化、时尚化的需求。另一方面，在新冠疫情对国际局势和国内整体经济造成冲击的情况下，和田玉供应链不稳，人们的收藏、赏玩、投资欲望有所降低，和田玉产业的发展进入了特别的低谷期。总体的内外部环境看起来似乎对珠宝玉石市场不利，但因为国内经济在长时间内有稳定而坚实的基础，所以我们可以相信，在上端收藏投资市场支持，尤其是民众对珠宝玉石爱好的逐渐回暖的情况下，中国和田玉市场仍具有焕发生机的潜力。

（三）和田玉收藏投资的趋势

目前，市场上的众多玉雕作品让人眼花缭乱，品质也参差不齐。和田玉质量大致可分为高端、中端、低端 3 个层次。高端的和田玉作品可以规避风险，无论市场行情好坏，都具有很强的保值性，价格稳定，甚至还会增值。中端的和田玉，价格会随着市场行情变化上下浮动。对于质量一般的和田玉，价格受市场波动影响不明显，升值空间也不大。此外，中低端的和田玉在市场低迷时，处于自发缩水状态，经过市场的严峻考验，价格虚高、质量一般货品价格大幅下降而被市场淘汰，而优质品的价格仍然坚挺，还会有升值机会。

一直以来，和田玉都是珠宝收藏界的宠儿及投资商关注的对象，事实上其投资前景被持续看好，品级稍好些的和田玉的价格也维持其应有的价位。究其原因，除了上文分析的和田玉具有的物质性和文化性优势外，还与其受众的广泛性和投资队伍的庞大性等有关。相信随着我国经济的增长，人们对物质与精神层面的需求的提高，和田玉的收藏投资群体也会日益扩大，还会有大量资金涌入和田玉产业，甚至有些企业和个人采购和田玉，并不是出于爱好，而是纯商业投资行为。

第三节

国内外和田玉市场

软玉在中国、俄罗斯、韩国、加拿大、新西兰、澳大利亚、美国等 20 多个国家均有产出。我国的软玉资源主要分布于新疆、青海、辽宁、贵州、广西、四川、江苏、台湾等多个地区，主要分布于西昆仑地区，产量集中较高。因此，我国和田玉市场的分布也较为集中，行业发展也较成熟。

一、国内和田玉市场

在历久弥新的玉文化影响下，我国作为世界最大的玉器收藏和销售市场，目前，在国内和田玉的销售已陆续形成了以新疆（和田、乌鲁木齐）、江苏（苏州、扬州、南京）、河南（南阳）、广东（广州、揭阳）、上海和北京等为代表的加工贸易集散地和中心。近年来，和田玉市场风云变幻，网络销售的兴起，促进了各地市场价格的交流融合，逐渐消除地区间同品质的和田玉价格差别，满足收藏者市场选择面和个性化喜好。

（一）新疆

新疆是和田玉的原产地，据统计，目前在新疆境内注册经营和田玉的企业共有3000余家。这里的市场主体由大中小型企业及零散个体户组成，大企业对市场起到主导作用，中小型企业起到支撑作用。新疆的玉石市场可以分成南疆、北疆、东疆3个地区，南疆以和田、喀什、库尔勒、阿克苏为代表，北疆以乌鲁木齐、伊宁、奎屯、石河子、克拉玛依为代表，东疆以吐鲁番、哈密为代表，可以说新疆各地均有和田玉市场，在维吾尔语中又称为"巴扎"。

新疆地区的和田玉市场比较适合经验丰富的买家，其主要特点是销售的品种中子料较多，在这里可以找到各个档次的和田玉成品或原料。乌鲁木齐地区与和田地区的市场规模较大。

1. 和田地区

和田地区位于新疆南端，东与且末县相接，西连喀什，北与阿克苏接壤。和田曾是汉代西域三十六城郭诸国之一的于阗国的所在地，"于阗"在藏话中意为"产玉石的地方"。《旧唐书·西域传》称于阗国"出美玉……贞观六年，遣使献玉带，太宗优诏答之"。《明史·西域传》称于阗"其国东有白玉河，西有绿玉河，又西有黑玉河，源皆出昆仑山。土人夜视月光盛处，入水采之，必得美玉"。这里所说的于阗，即今和田。白玉河和墨玉河即今玉龙喀什河和喀拉喀什河。早在2000多年以前，和田就成了中国丝绸之路南道上的重镇，如今在"一带一路"的倡议下，古丝绸之路得到了进一步的传承，也为和田地区的玉石市场注入了新的活力。

和田地区的市场主要集中于和田市（图10-20、图10-21）及其下辖的于田县两地，以销售和田玉子料原石为主。该地玉石加工业相对薄弱，市场上见到的成品玉器大多来自江苏、河南等地。为大力发展和田玉产业，建立良好市场生态，当地常举办以和田玉为主题的特色活动。自 2004 年起，举办一年一度的和田玉旅游文化节，开展和田玉文化学术研讨会和和田玉展销会等，活动召集了来自全国各地的和田玉经销商、玉雕大师、收藏爱好者，盛况空前。

图 10-20　和田中心玉石市场
（图片来源：John Hill，Wikimedia Commons，CC-BY-SA-4.0 许可协议）

图 10-21　和田地区玉石市场
（图片来源：John Hill，Wikimedia Commons，CC BY-SA-3.0 许可协议）

位于和田市的加买路和田玉交易市场，是目前和田市最大的和田子料、山料、山流水料交易市场，因靠近玉龙喀什河的一座桥，当地人也称之为"桥头玉石巴扎"。汇集和田地区的采玉人、商家和收藏爱好者，开市日前来交易的人数最多时可达数万人。

和田地区另一较大的交易市场是总闸口，该市场位于玉龙喀什河挖玉和出玉的中心部位，是在特殊历史和地理环境下所创建的市场。不同于加买路市场，总闸口市场只交易和田子料。

除上述市场外，和田地区较为有名的交易市场还有玉河渠首市场、加木大玉石市场、飞机场玉石市场、洛浦县玉石市场、墨玉县玉石市场、玛丽艳开发区市场（图 10-22）、萨依巴格市场等。

2. 乌鲁木齐地区

乌鲁木齐是新疆和田玉的经销与加工中心，据不完全统计，目前乌鲁木齐的和田玉市场有南门、友好路、中山路、人民路和大巴扎等几大商圈，较为集中的和田玉市场有十几个，大小珠宝店有 2000 家左右。其中，已成规模的市场有华凌玉器交易市场（图 10-23）、新疆和田玉交易中心（原新疆玉雕厂）、名家古玩玉器城、地矿真珍珠宝楼、新疆玉器城、国际大巴扎、新疆民街、二道桥市场等。

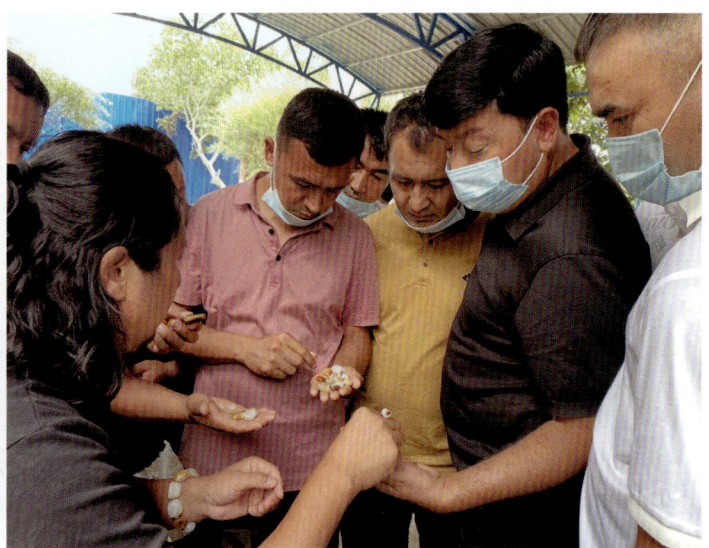

图 10-22　新疆和田地区原料市场——玛丽艳开发区市场
（图片来源：杨忠全提供）

图 10-23　华凌国际珠宝玉器城
（图片来源：www.hualing.cn）

（二）江苏

1. 苏州

苏州具有悠久的玉雕历史，民间玩玉赏玉的氛围很浓。由于该地区玉器加工水平高超，样式精美独特，因此聚集了业内很多行家，市场也较为成熟，交易活跃。

苏州多数的和田玉店铺采用"前店后厂"的经营模式，这些店铺的聚集地自然也成为和田玉原料和成品市场集散地。目前，比较有名的有相王玉器城与相王弄玉器街（图 10-24～图 10-26）、观前文化市场（图 10-27）、文庙原料市场、苏州古玩城等，还有玉雕大师集中的十全街、园林路（图 10-28）等开设高端玉雕工作室，形成玉雕大师一条街。此外，早些年还有位于苏州市西面 20 千米外的光福镇玉器街（图 10-29）。

尽管苏州的和田玉加工、交易市场发展已相当成熟，但其整体布局并非一成不变。曾经繁华的相王弄玉器街，在 2019 年时经历了大规模区域整改，涉及千余家商户迁出，部分商户迁往观前街附近的粤海广场、竹辉路的朱辉大厦等地；2020 年，位于吴中区的苏州古玩玉石城开业，使商户们看到了机遇和挑战……由此可见，即便依托长久的发展历程，苏州和田玉市场仍然在随着时代发展的要求，逐渐孕育新的生机，产生新的变化。

图 10-24　相王玉器城　　　　　　　图 10-25　相王弄玉器街

图 10-26　相王玉器城内的原石市场

图 10-27　观前文化市场

图 10-28　园林路玉雕大师一条街

图 10-29　光福镇玉器街

2. 扬州

"天下玉，扬州工"，如今，扬州已经成为我国几个知名和田玉集散地之一。扬州和田玉加工的小作坊较少，大多为规模较大的工厂，较为知名的几个市场有扬州玉器厂门市部（图 10-30）、工艺坊、扬州玉石料交易市场（图 10-31）以及广陵区湾头玉器古

图 10-30　扬州玉器厂

图 10-31　中国扬州玉石料市场

镇和湾头玉文化创意园等（图 10-32、图 10-33）。

图 10-32　湾头玉器古镇

图 10-33　湾头玉文化创意园

3. 南京

南京地区比较有名的和田玉集散地有夫子庙、朝天宫和南艺后街。朝天宫古玩市场是一个综合性市场，有地摊和门店，品种类齐全，质量参差不齐。南艺后街通常在周末开市，以销售俄料居多，除地摊，有固定店铺销售较为精致和田玉成品，该地曾经历艺术品收藏繁荣的时期，后因各种原因，部分商户迁出，只剩部分店铺和地摊存在。

（三）河南

河南南阳镇平县石佛寺是南阳玉雕业的发展基地，也是我国最大的玉雕镇，全镇 22 个自然村，玉雕专业村就有 14 个，和田玉玉雕的从业人员总体近十万人。据报道，由南阳地区生产的摆件类玉器占全国销售量的 70% 以上，挂件类占全国产销量的 40% 以上。

镇平县虽不产玉石，但吸纳了国内外百余种玉石的加工与销售，成为全国最大的玉器交易市场。除位于镇平县中心北侧的珠宝玉雕大世界外，主要的和田玉市场集中在豫西小镇石佛寺（图 10-34），包括石佛寺维族市场、玉雕湾、玉博苑市场（图 10-35）、国际玉城、隆茂市场、天下玉源、老毕庄琢玉苑加工区等。石佛寺大多数商家大多从事批发和加工生意，销售俄料、青海料成品为主，其整体价格略低于国内其他集散地。

（四）广东

广东省的珠宝玉石行业十分发达，和田玉作为玉石的重要品种，从原料到加工再到成品销售，在这里都可以找到相应的地点。

图 10-34　南阳市镇平县石佛寺玉石交易中心

图 10-35　南阳市镇平县石佛寺玉博苑市场

1. 广州

广州华林寺一带的玉石市场是我国著名的翡翠玉石集散地，地理位置优越，交通便利，包括西来正街、华林新街、华林寺前街、茂林直街、新胜街等及华林国际（图 10-36）

图 10-36　广州市华林国际 C 馆

等区域，聚集着数万家大大小小的店面与摊位。和田玉市场主要集中于华林国际C馆，其中一层的和田玉成品涵盖高中低档货品，种类丰富、性价比高，人流比较密集。

2. 揭阳

在广东省揭阳市，以阳美、乔南、乔西3个地区连成的三角地带形成了一个整体的翡翠和白玉综合市场，阳美集中为翡翠，乔西"主攻"白玉（图10-37），乔南则两者皆有之。其中规模较大的和田玉市场为揭阳白玉综合市场，当地也称为"白玉城"，以加工为主，销售为辅，甚至会有从新疆运来的玉料在此加工。揭阳和田玉市场总体规模偏小，玉料主要有白玉、碧玉两种，主要来自俄罗斯，也有少量白玉产自韩国、新疆，少量碧玉产自加拿大。其中，碧玉的手工牌子和珠子，较其他集散地有价格优势。该地也存在小型和田玉毛料交易市场，但要挑选到优质毛料的机会较小。

图10-37　揭阳玉石综合市场

（五）上海

兼容并包的海派文化孕育了著名的海派玉雕，加工技术的发展促进了玉石贸易的繁荣，因此，在上海也有和田玉交易市场，是收藏者和爱好者的淘宝地。其中，天山宾馆（新疆维吾尔自治区人民政府驻上海办事处）是上海的唯一一个和田玉原石集散地，在其周围还有一家上海新疆和田玉交易中心，专营和田玉（图10-38）。

上海还有很多古玩市场和珠宝城，比较知名的有福佑路工艺品市场，是华东地区规模最大的古玩旧工艺品市场，该市场又称"藏宝楼"，与北京的"潘家园"有"南福北潘"之说。除此之外，还有东台路古玩市场、老城隍庙古玩市场、云洲古玩城、中福古玩城、静安寺珠宝古玩城，在这些市场中均有和田玉销售。

图 10-38　上海新疆和田玉交易中心
（图片来源：www.baike.com）

（六）北京

北京拥有悠久的文化历史和庞大的人口数量，是和田玉的重要销售地，和田玉的销售主要以一些小规模批发兼零售的市场形式存在。

北京的和田玉销售通常都是融于综合性的珠宝市场，其中销售和田玉比较有名的市场有天雅古玩城（图10-39）和潘家园古玩市场（图10-40），另外还有新街口、西四、亮马桥一带的珠宝城等。和田玉的零售市场比较普遍，各大珠宝店及机构均有和田玉成品销售，有代表性的是北京菜市口百货股份有限公司（图10-41）等。

图 10-39　天雅古玩城
（图片来源：马可提供）

图 10-40　潘家园古玩市场
（图片来源：杨淮牟提供）

图 10-41　北京菜市口百货股份有限公司总店

二、国外和田玉市场

和田玉的贸易集散地通常位于其产地或加工地及其周边，国外比较知名的和田玉市场有俄罗斯乌兰乌德（布里亚特自治共和国首府）所属的达克西姆和巴格达林地区的原料市场、俄罗斯伊尔库茨克地区的原料市场、美国加利福尼亚州大苏尔地区的玉石交易市场、加拿大不列颠哥伦比亚省的软玉市场、新西兰霍基蒂卡的软玉市场和韩国春川地区的玉石交易市场等。

第四节
和田玉的拍卖及其他市场

除了商场、玉器行等传统销售场所，拍卖市场、网络平台以及全球各地举办的珠宝首饰展览会也成为消费者购买和田玉的重要渠道。

一、和田玉的拍卖市场

拍卖是一种以公开竞价，将特定的物品或财产权利转让给最高应价者的买卖方式。拍卖市场是优质和田玉原料、成品及艺术藏品流通的重要渠道之一。国际上规模较大的艺术品拍卖公司有苏富比（Sotheby's）、佳士得（Christie's），国内比较知名的拍卖机构有中国嘉德、保利、华艺国际（原"广州嘉德"）、荣宝（"荣宝斋"控股）、匡时、西泠印社等。另外，如博观拍卖等珠宝玉石的专业拍卖公司也逐渐兴起。苏富比、佳士得等国际知名拍卖公司中流通的和田玉拍品通常为顶级艺术藏品，如古代皇家玉器、极具时代意义的古玉器等（图10-42、图10-43）。国内各级拍卖市场除上述艺术品外，也会推出和田玉拍卖专场、玉雕工艺大师作品拍卖专场，还会举办更为"亲民"、单件估价在十几万、几万或几千元的和田玉成品拍卖专场。

图 10-42　黄玉瑞兽玉配饰（东周）
（2019 年苏富比香港春季拍卖会拍品）
（图片来源：Augusthaiho，Wikimedia Commons，CC BY-SA-4.0 许可协议）

图 10-43　伊斯兰艺术风格玉水罐
（1927 年佳士得拍品）
（图片来源：Flickr，Wikimedia Commons，CC0 许可协议）

经济环境对拍卖市场影响极大，2020 年的新冠疫情带来了全球经济、市场环境的动荡，疫情中第一个完整月的全球拍卖销售额暴跌、平均价格缩水、藏家囤积作品，拍卖行业受到极大冲击。然而，后疫情时代的形势也成为线上拍卖加速发展的助推器，各个拍卖行不断调整运营策略，依托于飞速发展的互联网，使线上拍卖渠道迎来了新的突破。近年来，两大龙头拍卖行（佳士得、苏富比）在玉器专场中的拍卖成交记录便能让我们窥得线上线下渠道结合带来的回暖：2021 年佳士得香港春季拍卖会玉器专场"凝秀辉英"开展拍卖并同步网络宣传、直播，本场的 29 件清代玉器精品（多为白玉或青玉玉器）最终成交率达 90% 以上，以 2346 万港币（约合 1976 万人民币）总成交圆满收官。同年，苏富比香港春季拍卖上清乾隆帝御宝交龙钮白玉玺以 1.46 亿港元（约合 1.23 亿人民币）"天价"成交。2022 年，苏富比香港春季拍卖会几大精品古玉器中的和田玉玉器成交成绩仍然不俗。

国内几大拍卖行同样随着市场变动而迅速反应，嘉德、保利、华艺国际、荣宝、西泠拍卖等均积极维系线下市场与促进线上进程，"双线作战"，促成了多场玉器专场拍卖，成交多件精品和田玉艺术品，展现了中国拍卖企业的实力与效率，也从侧面证明了无论处于何种历史时期，和田玉都在艺术品投资收藏市场上有着独一无二的魅力和不可撼动的地位。

与此同时，经济衰退时的数据表明，拍卖市场中的低端市场会维持相对较长时间，和田玉拍卖市场也是如此，越来越多 10 万元以下乃至万元以下的藏品参与到拍卖中，使得拍卖市场更为下沉，也变得越来越大众化，不失为疫情下更多和田玉艺术品参与流通的良好渠道。

二、和田玉的电商市场

随着互联网行业飞速发展，网上交易成为和田玉交易的一种重要手段，各类网络平台电商在和田玉销售的众多渠道中已占有较大比重。与传统销售相比，消费者可以通过网络第一时间了解货品的更新，选购时也更有针对性。买家与卖家只需通过软件操作、网络聊天和手机支付就可以迅速达成交易，方便快捷的物流也让和田玉的流通范围更广、速度更快。

2016 年是中国网络直播的元年，全民直播的热潮涌来，网络销售迎来了一种新模式，即承载互联网商业模式的全场景直播。直播比传统网商所展示的图片和小视频更加直观且交互性更强，牢牢吸引着各方看客、买家和卖家们的目光，抖音、快手、淘宝直播等都是当下强劲的电商直播平台。除珠宝商进行直播销售外，网络直播还催生了一批"拍客"，他们往往与特定商家或市场合作，定时前往珠宝玉石市场对实体店的货品进行拍摄、上传或直播，通过各类互联网直播平台、交易平台面向全国乃至全球进行网上销售。发展至今，网络直播，或者说"直播带货"已成了相当成熟的商业模式。

互联网交易方便快捷，顾客可以预览到不同地域、不同市场的商品，方便进行"货比三家"。商家通过互联网打开了销路，同时在看货进货时有更大抉择空间，一定程度

上避免了未出售商品的积压,降低了商家经营的成本风险,加速了货品流通。与之相对的,网络交易也具有一定风险,依靠图像、视频很难对和田玉的真假、质量有全面的了解,比如一些看似油亮光滑实则为浸油的和田玉,在收到后佩戴一段时间绺裂才会显现。因此,在网上进行和田玉交易时,应尽量注意考察卖家的经营情况和信誉度,同时检查权威鉴定机构出具的鉴定证书。

三、和田玉的展销会

珠宝展销会是珠宝行业进行交流的重要平台,美国纽约国际珠宝展、瑞士巴塞尔珠宝展和香港国际珠宝展(图10-44)被誉为世界三大珠宝展。北京国际珠宝展(图10-45)、上海国际珠宝展、深圳国际珠宝展是国内三大珠宝展,近年来的后起之秀还有成都国际珠宝展和沈阳国际珠宝展。在珠宝展会上,各个国家和地区的知名的珠宝制造商、批发商、零售商汇聚于此,展会不但是商贸洽谈、交易的重要场所,更是收藏爱好者选购珠宝玉石的重要平台之一。

作为重要的玉石品种,几乎在每个展会上都可以看到和田玉的身影。此外,每年还有众多的和田玉展销会在全国各地区举办。展会销售的特点是和田玉品类多样化,雕刻风格各异,但通常只持续几天,商家的流动性较大。因此,在展会上收藏购买和田玉时需仔细挑选,并配有权威机构出具的鉴定证书。

图10-44 香港国际珠宝展
(图片来源:Lnubaretom K1166, Wikimedia Commons, CC0许可协议)

图10-45 北京国际珠宝展
(图片来源:杨淮牟提供)

参考文献

[1] 白波. 浅析金代玉器的使用和来源 [J]. 艺术研究, 2018（3）: 28-29.

[2] 鲍勇, 曲雁, 金颖, 等. 局部漂白充填处理和田玉的鉴定特征 [J]. 宝石和宝石学杂志, 2012（4）: 35-39.

[3] 毕思远. 青海格尔木纳赤台软玉的宝石学特征及成因分析 [D]. 北京: 中国地质大学（北京）, 2015.

[4] 曹楚奇. 新疆且末塔特勒克苏玉矿的宝石矿物学研究 [D]. 北京: 中国地质大学（北京）, 2020.

[5] 曹妙聪, 朱勤文. 且末、若羌两地软玉的宝石学特征研究 [J]. 长春工程学院学报（自然科学版）, 2012, 13（4）: 60-62.

[6] 曹敏. 社会文化变迁与古玉的人性价值回归——原始社会至春秋战国时期古玉发展的文化历程 [J]. 文物鉴定与鉴赏, 2021（7）: 55-57.

[7] 曹攀登. 和田玉及翡翠市场指南 [M]. 武汉: 中国地质大学出版社, 2016.

[8] 曹冉. 白色至青色系列软玉的宝石学特征研究 [D]. 北京: 中国地质大学（北京）, 2019.

[9] 车延东. 罗甸软玉的宝石学矿物学研究 [D]. 北京: 中国地质大学（北京）, 2013.

[10] 陈呈, 於晓晋, 王时麒. 河北唐河彩玉石的矿物学特征及其鉴定方法的研究 [J]. 岩石矿物学杂志, 2014, 33（S1）: 89-96.

[11] 陈呈, 於晓晋, 王时麒. 河北唐河透闪石玉的宝石学特征及矿床成因 [J]. 宝石和宝石学杂志, 2014, 16（3）: 1-11.

[12] 陈克樵, 陈振宇. 和田玉的物质组分和物理性质研究 [J]. 岩石矿物学杂志, 2002, 21（z1）: 34-40.

[13] 陈能松, 孙敏, 王勤燕, 等. 东昆仑造山带中带的锆石U-Pb定年与构造演化启示 [J]. 中国科学（D辑: 地球科学）, 2008（6）: 657-666.

[14] 陈全莉, 包德清, 尹作为. 新疆软玉、辽宁岫岩软玉的XRD及红外光谱研究 [J]. 光谱学与光谱分析, 2013（11）: 3142-3146.

[15] 陈斯文, 刘云辉. 略论汉墓出土玉璧及其蕴含的丧葬观念 [J]. 文博, 2012（2）: 10-16.

[16] 陈婷, 杨明星, 刘冰洁. 和田玉油性定义的探讨 [J]. 宝石和宝石学杂志, 2017, 19（1）: 30-36.

[17] 崔艳华. 先秦玉器与玉文化 [D]. 北京: 中国地质大学（北京）, 2003.

[18] 代路路, 姜炎, 杨明星. "黑青""黑碧"的谱学鉴别特征探究 [J]. 光谱学与光谱分析, 2021, 41（1）: 292-298.

[19] 董洁. 唐代金玉结合器物再探 [J]. 考古与文物, 2017（4）: 77-82.

[20] 杜季明. 广西大化透闪石玉的宝石矿物学特征研究 [D]. 北京: 中国地质大学（北京）, 2015.

[21] 杜金鹏. 论临朐朱封龙山文化玉冠饰及相关问题 [J]. 考古, 1994（1）: 55-65.

[22] 杜杉杉, 杨明星, 冯晓燕, 等. 软玉"黄口料"的宝石学特征及颜色成因分析 [J]. 宝石和宝石学杂志, 2017, 19（A1）: 1-8.

[23] 范春丽, 程佑法, 李建军, 等. 一种新方法处理软玉的鉴定特征 [J]. 宝石和宝石学杂志, 2010, 12（2）: 26-28, 60.

[24] 范二川, 兰永文, 戴朝辉, 等. 贵州省罗甸透闪石矿床地质特征及找矿预测 [J]. 矿物学报, 2012, 32（2）: 304-309.

[25] 方婷. 南疆和田玉戈壁料的特征与成因 [J]. 宝石和宝石学杂志, 2018, 20（5）: 27-38.

[26] 冯晓燕, 沈美冬, 张勇, 等. 软玉中的一种绿色斑点——钙铝榴石 [J]. 岩矿测试, 2013, 32（4）: 608-612.

[27] 冯晓燕, 沈美冬. 和田玉辨假 [M]. 北京: 文化发展出版社, 2017.

[28] 傅博. 辽宁旧石器时代晚期文化及相关问题的研究 [J]. 沈阳师范大学学报（自然科学版）, 2010, 28（4）: 549-553.

[29] 高嘉依. 俄罗斯维季姆河流域软玉风化皮的宝石学特征研究 [D]. 北京: 中国地质大学（北京）, 2022.

[30] 高诗佳. 黑龙江铁力软玉宝石矿物学特征及成因研究 [D]. 北京: 中国地质大学（北京）, 2014.

[31] 高雪. 巴基斯坦碧玉宝石矿物学特征研究 [D]. 河北: 河北地质大学, 2019.

[32] 顾玉才. 海城仙人洞遗址出土钻器的实验研究 [J]. 人类学学报, 1995（3）: 219-226, 287-288.

[33] 关晓武. 《天工开物》所附《琢玉图》考 [J]. 中国科技史杂志, 2014, 35（4）: 459-470.

[34] 郭杰. 中国古代玉山子初探 [D]. 吉林: 吉林大学, 2012.

[35] 韩冬, 刘喜锋, 刘琰, 等. 新疆和田地区大理岩型和田玉的形成及致色因素探讨 [J]. 岩石矿物学杂志, 2018, 37（6）: 1011-1026.

[36] 韩磊, 洪汉烈. 中国三地软玉的矿物组成和成矿地质背景研究 [J]. 宝石和宝石学杂志, 2009（3）: 6-10.

[37] 何明跃, 陈晶晶, 鞠野. 翡翠的结构对其质地（透明度）的影响 [C]. 中国矿物岩石地球化学学会第11届学术年会论文集, 2007: 191-192.

[38] 何明跃, 王春利. 宝玉石特色品种（宝石卷）[M]. 北京: 中国科学技术出版社, 2021.

[39] 何明跃, 王春利. 宝玉石特色品种（玉石卷）[M]. 北京: 中国科学技术出版社, 2021.

[40] 何明跃, 王春利. 翡翠 [M]. 北京: 中国科学技术出版社, 2018.

[41] 何明跃, 王春利. 红宝石 蓝宝石 [M]. 北京: 中国科学技术出版社, 2016.

[42] 何明跃, 王春利. 翡翠鉴赏与评价 [M]. 北京: 中国科学技术出版社, 2008.

[43] 何明跃, 王春利. 祖母绿 海蓝宝石 绿柱石族及其他宝石 [M]. 北京: 中国科学技术出版社, 2020.

[44] 何明跃, 朱友楠, 李宏博. 江苏省溧阳梅岭玉（软玉）的宝石学研究 [J]. 岩石矿物学杂志, 2002, 21（增刊）: 99-104.

[45] 何明跃. 新疆西昆仑、辽宁岫岩等地镁质碳酸盐岩型透闪石玉的宝石学及其成因研究 [D]. 北京: 中国地质大学（北京）, 2003.

[46] 何秋菊. 古玉沁色的仿制及科技鉴别 [C]. 中国文物保护技术协会第九次学术年会论文集, 2016: 401-410.

［47］侯弘，王轶，刘亚非．韩国软玉的宝石学特征研究［J］．西北地质，2010，43（3）：147-153．

［48］胡葳，狄敬如，杨晔．青海软玉"水线"的特征分析［J］．宝石和宝石学杂志，2011，13（4）：14-18．

［49］华国津，张代明．玉雕设计与加工工艺［M］．昆明：云南科技出版社，2011．

［50］黄海．加拿大碧玉的宝石学特征研究［D］．北京：中国地质大学（北京），2009．

［51］黄士吉，包和平．红山文化碧玉龙［J］．大连大学学报，2006，27（5）：38-40．

［52］季子杰．春秋战国玉器研究［D］．北京：中国地质大学（北京），2019．

［53］贾玉衡，刘喜锋，刘琰，等．新疆且末碧玉矿的成因研究［J］．岩石矿物学杂志，2018，37（5）：824-838．

［54］姜颖．新疆若羌和田玉矿物岩石学特征及成因机理研究［D］．北京：中国地质大学（北京），2022．

［55］蒋天龙．辽宁桑皮峪软玉宝石矿物学特征研究［D］．北京：中国地质大学（北京），2014．

［56］景云涛，刘琰，张勇，等．中国大理岩型和田玉矿床的成矿时代、形成过程及找矿方向［J］．岩石矿物学杂志，2022，41（3）：651-667．

［57］孔富安．中国古代制玉技术研究［D］．山西：山西大学，2007．

［58］来建中，唐延龄，崔文元．关于和阗玉原产地国家地理标志产品保护的几点意见［C］．玉石学国际学术研讨会论文集，2011：324-329．

［59］雷成．东昆仑小灶火软玉矿床成因研究［D］．北京：中国地质大学（北京），2016．

［60］李婵．上古三代秦汉玉文化研究［D］．山东：山东大学，2011．

［61］李澄渊．玉作图说［M］．刻本，1891．

［62］李宏博．江苏省溧阳县小梅岭地区非金属矿地质特征［D］．北京：中国地质大学（北京），2003．

［63］李嘉恒．和田玉子料鉴别的指示性特征研究［D］．河北：河北地质大学，2019．

［64］李净净．广西大化透闪石玉的矿物学特征及成因研究［D］．北京：中国地质大学（北京），2020．

［65］李俊成．论传统治玉工具在当代的应用［D］．北京：中国艺术研究院，2017．

［66］李庆林等．辽宁省山岫岩县玉石矿床地质研究报告［R］．辽宁省地质矿产局第七大队，1983．

［67］李冉．青海昆仑山三岔口软玉矿区火成岩特征及其对矿床成因和软玉质量影响的研究［D］．上海：同济大学，2005．

［68］李晓南，王礼胜，黄钊．蛇纹石质"卡瓦石"与软玉籽料对比研究［J］．宝石和宝石学杂志，2016，18（A01）：42-47．

［69］李新岭，申晓萍．和田玉标准体系的建立及意义［C］．2011中国珠宝首饰学术交流会论文集，2011：185-190．

［70］李雪梅．俄罗斯奥斯泊矿碧玉的矿物组成和成因研究［D］．北京：中国地质大学（北京），2020．

［71］李岩．和田玉造型艺术研究［D］．北京：中国地质大学（北京），2011．

［72］李忠志，马建斌．新疆和田玉的质量分级及评估方法研究［J］．新疆地质，2007．

［73］廖宗廷．话说和田玉［M］．武汉：中国地质大学出版社，2014．

［74］廖宗廷．珠宝鉴赏［M］．武汉：中国地质大学出版社，2010．

［75］刘东岳．台湾花莲碧玉宝石矿物学特征研究［D］．北京：中国地质大学（北京），2013．

［76］刘赫东．兴隆洼文化的两种类型玉器探究［J］．内蒙古师范大学学报（哲学社会科学版），2015（3）：48-51．

［77］刘虹靓．青海翠青玉的宝石学特征及颜色研究［J］．宝石和宝石学杂志，2013，15（1）：7-14．

[78] 刘璐. 中国古代花鸟玉器刍论［D］. 辽宁：辽宁师范大学，2011.

[79] 刘盛春. 中国昆仑玉［M］. 北京：地质出版社，2012.

[80] 刘喜锋，贾玉衡，刘埮. 新疆若羌——且末戈壁料软玉的地球化学特征及成因类型研究［J］. 岩矿测试，2019，38（3）：316-325.

[81] 刘喜锋. 俄罗斯达克西姆地区白玉的宝石矿物学研究［D］. 北京：中国地质大学（北京），2010.

[82] 刘小葶. 良渚文化礼仪用玉的文化特征［J］. 华夏考古，2002（3）：50-56.

[83] 刘永胜，刘博. 中国史前史红山文化古玉器概说［M］. 哈尔滨：黑龙江教育出版社，2007.

[84] 卢保奇. 四川石棉软玉猫眼和蛇纹石猫眼的宝石矿物学及其谱学研究［D］. 上海：上海大学，2005.

[85] 鲁力等. 不同产地软玉品种的矿物组成、显微结构及表观特征的对比研究［J］. 宝石和宝石学杂志，2014，16（4）：56-64.

[86] 陆太进，邓平，张勇，等. 中国新疆和田玉子料表面特征微细结构的发现和成因探讨［C］. 2011中国珠宝首饰学术交流会论文集，2011：158-167.

[87] 罗泽敏，沈锡田，杨明星. 青海三岔河灰紫色软玉颜色定量表达与紫色成因研究［J］. 光谱学与光谱分析，2017，37（3）：822-828.

[88] 马国钦. 新疆和田玉（白玉）子料分等定级标准及图例［M］. 乌鲁木齐：新疆人民出版社，2014.

[89] 马军委. 妙手巧琢翠青玉——青海翠青玉的认识和雕刻［J］. 天工，2019（12）：80-81.

[90] 马颖. 汉代玉器审美形式与风格研究［D］. 陕西：西北大学，2018.

[91] 马永旺，李新岭. 和田玉鉴定与选购从新手到行家［M］. 北京：印刷工业出版社，2015.

[92] 马云璐. 青海纳赤台软玉矿的矿物学特征及成玉过程研究［D］. 北京：中国地质大学（北京），2016.

[93] 买托乎提·阿不都瓦衣提，艾尔肯·买买提，居热提·亚库甫，等. 和田玉籽玉原料皮色染色的鉴别探讨［J］. 岩石矿物学杂志，2014，33（S1）：61-64.

[94] 孟夔，何明跃，王维盛，等. 山东临朐县西朱封出土龙山文化玉器观察［C］. 2013中国珠宝首饰学术交流会论文集，2013：158-160.

[95] 孟夔. 新疆于田阿拉玛斯和田玉成因分析［D］. 北京：中国地质大学（北京），2014.

[96] 宁振华. 软玉的宝石学特征与化学处理及其特征［D］. 北京：中国地质大学（北京），2017.

[97] 裴祥喜. 韩国春川软玉矿床研究［D］. 北京：中国地质大学（北京），2012.

[98] 彭帆，赵庆华，裴磊，等. 广西大化墨玉的矿物学及谱学特征研究［J］. 光谱学与光谱分析，2017，37（7）：2237-2241.

[99] 秦瑶. 青海墨色软玉的宝石学特征及矿物组成研究［D］. 北京：中国地质大学（北京），2013.

[100] 裘磊. 和田玉子料的宝石学特征研究［D］. 北京：中国地质大学（北京），2016.

[101] 全国珠宝玉石标准化技术委员会. 和田玉 鉴定与分类：GB/T 38821—2020［S］. 2020.

[102] 全国珠宝玉石标准化技术委员会. 玉雕制品工艺质量评价：GB/T 36127—2018［S］. 2018.

[103] 全国珠宝玉石标准化技术委员会. 珠宝玉石 鉴定：GB/T 16553—2017［S］. 2017.

[104] 全国珠宝玉石标准化技术委员会. 珠宝玉石 名称：GB/T 16552—2017［S］. 2017.

[105] 任建红，施光海，张锦洪，等. 青碧与青玉的红外光谱特征及意义［J］. 光谱学与光谱分析，2019，39（3）：772-777.

[106] 任妮娜. 环渤海地区新石器时代玉器研究［D］. 辽宁：辽宁师范大学，2013.

[107] 申晓萍，李新岭，魏薇，等. 仿和田玉籽料的方法及鉴定［J］. 宝石和宝石学杂志，2009，11（2）：37-40，3.

[108] 施光海，张小冲，徐琳，等. "软玉"一词由来、争议及去"软"建议［J］. 地学前缘，2019，26（3）：163-170.

[109] 石东东，王树志. 新疆金星墨玉（软玉）的矿物学特征［J］. 中国矿业，2017，26（S1）：273-274，278.

[110] 史淼. 俄罗斯碧玉的宝石学特征研究［D］. 北京：中国地质大学（北京），2009.

[111] 史淼. 新疆和田碧玉的矿物学特征及成因初探［D］. 北京：中国地质大学（北京），2012.

[112] 姝雯. 红山文化玉器研究［J］. 赤峰学院学报（哲学社会科学版），2021，42（9）：1-7.

[113] 宋妍潞. 俄罗斯奥勒米软玉的宝石矿物学特征研究［D］. 北京：中国地质大学（北京），2022.

[114] 苏欣. 京都玉作［D］. 北京：中央美术学院，2009.

[115] 苏越，杨明星，王园园，等. 中国南疆和田玉戈壁料的宝石学特征［J］. 宝石和宝石学杂志，2019，21（4）：1-10.

[116] 孙丽华，王时麒. 加拿大碧玉的矿物学研究［J］. 岩石矿物学杂志，2014（33）：28-36.

[117] 覃小锋，夏斌，黎春泉，等. 阿尔金构造带西段前寒武纪花岗质片麻岩的地球化学特征及其构造背景［J］. 现代地质，2008（1）：34-44.

[118] 唐延龄，陈葆章，蒋壬华. 中国和阗玉［M］. 乌鲁木齐：新疆人民出版社，1994.

[119] 唐延龄. 和田玉文化探析［J］. 新疆艺术（汉文），2018（6）：126-135.

[120] 唐延龄，刘德权，周汝洪. 论透闪石玉命名及分类［J］. 矿物岩石，1998，18（4）：17-21.

[121] 陶正章，刘德权，周汝洪. 台湾的软玉［J］. 矿物岩石，1992（4）：21-27.

[122] 田帅. 新疆玛纳斯碧玉宝石学特征及矿物标型研究［D］. 河北：石家庄经济学院，2014.

[123] 佟星. 云南黄龙玉（蜜蜡石）品种、雕刻实践及工艺评价［D］. 北京：中国地质大学（北京），2011.

[124] 万文君. 浅论古代玉器皮色、沁色和染色的鉴定方法［J］. 岩石矿物学杂志，2016（S1）：25-30.

[125] 王宾，邵臻宇，廖宗廷，等. 广西大化软玉的宝石矿物学特征［J］. 宝石和宝石学杂志，2012，14（3）：6-11.

[126] 王芬. 黑色软玉的矿物学特征及石墨对其品质影响的初步研究［D］. 新疆：新疆大学，2016.

[127] 王丰. 红山文化玉器研究［D］. 北京：中央民族大学，2011.

[128] 王景腾，尚志辉，刘俊，等. 贵州罗甸软玉矿辉绿岩岩浆热液成矿规律研究［J］. 矿物学报，2022，42（1）：83-94.

[129] 王凯. 浅析玉雕阴刻工艺［J］. 上海工艺美术，2013（2）：54-56.

[130] 王立本. 角闪石命名法——国际矿物学协会新矿物及矿物命名委员会角闪石专业委员会的报告［J］. 岩石矿物学杂志，2001，20（1）：84-100.

[131] 王青. 妇好墓出土玉器中的遗玉略论［J］. 博物院，2018（5）：58-72.

[132] 王时麒，段体玉，郑姿姿. 岫岩软玉（透闪石玉）的矿物岩石学特征及成矿模式［J］. 岩石矿物学杂志，2002，21（增刊）：79-90.

[133] 王时麒，员雪梅. 和田碧玉的物质组成特征及其地质成因［J］. 宝石和宝石学杂志，2008（3）：4-7，38，53.

[134] 王蔚宁，廖宗廷，周征宇，等. 四川龙溪软玉的宝石矿物学特征［J］. 宝石和宝石学杂志（中英文），2022，24（1）：20-27.

[135] 王轶. 韩国闪石玉的矿物学、宝石学特征研究［D］. 长安：长安大学，2009.

[136] 王长秋，孙鹏，王时麒. 大化墨玉的矿物学特征 [J]. 岩石矿物学杂志，2014，33（S2）：1-9.

[137] 文芷燊，买托乎提·阿不都瓦衣提，鲁锋. 新疆和田喀拉喀什河青玉的组成及成因 [J]. 岩石矿物学杂志，2014（S1）：19-27.

[138] 吴青蔓，吴瑞华，赵洋洋，等. 加拿大Cassiar碧玉的宝石矿物学特征研究 [J]. 岩石矿物学杂志，2014（S1）：43-47.

[139] 吴瑞华，李雯雯，奥岩. 新疆和田玉岩石结构及构造研究 [J]. 宝石和宝石学杂志，1999，1（1）：7-11.

[140] 吴之瑛，王时麒，凌潇潇. 辽宁岫岩县桑皮峪透闪石玉的玉石学特征与成因研究 [J]. 岩石矿物学杂志，2014（S2）：15-24.

[141] 夏恬. 糖色软玉的宝石学特征及颜色成因 [D]. 北京：中国地质大学（北京），2022.

[142] 项楠，白峰，邱添，等. 古玉白沁作伪方法的实验研究 [J]. 宝石和宝石学杂志，2010，12（2）：11-15，59.

[143] 辛学飞. 从红山文化的巫觋崇拜浅析原始宗教的形成 [J]. 赤峰学院学报（哲学社会科学版），2016（1）：15-19.

[144] 辛一夫. 中国古玉器鉴赏与评估 [M]. 天津：天津古籍出版社，2009.

[145] 新疆地质局第五地质大队. 新疆玛纳斯县南山碧玉矿床普查检查工作报告 [R]. 1976.

[146] 徐峰. 良渚文化玉琮及相关纹饰的文化隐喻 [J]. 考古，2012（2）：84-94.

[147] 徐琳. 中国古代治玉工具、工艺及鉴定应用举例 [C]. 2011中国珠宝首饰学术交流会论文集，2011：369-376.

[148] 徐原顺，段登涛. 玉雕设计与加工工艺 [M]. 昆明：云南科技出版社，2011.

[149] 闫馨月. 唐宋两代装饰玉器综述 [D]. 天津：天津师范大学，2015.

[150] 阎双. 软玉的物理性质及其显微结构特征研究 [D]. 北京：中国地质大学（北京），2017.

[151] 杨伯达. 传世古玉辨伪综论 [J]. 故宫博物院院刊，1997（4）：17-30.

[152] 杨伯达. 关于琢玉工具的再探讨 [J]. 南阳师范学院学报，2007（2）：72-76.

[153] 杨伯达. 论中国古代玉器艺术 [J]. 故宫博物院院刊，1995（S1）：144-167.

[154] 杨伯达. 杨伯达说玉器 [M]. 上海：上海辞书出版社，2011

[155] 杨伯达. 中国古代玉器面面观 [J]. 故宫博物院院刊，1989（1）：32-48，99-100.

[156] 杨伯达. 中国古代玉器探源 [J]. 中原文物，2004（2）：54-58.

[157] 杨林，林金辉，王雷，等. 贵州罗甸玉岩石化学特征及成因意义 [J]. 矿物岩石，2012，32（2）：12-19.

[158] 杨林. 贵州罗甸玉矿物岩石学特征及成因机理研究 [D]. 四川：成都理工大学，2013.

[159] 杨岐黄. 新石器时代至汉代玉璧研究 [D]. 陕西：西北大学，2020.

[160] 杨天翔，杨明星，刘虹靓，等. 东昆仑三岔河软玉矿床成因的新认识 [J]. 桂林理工大学学报，2013，33（2）：239-245.

[161] 杨晓丹. 新疆和田软玉成矿带的成矿作用探讨 [D]. 北京：中国地质大学（北京），2013.

[162] 叶舒宪. 中国玉器起源的神话学分析——以兴隆洼文化玉玦为例 [J]. 民族艺术，2012（3）：21-30.

[163] 阴江宁. 河南栾川玉石的岩石学和矿床学研究 [D]. 北京：中国地质大学（北京），2006.

[164] 殷志强. 中国玉文化研究文集 [D]. 江苏：江苏凤凰文艺出版社，2017.

［165］于海燕. 青海软玉致色机制及成矿机制研究［D］. 江苏：南京大学，2016.
［166］袁淼. 俄罗斯奥斯泊矿碧玉的宝石矿物学及颜色影响因素研究［D］. 北京：中国地质大学（北京），2013.
［167］袁淼，吴瑞华，张锦洪. 俄罗斯奥斯泊（7号）矿碧玉的宝石学及致色离子研究［J］. 岩石矿物学杂志，2014，33（S1）：48-54.
［168］岳峰. 和田玉器的收藏与鉴赏［J］. 文物天地，2012.
［169］岳峰. 和田玉与中华文明：和田玉鉴赏与收藏［M］. 乌鲁木齐：新疆人民出版社，2013.
［170］岳蕴辉，李忠志. 和田玉（软玉）标准样品的颜色序列模型［C］. 2009中国珠宝首饰学术交流会论文集，2009：163-166.
［171］张白璐. 新疆次生和田玉的特征及成因探讨［D］. 北京：中国地质大学（北京），2015.
［172］张蓓莉，陈华，孙凤民. 珠宝首饰评估（第二版）［M］. 北京：地质出版社，2018.
［173］张蓓莉. 系统宝石学［M］. 北京：地质出版社. 2006.
［174］张国强，赵爱民. 红山文化猪龙形玉器形制及源流分析［C］. 2004年红山文化国际学术研讨会论文集，2004：308-314.
［175］张立琴. 贵州罗甸透闪石玉的成分、结构及谱学特征研究［D］. 北京：中国地质大学（北京），2013.
［176］张丽红. 红山玉龙艺术造型的文化内涵［J］. 艺术评论，2014（4）：112-117.
［177］张润平. 中国国家博物馆藏辽金元春水、秋山玉器初探［J］. 中国国家博物馆馆刊，2012（10）：64-82.
［178］张双燕. 俄罗斯哥力——哥尔矿碧玉的宝石学特征及暗色斑点成分研究［D］. 北京：中国地质大学（北京），2013.
［179］张晓晖，吴瑞华，王乐燕. 俄罗斯贝加尔湖地区软玉的岩石学特征研究［J］. 宝石和宝石学杂志，2001（1）：12-17，53.
［180］张亚东，杨瑞东，高军波，等. 贵州罗甸软玉矿的元素地球化学特征研究［J］. 矿物学报，2015，35（1）：56-64.
［181］张勇，陆太进，邓平，等. 新疆西昆仑地区和田玉子料的鉴定特征［J］. 宝石和宝石学杂志，2016，18（5）：7-14.
［182］张勇，陆太进，冯晓燕，等. 染色软玉的发光性特征研究［C］. 2013中国珠宝首饰学术交流会论文集，2013：160-163.
［183］张勇，魏华，陆太进，等. 新疆奥米夏和田玉矿床成因及锆石LA-ICP-MS定年研究［J］. 岩矿测试，2018，37（6）：695-704.
［184］张勇. 新疆和田玉的宝石学特征研究［D］. 北京：中国地质大学（北京），2011.
［185］张跃峰，丘志力，彭淑仪，等. 辽宁岫岩透闪石质河磨老玉中石墨的成因及其指示意义［J］. 中山大学学报（自然科学版），2015，54（2）：118-126.
［186］张镇洪，傅仁义，陈宝峰，等. 辽宁海城小孤山遗址发掘简报［J］. 人类学学报，1985，（1）：70-79，107-108.
［187］章鸿钊. 石雅［M］. 天津：百花文艺出版社，2010.
［188］赵剑坤. 加拿大Kutcho碧玉的宝石矿物学及成因研究［D］. 北京：中国地质大学（北京），2020.
［189］赵凯. 韩国产软玉宝石学矿物学特征研究［D］. 北京：中国地质大学（北京），2010.

[190] 赵晓欢. 澳大利亚南澳洲碧玉的宝石矿物学研究[D]. 北京：中国地质大学（北京），2014.

[191] 赵洋洋，吴瑞华，吴青蔓，等. 俄罗斯奥斯泊矿区（11#矿）碧玉的宝石矿物学研究[J]. 岩石矿物学杂志，2014（S1）：37-42.

[192] 赵洋洋. 新西兰碧玉的宝石矿物学特征研究[D]. 北京：中国地质大学（北京），2015.

[193] 赵永魁，张加勉. 中国玉石雕刻工艺技术[M]. 北京：北京工艺美术出版社，2002.

[194] 镇平玉雕志编纂委员会. 镇平玉雕志[M]. 郑州：中州古籍出版社，2011.

[195] 支颖雪，廖冠琳，陈琼，等. 贵州罗甸软玉的宝石矿物学特征[J]. 宝石和宝石学杂志，2011，13（4）：7-13.

[196] 中国质量检验协会. 和田玉（白玉）手镯分级：T/CAQI 221—2021[S]. 2021.

[197] 中国质量检验协会. 和田玉（碧玉）手镯分级：T/CAQI 222—2021[S]. 2021.

[198] 钟华邦. 梅岭玉地质特征及成因探讨[J]. 宝石和宝石学杂志，2000（1）：39-44.

[199] 周南泉. 古玉器收藏鉴赏百科[M]. 北京：华龄出版社，2010.

[200] 周树礼，曾伟来，何涛. 玉雕造型设计与加工[M]. 武汉：中国地质大学出版社，2009.

[201] 周晓晶. 红山文化玉器研究[D]. 吉林：吉林大学，2014.

[202] 周征宇，陈盈，廖宗廷，等. 溧阳软玉的岩石矿物学研究[J]. 岩石矿物学杂志，2009，28（5）：490-494.

[203] 周征宇，廖宗廷，马婷婷，等. 青海三岔口软玉成矿类型及成矿机制探讨[J]. 同济大学学报（自然科学版），2005（9）：1191-1194，1200.

[204] Adams C J, Beck R J, Campbell H J. Characterisation and origin of New Zealand nephrie jade using its strontium isotopic signature[J]. Lithos, 2007, 97（3-4）：307-322.

[205] Bai Feng, Du Jiming, Li Jingjing, et al. Mineralogy, geochemistry, and petrogenesis of green nephrite from Dahua, Guangxi, Southern China[J]. Ore Geology Reviews, 2020（118）：103362.

[206] Burtseva M V, Ripp G S, Posokhov V F, et al. Nephrites of East Siberia: geochemical features and problems of genesis[J]. Russian Geology and Geophysics, 2015, 56（3）：402-410.

[207] Cooper Af. Nephrite And Metagabbro In The Haast Schist At Muddy-Creek, Northwest Otago, New-Zealand[J]. New Zealand Journal Of Geology And Geophysics, 1995, 38（3）：325-332.

[208] Feng Xiaoyan, Zhang Yong, Lu Taijin, et al. Characterization of Mg and Fe contents in Nephrite using Raman Spectroscopy[J]. Gems & Gemology, 2017, 53（2）：204-212.

[209] Fred Ward. Jade（Revised Edition）[M]. Malibu: Gem Book Publishers, 2003: 13-21.

[210] Gao K, Shi G, Wang M, et al. The Tashisayi nephrite deposit from South Altyn Tagh, Xinjiang, northwest China[J]. Geoscience Frontiers, 2019, 10（4）：1597-1612.

[211] Gao Shijia, Bai Feng, Heide Gerhard. Mineralogy, geochemistry and petrogenesis of nephrite from Tieli, China[J]. Ore Geology Reviews, 2019（107）：155-171.

[212] Grapes R H, Yun S T. Geochemistry of a New Zealand nephrite weathering rind[J]. New Zealand Journal of Geology and Geophysics, 2010, 53（4）：413-426.

[213] Hung H C, Iizuka Y, Bellwood P, et al. Ancient jades map 3000 years of prehistoric

exchange in Southeast Asia [J]. Proceedings of the National Academy of Sciences, 2007, 104 (50): 19745-19750.

[214] Jiang B, Bai F, Zhao J. Mineralogical and geochemical characteristics of green nephrite from Kutcho, northern British Columbia, Canada [J]. Lithos, 2021 (388): 106030.

[215] Jiang Y, Shi G, Xu L, et al. Mineralogy and geochemistry of nephrite jade from Yinggelike deposit, Altyn Tagh (Xinjiang, NW China) [J]. Minerals, 2020, 10 (5): 418.

[216] Jiang Ying, Shi Guanghai, Xu Liguo, et al. Mineralogy and Geochemistry of Nephrite Jade from Yinggelike Deposit, Altyn Tagh (Xinjiang, NW China) [J]. Minerals, 2020, 10 (5).

[217] Kislov E V, Erokhin Y V, Popov M P, et al. Nephrite of Bazhenovskoye Chrysotile-Asbestos Deposit, Middle Urals: Localization, Mineral Composition and Color [J]. Minerals, 2021, 11 (11): 1227.

[218] Leaming S F. Jade in Canada [J]. Geological Survey of Canada, 1978 (59): 18-19.

[219] Lei Cheng, Yang Mingxing, Zhong Zengqiu. Zircon U-Pb Ages and Hf Isotopes of the Xiaozaohuo Nephrite, Eastern Kunlun Orogenic Belt: Constraints on its Ore-forming Age [J]. Geotectonica et Metallogenia, 2018, 42 (1): 108-125.

[220] Ling XiaoXiao, Schmaedicke Esther, Li Qiu-Li, et al. Age determination of nephrite by in-situ SIMS U-Pb dating syngenetic titanite: A case study of the nephrite deposit from Luanchuan, Henan, China [J]. Lithos, 2015 (220): 289-299.

[221] Ling Xiaoxiao, Schmaedicke, Esther, Wu Ruihua, et al. Composition and distinction of white nephrite from Asian deposits [J]. Neues Jahrbuch Fur Mineralogie-Abhandlungen, 2013, 190 (1): 49-65.

[222] Liu X, Gil G, Liu Y, et al. Timing of formation and cause of coloration of brown nephrite from the Tiantai Deposit, South Altyn Tagh, northwestern China [J]. Ore Geology Reviews, 2021 (131): 103972.

[223] Liu Y, Deng J, Shi G, et al. Geochemistry and petrology of nephrite from Alamas, Xinjiang, NW China [J]. Journal of Asian Earth Sciences, 2011, 42 (3): 440-451.

[224] Liu Yan, Deng Jun, Shi Guanghai, et al. Chemical Zone of Nephrite in Alamas, Xinjiang, China [J]. Resource Geology, 2010, 60 (3): 249-259.

[225] Liu Yan, Deng Jun, Shi Guanghai, et al. Geochemistry and petrogenesis of placer nephrite from Hetian, Xinjiang, Northwest China [J]. Ore Geology Reviews, 2011, 41 (1): 122-132.

[226] Liu Yan, Deng Jun, Shi Guanghai, et al. Geochemistry and petrology of nephrite from Alamas, Xinjiang, NW China [J]. Journal of Asian Earth Sciences, 2011, 42 (3): 440-451.

[227] Liu Yan, Zhang RongQing, Abuduwayiti Maituohuti, et al. SHRIMP U-Pb zircon ages, mineral compositions and geochemistry of placer nephrite in the Yurungkash and Karakash River deposits, West Kunlun, Xinjiang, northwest China: Implication for a Magnesium Skarn [J]. Ore Geology Reviews, 2016 (72): 699-727.

[228] Longy, Francoise. Do we need two notions of natural kind to account for the history of

jade? [J]. Synthese, 2018, 195(4): 1459-1486.

[229] Prokhor S A. The genesis of nephrite and emplacement of the nephrite-bearing ultramafic complexes of East Sayan [J]. International Geology Review, 1991, 33(3): 290-300.

[230] Siqin Bilige, Qian Rong, Zhuo Shangjun, et al. Glow discharge mass spectrometry studies on nephrite minerals formed by different metallogenic mechanisms and geological environments [J]. International Journal of Mass Spectrometry, 2012(309): 206-211.

[231] Sui Jiao, Liu Xueliang, Guo Shouguo. Spectrum Research of Nephrite From Qinghai and South Korea [J]. Laser & Optoelectronics Progress, 2014, 51(7).

[232] Tsydenova N, Morozov M V, Rampilova M V, et al. Chemical and spectroscopic study of nephrite artifacts from Transbaikalia, Russia: Geological sources and possible transportation routes [J]. Quaternary International, 2015(355): 114-125.

[233] Wang J, Shi G. Comparative Study on the Origin and Characteristics of Chinese(Manas)and Russian(East Sayan)Green Nephrites [J]. Minerals, 2021, 11(12): 1434.

[234] Yin Z, Jiang C, Santosh M, et al. Nephrite Jade from Guangxi Province, China [J]. Gems & Gemology, 2014, 50(3): 228-235.

[235] Yuhuan F, Xuemei H, Yuntao J. A new model for the formation of nephrite deposits: A case study of the Chuncheon nephrite deposit, South Korea [J]. Ore Geology Reviews, 2022(141): 104655.

[236] Yui T F, Usuki T, Chen C Y, et al. Dating thin zircon rims by NanoSIMS: the Fengtien nephrite(Taiwan)is the youngest jade on Earth [J]. International Geology Review, 2014, 56(16): 1932-1944.

[237] Yui T F, Kwon S T. Origin of a dolomite-related jade deposit at Chuncheon, Korea [J]. Economic Geology and the Bulletin of the Society of Economic Geologists, 2002, 97(3): 593-601.

[238] Yuntao Jing, Yan Liu. Genesis and mineralogical studies of zircons in the Alamas, Yurungkash and Karakash Rivers nephrite deposits, Western Kunlun, Xinjiang, China [J]. Ore Geology Reviews, 2022(149): 105087.

[239] Zhang Cun, Yu Xiaoyan, Jiang Tianlong. Mineral association and graphite inclusions in nephrite jade from Liaoning, northeast China: Implications for metamorphic conditions and ore genesis [J]. Geoscience Frontiers, 2019, 10(2): 425-437.

[240] Zhang Cun, Yu Xiaoyan, Yang Fan, et al. Petrology and geochronology of the Yushigou nephrite jade from the North Qilian Orogen, NW China: Implications for subduction-related processes [J]. Lithos, 2021(380): 105894.

[241] Zhong Qian, Liao Zongting, Qi Lijian, et al. Black Nephrite Jade From Guangxi, Southern China [J]. Gems & Gemology, 2019, 55(2): 198-215.